U0793240

职业教育测绘类专业系列教材

摄影测量与遥感基础

主　编　李　玲　黎晶晶
副主编　李　建
参　编　柴伟杰　柏雯娟

机械工业出版社

本书以摄影测量与遥感手段生产3D测绘产品为主线，全面、系统地阐述了摄影测量与遥感的基本概念、基本理论和技术方法。全书包括摄影测量基础、航测数字地形图测绘、像片控制测量、数字高程模型的制作、数字正射影像的制作和遥感基础共六个单元。本书以摄影测量与遥感项目生产工艺为指导，将基本理论与生产实践相结合，以期让课程教学更加贴近生产岗位，达到更好的教学效果。

本书可作为职业院校测绘类专业学生的教材，也可作为测量工程技术人员的参考用书。

为方便教学，本书配有电子课件，凡选用本书作为授课教材的教师均可登录www.cmpedu.com，以教师身份免费注册下载。编辑热线：010-88379934。

图书在版编目（CIP）数据

摄影测量与遥感基础/李玲，黎晶晶主编. —北京：机械工业出版社，2014.8（2024.1重印）
职业教育测绘类专业系列教材
ISBN 978-7-111-46965-0

Ⅰ.①摄… Ⅱ.①李…②黎… Ⅲ.①摄影测量-高等职业教育-教材②遥感技术-高等职业教育-教材 Ⅳ.①P23②TP7

中国版本图书馆CIP数据核字（2014）第120758号

机械工业出版社（北京市百万庄大街22号 邮政编码100037）
策划编辑：刘思海 责任编辑：刘思海
版式设计：常天培 责任校对：陈 越
封面设计：鞠 杨 责任印制：单爱军
北京虎彩文化传播有限公司印刷
2024年1月第1版第8次印刷
184mm×260mm · 14.5印张 · 351千字
标准书号：ISBN 978-7-111-46965-0
定价：38.00元

电话服务
客服电话：010-88361066
010-88379833
010-68326294

网络服务
机 工 官 网：www.cmpbook.com
机 工 官 博：weibo.com/cmp1952
金 书 网：www.golden-book.com
机工教育服务网：www.cmpedu.com

封底无防伪标均为盗版

前　言

本书立足于满足职业教育摄影测量与遥感课程教学需要，根据摄影测量与遥感基础课程的特点和职业教育学生的认知规律，以“实用、够用”为原则，把生产岗位的工作过程融入本书的编写中，系统地介绍了摄影测量与遥感的基本理论和实践作业步骤、方法。

全书共分为六个单元。单元1介绍了摄影测量的基础理论，主要包括航空摄影、立体视觉、解析摄影测量等基本知识。单元2讲述了利用数字摄影测量方法生产数字地形图的理论知识和实践方法，主要包括数字摄影测量立体测图的基本理论与作业过程以及为测绘地形图而进行的摄影测量调绘作业过程和要求。单元3主要介绍了像片控制测量的理论与实践，包括解析空中三角测量理论基础、自动空中三角测量实践和像片控制测量作业过程。单元4和单元5主要介绍了数字高程模型和数字正射影像的理论与实践。单元6介绍了遥感图像处理的基础知识。

本书由李玲、黎晶晶担任主编，李建担任副主编。全书编写分工如下：绪论和单元1由李玲编写，单元2由李建编写，单元3由黎晶晶编写，单元4和单元5由柴伟杰编写，单元6由柏雯娟编写。全书由李玲和黎晶晶统稿。

全书建议授课60学时，学时分配如下：

项　目	学 时 数	项　目	学 时 数
绪论	2	单元4	6
单元1	10	单元5	6
单元2	20	单元6	8
单元3	8	总　计	60

由于编者水平有限，书中难免有疏漏和不足，敬请读者批评指正。

编　者

目 录

绪　论

学习目标

1. 理解摄影测量与遥感的概念和分类。
2. 理解模拟摄影测量、解析摄影测量和数字摄影测量的基本原理和特点。
3. 了解摄影测量与遥感在经济建设各领域中的应用。

1. 摄影测量与遥感的定义

摄影测量与遥感是利用摄影像片，研究和确定被摄物体的形状、大小、位置、性质和相互关系的一门学科和技术。它包括的内容有：获取被摄物体的影像，研究单张和多张像片的影像处理理论、方法、设备和技术，以及将所测成果以图解或数字的形式输出的方法和设备。

摄影测量与遥感的主要任务是用于测制各种比例尺的地形图、建立地形数据库，并为各种地理信息系统和土地信息系统提供基础数据。因此，摄影测量与遥感在理论、方法和仪器设备方面的发展都受到地形测量、地图制图、数字测图、测量数据库和地理信息系统的影响。

摄影测量与遥感的主要特点是在像片上进行量测和解译，无需接触物体本身，因而很少受自然和地理条件的限制。像片及其他各种类型影像均是客观物体或目标的真实反映，信息丰富、逼真，人们可以从中获得所研究物体的大量几何信息和物理信息。

摄影测量与遥感可以从不同角度进行分类。按距离远近分，有航天摄影测量与遥感、航空摄影测量与遥感、地面摄影测量与遥感、近景摄影测量与遥感、显微摄影测量与遥感。按用途分，有地形摄影测量与遥感和非地形摄影测量与遥感。地形摄影测量与遥感主要用于测绘国家基本地形图，工程勘察设计和城镇、农业、林业、铁路、交通等部门的规划与资源调查用图及建立相应的数据库；非地形摄影测量与遥感主要用于解决资源调查、变形观测、环境监测、军事侦察、弹道轨道、爆破以及工业、建筑、考古、地质、生物和医学等各方面的科学技术问题。按技术处理手段分，有模拟摄影测量、解析摄影测量和数字摄影测量。

2. 摄影测量与遥感的发展

自从1839年摄影术发明以来，摄影测量学已经有100多年的历史了。从模拟摄影测量、解析摄影测量到数字摄影测量经历了一个相当长的发展历程。

模拟摄影测量是用光学和机械的方法模拟摄影过程，使两个投影器恢复摄影时的位置、姿态和相互关系，形成一个相似的、缩小的实地几何模型，即所谓的摄影过程几何反转。在此模型上的量测即相当于对原物体的量测，从而得到所需的地形图或各种专题图。按照此原理产生的模拟测图仪，通过将安放在承片盘上的立体像对进行内定向、相对定向和绝对定向，恢复摄影瞬间的状态，建立视觉立体模型，然后用测标切准模型表面，并用机械传动装置将结果在绘图仪上绘制出来。

随着计算机的问世，人们开始想到利用它的高速运算能力来完成摄影测量中复杂的几何和数值解算。1957 年，海拉瓦博士提出了利用电子计算机进行解析测图的思想。所谓解析摄影测量就是依据像点与相应地面点间的数学关系，用计算机解算像点与相应地面点的坐标从而进行测图解算，即摄影测量几何反转的过程通过计算机的解析计算来实现。在解析摄影测量中，利用少量野外控制点，加密测图用控制点或其他用途的更密集控制点的工作，叫做解析空中三角测量。20 世纪 50 年代末出现了解析空中三角测量和解析测图仪及数控正射投影仪。受当时计算机发展水平的限制，解析测图仪器经历了近二十年的研制和试用，直到 20 世纪 70 年代中期，解析测图仪才进入商用阶段。

解析测图仪是世界上首先实现测量成果数字化的仪器。在机助测图软件的控制下，将在立体模型上测得的结果首先存在计算机中，然后传送到数控绘图机上绘出图件。

解析摄影测量的进一步发展是数字摄影测量。数字摄影测量是利用所采集的数字或数字化影像，在计算机上进行各种数值、图形和影像处理，研究目标的几何和物理特性，获得各种形式的数字产品和可视化产品。这里的数字产品包括数字矢量地图（DLG）、数字高程模型（DEM）、数字正射影像（DOM）、测量数据库等。可视化产品包括地形图、专题图、断面图、正射影像图、电子地图、动画地图等。由于数字摄影测量从影像到产品全部采用数字形式在计算机中进行，因此也称为“全数字摄影测量”。

摄影测量与遥感不同发展阶段的特点见表 0-1。

表 0-1　摄影测量与遥感不同发展阶段的特点

发展阶段	原始资料	投影方式	仪　器	操作方式	产　品
模拟摄影测量	像片	物理投影	模拟测图仪	作业员手工	模拟产品
解析摄影测量	像片	数字投影	解析测图仪	机助作业员操作	数字产品 模拟产品
数字摄影测量	像片 数字化影像 数字影像	数字投影	数字摄影测量系统	自动化操作+作业员干预	数字产品 模拟产品

自从 20 世纪 60 年代以来，航天技术迅速发展，70 年代美国的陆地资源卫星（Landsat）上天后，遥感技术得到了极为广泛的应用，打破了摄影测量学长期以来过分局限于测绘物体形状与大小等数据的几何处理，尤其是航空摄影测量长期以来只偏重于测制地形图的局面。在资源勘查和环境监测中，多采用探测物体而又不接触物体的遥感技术，由于其工作的高效率，很快在全世界得到重视并为多种学科所采用。为此，国际摄影测量与遥感学会（ISPRS）于 1988 年在日本京都召开的第十六届大会上做出定义：“摄影测量与遥感乃是对

非接触传感器系统获得的影像及其数字表达进行记录、量测和解译，从而获得自然物体和环境的可靠信息的一门工艺、科学和技术。”

摄影测量和遥感关系紧密。遥感是按照摄影测量学的历史和结构发展起来的，是摄影测量的发展趋势。遥感极大地丰富和推进了摄影测量的范围和功能，是经典摄影测量的必然扩展。摄影测量与遥感的最大区别就是，摄影测量侧重于根据影像研究目标的几何性质，而遥感侧重于根据影像的电磁波属性进行属性解译。摄影测量方法是遥感图像几何处理的必要手段，高分辨率的遥感影像也常常被用于摄影测量测绘地形图。随着摄影测量和遥感技术的发展，摄影测量和遥感之间已经相互融合、兼取所长，现代摄影测量系统与遥感图像处理系统之间的差别已经不大。很多摄影测量系统兼具遥感图像处理功能，而遥感图像处理系统往往包含了数字摄影测量模块。

3. 摄影测量与遥感技术在国民经济建设中的应用

自从20世纪80年代遥感技术产生以来，摄影测量与遥感已蓬勃发展成为一个新型的科学技术领域，广泛地应用于国民经济建设与社会发展的诸多领域，特别是在国家基础测绘与建立空间数据基础设施、资源调查、环境保护、自然灾害监测、再生资源预测、道路设计等领域中发挥着重要的作用。

（1）摄影测量与遥感技术在国家基础测绘与空间数据基础设施中的应用　随着计算机技术和信息技术的迅猛发展，人类社会已进入信息时代。现代信息技术不仅深刻地影响着现代科学技术、教育、工农业生产乃至经济建设的各个方面，而且影响着人们的生活、工作和娱乐方式。信息产业不仅为各国带来财富和机遇，而且为世界各国人民带来了信息化社会的种种便利。

为了推动信息社会的迅速发展，美国于1993年提出了“信息高速公路”的概念，即建立“国家信息基础设施（National Information Infrastructure，简称NII）”，它主要由计算机服务器、网络和计算机终端组成。为了在信息高速公路上表达地理参考，使之与地理和地球有关的空间信息得以在因特网上准确地表达、描述和查询，为此美国于1994年提出建立“国家空间数据基础设施（National Spatial Data Infrastructure，简称NSDI）”。为了将信息技术推进到人们的日常工作、生活和娱乐中，美国于1998年又提出了“数字地球”的概念。

国家空间数据基础设施属于国家信息基础设施的一部分，是连接信息高速公路和数字地球的桥梁，主要包括空间数据协调、管理与分发体系和结构，空间数据交换网（Clearing house），空间数据交换标准以及数字地球空间数据框架。

数字地球空间数据框架（Digital Geo-Spatial Data Framework）是国家空间数据基础设施的核心，它包含了最基本的空间数据集。框架的内容一般包括三种类型的数据，即数字正射影像、数字高程模型和数字线划图。这一空间数据框架一方面为研究和观察地球以及地理分析提供了最基本的公用数据集，另一方面为用户添加各种与空间位置有关的信息提供了地理坐标参考。

建立国家空间数据基础设施投资最大的项目就是建立数字地球空间数据框架。在数字地球空间数据框架的建立中，摄影测量与遥感技术直接或间接地起着极其重要的作用。

一方面，由传统的航空摄影测量方法生产的1:10000地形图是数字地球空间数据框架的数据来源之一。按照美国建立国家空间数据基础设施的目标，将来的空间数据要基于1m分辨，而这一分辨率恰好与我国1:10000比例尺地形图相对应，因此，现有1:10000比例尺地形图是数字地球空间数据框架的重要资源。通过对这些地形图进行扫描或手扶跟踪数字化，可以获得道路、水系、行政边界、地名注记以及建立数字高程模型所需要的数据点等矢量数据。从这个意义上说，摄影测量与遥感技术在数字地球空间数据框架的建立中已经起着间接的作用。

另一方面，现代的摄影测量与遥感技术正在成为数字地球空间数据框架数据采集和更新的直接手段。尽管现有地形图数字化是矢量空间数据采集的一种手段，但是这种数据采集方式是费时费钱的。为了提高效率，必须在生产正射影像的同时生产数字高程模型，另外，还要叠加大地控制点、交通、水系、境界、地名等数据的全新作业模式。摄影测量与遥感技术、GIS技术和GPS技术的发展与集成应用为这一作业模式的实现提供了技术保证。

（2）摄影测量与遥感技术在线路设计中的应用　道路的线路设计是道路工程的基础工作和重要组成部分，其成果直接关系到新建道路是否经济合理，也关系到道路工程的质量。道路的理想位置是沿着平坦、径直的方向延伸，但是由于实际的地物地貌错综复杂，不可能建成这样理想的线路，所以线路应尽量采用直线以及较大半径的曲线连接，以缩短线路的长度，节省造价及营运消耗，而在纵断面上应尽量减小其坡度，以提高行车速度。同时，道路线路还应绕避不良地质和水文地段，以保证道路工程的质量。另外，道路还应尽量绕避重要的建筑物以及少占农田等。

为了满足线路设计的要求，必须利用道路沿线的地形、地质、水文等资料，而摄影测量与遥感技术正是提供这些资料的有效手段。

摄影测量与遥感技术在线路设计中的应用主要表现在两个方面。一方面，航空摄影测量获得的地形图、断面图以及数字高程模型是线路设计的主要资料；另一方面，航空或者卫星遥感图像可直接或间接地提供大量有关各种地物的属性信息，为解译各种地质现象和水文要素创造良好的条件。

（3）遥感技术在农业中的应用　遥感技术在农业中的应用主要表现为：利用遥感技术可以进行土地资源的调查与监测；可以识别各类农作物，计算其种植面积，并根据作物生长情况估计产量；在作物生长过程中，利用遥感技术分析其长势，及时进行灌溉、施肥和收割等；当农作物受害时，可以及时预报和组织防治工作等。

（4）遥感技术在地质矿产勘查中的应用　遥感技术为地质研究和勘察提供了先进的手段，可为矿产资源调查提供重要依据和线索，特别是卫星遥感，为大区域甚至全球范围的地质研究创造了有利条件。

利用遥感图像的色调、形状、阴影等标志，解译出地质体的类型、地层、岩性、地质构造等信息，为区域地质填图提供必要数据。利用遥感技术，也可以根据矿床成因类型，结合地球物理特性，寻找成矿线索或缩小找矿范围，通过成矿条件的分析，提出矿产普查勘探的方向，指出矿区的发展前景。遥感技术在工程地质勘察中的应用也特别广泛，利用遥感技术多平台、多时相、多波段的特性，可以快速地获取地表及以下的光谱和空间信息，通过解译分析，可解决工程地质勘查中的岩性特征分析、地质灾害现象调查及破碎带和活动断层的活动性分析等问题。

（5）遥感技术在环境监测中的应用　目前，环境污染已成为一个困扰全世界的突出问题，利用遥感技术可以快速、大面积地监测水污染、大气污染、土地污染以及各种污染导致的破坏和影响。近年来，我国利用航空遥感进行了多次环境监测的应用实验，对沈阳等多个城市的环境质量和污染程度进行了分析和评价，包括城市热岛效应、烟雾扩散、水源污染、绿色植物覆盖指数和交通量等的监测，都取得了重要成果。

随着遥感技术在环境保护领域中的广泛应用，一门新的学科——环境遥感诞生了。环境遥感就是利用遥感技术揭示环境条件变化、环境污染性质及污染物扩散规律的一门学科，环境条件如气温、湿度的变化和环境污染大多会使地物波谱特征发生不同程度的变化，而地物波谱特征的差异正是遥感识别地物的最根本依据。

【绪论小结】

绪论对摄影测量与遥感进行了介绍。通过对绪论的学习，着重掌握摄影测量与遥感的定义，并对这个行业的发展现状和前景有比较全面的认识。

【复习题】

1. 简述摄影测量的三个发展阶段和各阶段的特点。
2. 简述摄影测量与遥感的关系。
3. 查阅资料，说说摄影测量与遥感在经济建设中有哪些应用。
4. 名词解释　摄影测量、遥感、模拟摄影测量、解析摄影测量、数字摄影测量。

单元 1

摄影测量基础

单元概述

本单元较为系统地介绍了摄影测量的基本知识，包括摄影像片的获取、单张像片的数字解析理论和立体像对解析计算地面点三维坐标的基本理论。通过本单元的学习，应重点掌握摄影测量学习和实践中的重要概念，理解解析摄影测量的基本理论，以及能获取满足摄影测量质量要求的像片。

学习目标

1. 了解摄影机的基本构造，掌握量测摄影机的特点；了解航空摄影的基本过程，掌握摄影测量对航空摄影的基本要求；能够根据摄影测量项目的要求检查像片质量，并获取符合摄影测量项目要求的像片。

2. 了解中心投影的构像特点；理解并掌握摄影测量中常用的几种坐标系、内外方位元素、共线方程的定义；了解航片上的像点位移规律。

3. 理解立体视觉的产生原理，了解立体观察与量测的方法。

4. 掌握立体像对的基本点、线、面；掌握单张像片空间后方交会和立体模型前方交会的基本原理，并理解其解算步骤；掌握相对定向元素与绝对定向元素的概念和立体像对的相对定向与绝对定向的基本原理；理解相对定向与绝对定向的解算过程；掌握双像解析的光束法严密解的基本原理。

1.1 摄影基础

1.1.1 摄影机概述

1. 摄影原理

摄影是根据小孔成像的原理，用一个摄影物镜代替小孔，在成像平面处放置感光材料，物体的投射光线经摄影物镜后聚焦于感光材料上，感光材料受成像光线的光化学作用生成潜像，再经过摄影处理得到光学影像，这一过程称为摄影。摄影成像原理用公式表示为

$$\frac{1}{D}+\frac{1}{d}=\frac{1}{F} \tag{1-1}$$

式中　D——物距；

d——像距；

F——焦距。

2. 摄影机

（1）摄影机的构造　摄影的主要工具是摄影机。被摄物体在感光材料上的影像是摄影所获得的成果，称为像片。摄影机的结构形式繁多，其基本结构大致相同，有镜箱和暗箱两个基本部分，一般由物镜（镜头）、光圈、快门、暗箱、检影器及附加装置组成，其结构如图 1-1 所示。

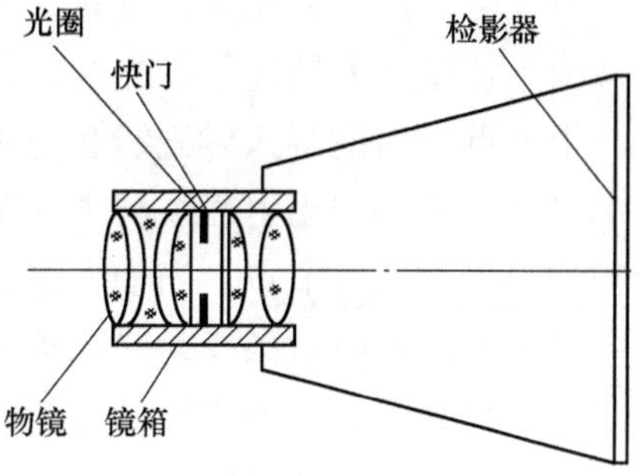

图 1-1　摄影机结构

将摄影机的物镜、光圈、快门等光学部分与暗箱连接起来的部件称为镜箱。镜箱是一个可以调节摄影物镜与像框平面之间距离的封闭筒。暗箱是存放感光材料用的，安装在镜箱体的后面，摄影时借助机械或其他装置的作用，使感光材料平展紧贴在像框平面上。像框平面就是光线通过摄影物镜后的成像平面，镜箱体和暗箱都必须紧闭，不得漏光。普通摄影机的镜箱与暗箱是连成一体的，而测量用的镜箱与暗箱是可以分开的，它一般备有多个暗箱，临摄影前装在镜箱体的后面，在摄影间歇过程中可以调换备用暗箱。

（2）镜头　镜头是摄影机的成像部件，由多个不同形状和类型的单透镜组合而成。所摄影像大小和质量的好坏主要取决于镜头的特征参数和光学质量。

透镜两球面曲率中心的连线是透镜的光轴，物镜光学系统中各透镜的光轴应重合为一，即为物镜的主光轴。物体的投射光线经各透镜的逐次折射后，最终取得折射光线。如图 1-2 所示，假定物方空间有一平行于主光轴的光线 AB，经物镜各透镜折射后得到折射光线 CD，折射光线 CD 偏向主光轴，并相交于主光轴 F'，延长 AB 和 CD 相交于 h'，这相当于入射光线 AB 是在 h' 处发生折射而得的折射光线 CD。F' 点在像方空间，故称像方主焦点或后主焦点。过 h' 作垂直于主光轴的主平面 Q'，将会发现平行于主光轴的各投射光线都在 Q' 上发生折射现象。同样，当投射光线来自物镜的另一方射入时，经各物镜折射后得折射光线，会交主光轴于 F，按上述方法延长入射和折射光线相交于 h 点，并过 h 点作垂直于主光轴的主平面 Q，那么 Q 相当于物镜的另一个折射面。由于光线的可逆性，这两个平面都是投射光线的折射面。综上所述，无论物镜由多少个透镜组成，经过多少次折射，其结果都相当于在主平面 Q 和 Q' 上发生折射，因此，可以用主平面 Q 和 Q' 作

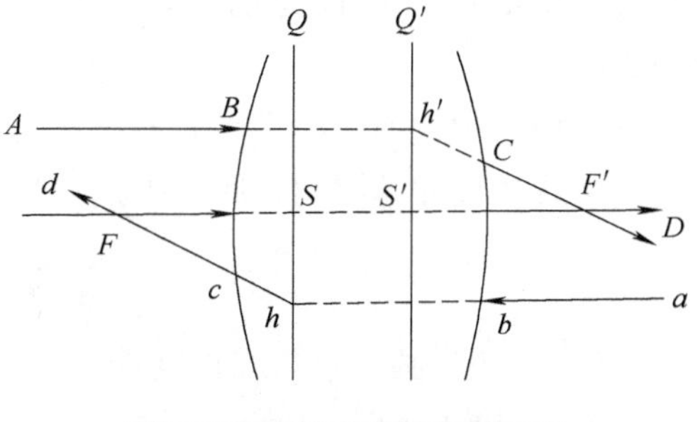

图 1-2　摄影机透镜组示意图

为等价物镜。

主平面 Q 和 Q' 将空间分为两部分，物体所处在的空间称为物方空间，影像所处在的空间称为像方空间。因此，Q 和 Q' 也相应地称为物方主平面和像方主平面，Q 和 Q' 与物镜主光轴的交点 S 和 S' 称为物方主点和像方主点。由物方平行于主光轴的各投射光线经物镜折射后，都交于主光轴的像方焦点 F'；而一组与主光轴斜交的投射光线，经物镜折射后若为平行于主光轴的平行线组，那么各投射光线则必然相交于主光轴的物方焦点 F 点上。自像方主点 S' 到像方焦点 F' 的距离称为像方焦距；相应的自物方主点 S 到物方焦点 F 的距离称为物方焦距。过像方焦点作垂直于主光轴的平面称为焦平面。显然，无穷远点的发射光线，可视为平行于主光轴的平行光线，经物镜组折射后均应会聚焦于平面上某一点处。

由物点发射的各入射光线和经物镜出射的各成像光线中，有一对共轭光线，其入射光线与主光轴的夹角与出射光线与主光轴的夹角恰好相等，此时共轭光线与主光轴的交点分别称为物方节点和像方节点。当物方空间和像方空间介质相同时，理想物镜的一对节点正好和一对主点重合，此时这条投射光线称为某物点的主光线。设想物镜的两个主平面重合，则投射光线与折射光线为一条直线，在像平面位置一定时，物点在像片平面上的影像可以由主光线与像片平面的交点来确定。

1）视场角和像场角。镜头成像与人眼观察景物相仿。当人眼观察时，可以看到的空间视野范围称为人眼视场，而视场范围则由最大视场角决定。

由于组成镜头的透镜和连接投影的镜筒都是圆形的，当对光于无穷远时，在后焦平面上的影像将是一个明亮的圆，这个圆与物镜中心将形成一个光锥。这个圆形范围所对应的物方空间称为镜头的视场，光锥锥底直径对镜头中心的张角称为视场角，如图 1-3 中的 2α。

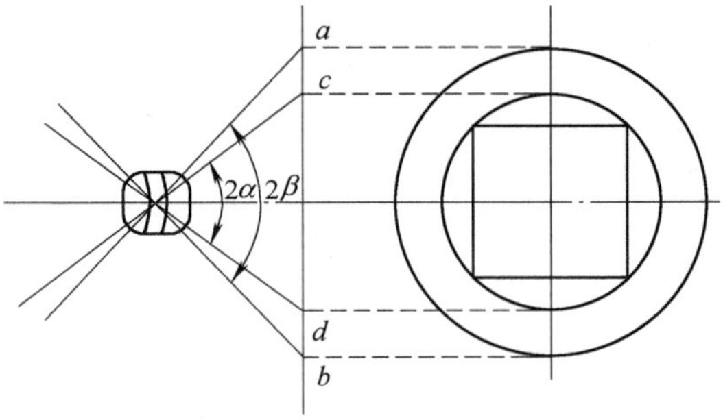

图 1-3　视场角与像场角

普通相机中，均以在像平面上设置的矩形或正方形来限制像场的使用，故摄影镜头的像场角受到胶片尺寸的限制，底片画幅对角线对应的像场角 2β（图 1-3）可用下式计算

$$2\beta = 2\arctan\frac{L}{2f} \tag{1-2}$$

式中　L——底片画幅对角线长度；

f——镜头焦距。

由式（1-2）可知，当胶片尺寸大小一定时，像场角的大小与物镜焦距成反比，焦距越长，视场角越小，焦距越短，像场角越大。

通常按镜头视场角大小，将物镜分为五类：摄远镜头（$2\beta < 45°$）；标准镜头（$45° \leqslant 2\beta < 75°$）；广角镜头（$75° \leqslant 2\beta < 110°$）；特广角镜头（$110° \leqslant 2\beta \leqslant 133°$）；超广角镜头（$2\beta > 133°$）。

2）镜头分解力。分解力是摄影机镜头的重要特性之一，它能确定镜头对被摄物体微小细节的表达能力。其大小用在焦平面上1mm的宽度内，能分辨的相互平行的最大数目的线对数表示，单位为“lp/mm”，其中，一线条与一间隔合称一线对。

3）镜头畸变差。在摄影机物镜的构像误差中，畸变差影响最大，因为畸变差将使直线的成像变成曲线，使物体的影像发生变形，从而破坏物与像的中心投影关系，降低摄影测量成果的数学精度。

4）景深。用摄影机取景时，为获得清晰影像，必须满足成像公式的要求。当成像平面位置固定时，此时到物镜的距离大于或小于相应物距的物点，在像片面上不能构成清晰影像点，而是在像平面上形成了一个圆斑，称为模糊圆。

由于实际景物具有三维纵深，因此在摄影时，除对焦面外，其余纵深上的景物均不能构成清晰影像，但是通过实际观察，在一定的纵深范围内的景物的影像也是清晰的，这似乎与理论不符，这是由于人眼对微小细节分辨能力有限而造成的错觉。

人眼对微小细节的分解能力称为人眼分解力，尽管对焦面以外的景物为模糊圆，但当模糊圆直径很小时，人眼不能分辨而认为是一个像点时，可以认为构像是清晰影像。

因此当摄取一有限距离的景物时，在景物前后一定距离内，其构像都是清晰的，此构成清晰影像的物方纵深范围称为景深，用ΔL表示。

$$\Delta L=\frac{2D^2F^2K\delta}{F^4-D^2K^2\delta^2} \tag{1-3}$$

式中 F——物镜焦距；

D——物距；

K——光圈号数；

δ——允许模糊圆半径。

由式（1-3）可知，景深主要受到光圈号数、焦距、物距和允许模糊圆半径大小的影响：光圈号数K增大，则镜头景深迅速增大；焦距越长，景深越小；摄影物距越大，景深也越大；允许模糊圆直径越大，镜头景深越大。

（3）光圈　光圈是安置于摄影机镜头中的一个重要部件，它是由若干金属片组成的可调节大小的进光孔。其主要作用是控制进入镜头光量的多少，调节镜头的使用面积，限制镜头边缘部分的使用，提高成像的清晰程度。此外，光圈还起调节景深的作用。

为了改善物镜各种像差对影像变形的影响，通常将光圈放置在物镜的两透镜组之间，以控制光束柱面积的真实光圈孔径，此孔径称为有效孔径，用d表示。有效孔径d与焦距F之比称为相对孔径（d/F），相对孔径的倒数（F/d）称为光圈号数，用K表示。

光圈大小用光圈号数表示，光圈号数通常刻在镜头外框上，光圈号数的数字从小到大以$\sqrt{2}$为公比成几何级数变化，如2、2.8、4、5.6、8、11、16、23、32。由于影像亮度与相对孔径成正比，与光圈号数的平方成反比，因此常通过调节光圈号数改变光圈大小，控制镜头的光通量，从而改变影像亮度。

摄影时感光材料上单位面积所要求曝光量H为一个定值，它等于照度（亮度）E与曝光时间t的乘积，即

$$H=E\cdot t \tag{1-4}$$

由于照度与光圈号数的平方成反比，因此当 H 为定值时，有

$$\frac{E_1}{E_2}=\frac{t_2}{t_1}=\frac{K_2^2}{K_1^2} \tag{1-5}$$

当摄影条件相同时，曝光时间与光圈号数的平方成正比，如果曝光时间改变一倍，则相应的光圈号数应改变$\sqrt{2}$。

（4）快门　快门是摄影机上调节曝光时间长短的机械装置。它犹如一个光闸，能在预先设置的曝光时间内，让光线通过镜头使胶片曝光。快门从打开到关闭所经历的时间称为曝光时间或快门速度，它可以根据需要予以改变。快门速度与光圈配合使用，可以调节得到正确的曝光量和景深大小。曝光时间一般都标注在镜头筒上的快门速度调节环上，或标注在相机顶面的快门调节盘上，如：B、1、2、4、8、15、30、60、125、300。曝光时间的数字都是标注的分母，如 60 就是 1/60s。因此，快门上的数字越大，对应的曝光时间就越短。B 是 1s 以上的短曝光标志，俗称 B 门，手按下快门按钮就开始曝光，松开快门按钮曝光结束。

摄影时只需要选择合适的光圈号数和曝光时间组合，就能得到恰当的曝光量，获得理想的影像。

（5）取景器　取景器是用来观察被摄景物以及确定合适拍摄范围的装置，它在摄影机上往往与调焦装置组合在一起，使用更加方便。

（6）调焦系统　由光学成像原理可知，随着物距的改变，像距也会随之变化，摄影时，通过不断调整镜头使其前后伸缩，调整像距，以得到清晰的影像，称为调焦或对光。调焦系统就是保证不同距离的被摄物体在成像面上都能获得清晰影像的一种调节装置。它是在光路上与像平面等光程的位置上设置一个屏，这块屏称为调焦屏，它既可作调焦用，又可作取景用。如果在调焦屏上的影像清晰，那么在成像面（胶片面）上的影像也清晰，这种装置就是检影器。

（7）附加装置　为了满足摄影需要，摄影机还有一些附加装置，如卷片、自拍、闪光、拍摄记数等装置。随着科技进步，摄影机进入自动化、电子化、数字化时代，其附加装置及功能越来越先进，如自动曝光、自动调焦、自动闪光、自动卷片、自动记录拍摄时间、自动变焦等在摄影机上已经得到广泛的应用。

3. 数字摄影机

现代摄影测量也使用传统的光学摄影机和光学感光材料获取的光学像片，但更多的是使用数字摄影机摄取数字影像。数字摄影机与光学摄影机具有相同的成像原理，因此也具有相同的构造特点，二者的主要区别在于：

1）影像成像过程不同。传统光学摄影机使用卤化银感光材料即胶片作为载体，通过胶片的光化学反应获得被摄物体的影像；而数字摄影机使用 CCD 感光元件，通过光电反应将信息记录于存储卡上。

2）存储介质不同。传统摄影信息以化学方式记录在胶片上，数字摄影信息以数字形式存储在存储卡等磁介质上。

3）影像输入输出方式不同。传统光学影像以像片或者底片的形式表现，观看、制作、

传输和携带不便。数字影像可直接输入计算机，处理后可以有形式各异、丰富多彩的输出产品，方便快捷。

4）影像处理工艺不同。传统摄影处理是一个光化学过程，必须在暗房里进行冲洗等系列工作，工艺复杂。数字摄影机摄取的数字影像则由计算机利用各种图像处理软件进行处理，使用方便。

4. 量测用摄影机

摄影测量中使用的摄影机，除担负摄影任务之外，还起着量测仪器的作用，是整个测量系统的一部分，摄影像片是摄影测量中用以定位和测图的依据，因此对摄影机的质量要求比普通摄影机高得多，总的要求是成像清晰、分解力高、透光性强、几何精度好、操作简便。

航空摄影测量由于其成图速度快、精度高、不受气候及季节限制等优点而成为我国基本地图成图的主要方式，航空摄影测量所使用的量测摄影机也称航摄仪，主要工作平台是飞机。其结构除了与普通摄影机具有相同的物镜、光圈、快门、暗箱、检影器等主要部件外，还有座架及其控制系统的各种设备、压平装置，有的还有像移补偿器以减少像片的压平误差与摄影过程的像移误差，如图1-4所示。

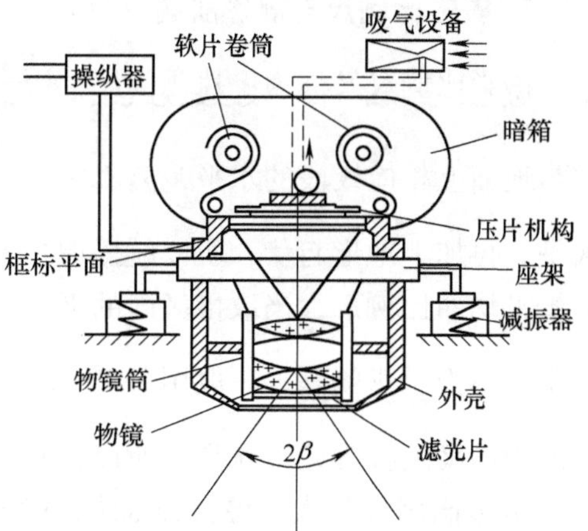

图1-4 航空摄影机结构简图

航空摄影机还有框标装置，即在固定不变的承片框上有框标标志。位于四边中央的框标称为边框标（也称机械框标），位于四角的框标称为角框标（也称光学框标）。框标标志的作用是用来建立像平面上的框标坐标系。

航空摄影机物镜中心至像片面的距离是固定值，称为摄影机主距，通常用f表示，它与物镜焦距基本一致，因物镜畸变等原因而有少许差异。

航空摄影机主光轴与像片面的交点称为像主点，摄影机结构设计时要求像主点应与框标坐标系原点重合。由于制造技术上的误差，常常达不到完全重合的要求，但是必须精确地测定出像主点相对于框标坐标系的位置，即像主点在框标坐标系中的坐标值（x_o，y_o）是已知的。

航摄机常用像幅大小有18cm×18cm、23cm×23cm、30cm×30cm，较大的像幅可以增大地面覆盖面，降低成本，提高精度。

1.1.2 航空摄影

1. 航空摄影

在飞机或其他航空飞行器上利用航摄机摄取地面影像获得航摄像片的工作称为航空摄影。以地形测绘为目的的空中摄影多采用竖直摄影方式，要求航摄机在曝光的瞬间物镜主光轴保持垂直于地面。实际上由于飞机的稳定性和摄影操作的技能限制，航摄机主光轴在曝光瞬间总会有微小的倾斜，按规定要求像片倾角应小于2°~3°，这种摄影方式称为竖直摄影。

竖直航空摄影可分为面积航空摄影、条带航空摄影和独立地块航空摄影。面积航空摄影主要用于测绘地形图或者大面积资源调查。条带航空摄影主要用于线路定线和江河流域规划与治理工程等，它与面积航空摄影的区别是其一般只有一条或少数几条航带。独立地块航空摄影主要用于大型工程建设和矿山勘探，一般只拍摄少数几张具有一定重叠度的像片。

2. 摄影比例尺与摄影航高

摄影比例尺又称为像片比例尺，用$\frac{1}{m}$表示。其严格定义为：航摄像片上一线段为l的影像与地面上相应线段的水平距离L之比，即$\frac{1}{m}=\frac{l}{L}$。因为航空摄影时航摄像片不能严格保持水平，再加上地形起伏，所以航摄像片上的影像比例尺处处均不相等。因此摄影比例尺一般是指平均的比例尺，当取摄区内的平均高程面作为摄影基准面时，摄影机的物镜中心至该面的距离称为摄影航高，一般用H表示，则有$\frac{1}{m}=\frac{f}{H}$。摄影瞬间摄影机物镜中心相对于大地水准面的高度称为绝对航高，所以相对于其他某一基准面的高度均为相对航高。

摄影比例尺越大，像片地面的分辨率越高，有利于影像的解译和提高成图精度，但摄影比例尺过大，会增加工作量及费用，所以在空中摄影之前，应根据测图比例尺、成图精度、成图方法和成本等多方面来综合考虑确定摄影比例尺。摄影比例尺应根据表1-1进行选取。

表1-1　航摄比例尺与成图比例尺的关系

比例尺类型	航摄比例尺	成图比例尺
大比例尺	1:2000 ~ 1:3000	1:500
	1:4000 ~ 1:6000	1:1000
	1:8000 ~ 1:12000	1:2000
中比例尺	1:15000 ~ 1:20000 (23cm × 23cm)	1:5000
	1:10000 ~ 1:25000	1:10000
	1:25000 ~ 1:35000 (23cm × 23cm)	
小比例尺	1:20000 ~ 1:30000	1:25000
	1:35000 ~ 1:55000	1:50000

3. 空中摄影过程

航空摄影之前要进行相应的计划，航摄计划中的技术部分包括：收集航摄地区已有的地形图、控制成果、气象等资料；确定测区范围，划分航摄分区；根据测区的地形条件、测图比例尺等因素选用摄影机；确定航线方向和敷设航线；确定摄影比例尺、航高、像片重叠度、航摄基线、航线间隔、航摄分区的航线数、曝光时间间隔等；编制领航图；确定需用像片的数量、日期及航摄成果的验收要求等。

在做好地面准备工作后，选择晴朗无云、能见度好、气流平稳的天气，利用带有航摄仪的飞机或其他空载工具进行对地摄影。飞机进入航摄区域后，依据领航图按设计的航高、航向呈直线飞行并保持各航线间的相互平行，逐片逐航带顺次摄影，如图1-5所示。

4. 摄影测量对空中摄影的基本要求

航空摄影获取的航摄像片是航空摄影测量成图的基本原始资料，其质量的优劣，直接影响到摄影测量过程的繁简、成图工效和精度。因此，对航空摄影质量和飞行质量等提出严格要求。

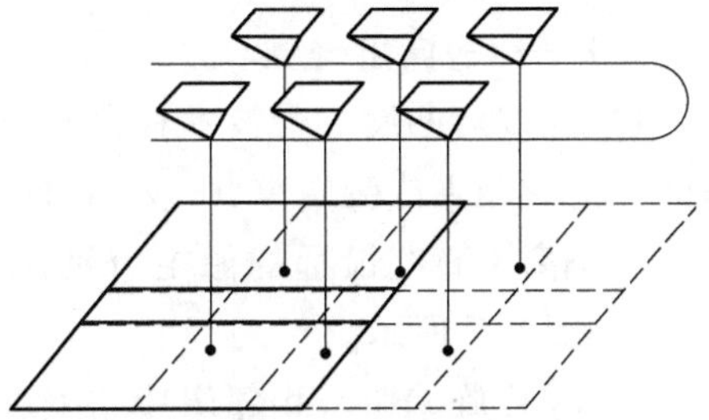

图1-5　空中摄影略图

（1）航摄像片质量　航摄像片的质量主要是指影像的构像质量、几何质量和表观质量。具体表现为影像分辨率是否满足成图比例尺、摄影比例尺的要求，影像是否清晰，影像色调是否一致，反差是否适中，像片几何变形是否符合精度要求，框标等摄影标志是否完整。

（2）航摄像片飞行质量

1）像片倾角。所谓像片倾角，是指摄影瞬间摄影机主光轴与铅垂线之间的夹角。由像片边缘的水准器影像中气泡所处的位置判读其倾角是否小于3°，对无水准器的像片，若发现可疑，可在旧图上选择若干明显地物点，用摄影测量方法进行抽查。

2）摄影比例尺与航高。在制定航摄计划时，选定了航空摄影机和摄影比例尺之后，按照航摄比例尺的定义公式确定飞行航高 H。飞机按照预定航高飞行时，其差不得大于5%，同一航线内各摄站的航高差不得大于50m。

3）像片重叠度。用于地形测量的航片，必须使像片覆盖整个测区，而且能够立体测图，相邻像片应具有一定的重叠。同一条航线内相邻像片之间应有一定的影像重叠，称为航向重叠。相邻航线间相邻像片也应有一定的影像重叠，称为旁向重叠。重叠度通常用百分比表示，航向重叠度一般要求为 $p\% = 60\% \sim 65\%$，最小不得小于53%；旁向重叠度一般要求为 $q\% = 30\% \sim 40\%$，最小不得小于15%。航向、旁向重叠小于最低要求称为航摄漏洞，需要航摄外业补救。图1-6即为相邻像片航向重叠时的情况。

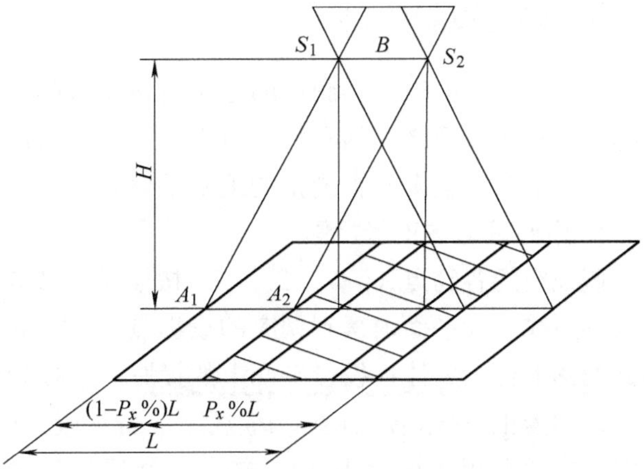

图1-6　像片航向重叠

在制定航摄计划时，根据像片重叠度和摄影比例尺，可计算出摄影基线 b（相邻摄站之间的距离）和航带间间距 D_Y：

$$b = ml(1-p\%) \tag{1-6}$$

$$D_Y = ml(1 - q\%) \tag{1-7}$$

式中 m——摄影比例尺；

l——像片像幅尺寸；

$p\%$——航向重叠度；

$q\%$——旁向重叠度。

4）航线弯曲度。受技术和自然条件限制，飞机往往不能按照预定航线飞行而产生航线弯曲，造成漏摄或旁向重叠过小从而影响内业成图。因此，航带两端像片主点之间的直线距离 L 与偏离该直线最远的像主点到该直线垂距 $\Delta L'$ 之比的倒数（称为航线弯曲度）不大于3%，如图1-7所示。

5）像片旋偏角。相邻像片的主点连线与像幅沿航线方向两框标连线间的夹角称为像片旋偏角，用 κ 表示，如图1-8所示。像片旋偏角是由于空中摄影时摄影机定向不准产生的。像片旋偏角不仅会影响像片的重叠度，还会给航测内业作业增加困难。一般要求像片旋偏角小于6°，个别最大不应大于8°，而且不得有连续三片超过6°的情况。

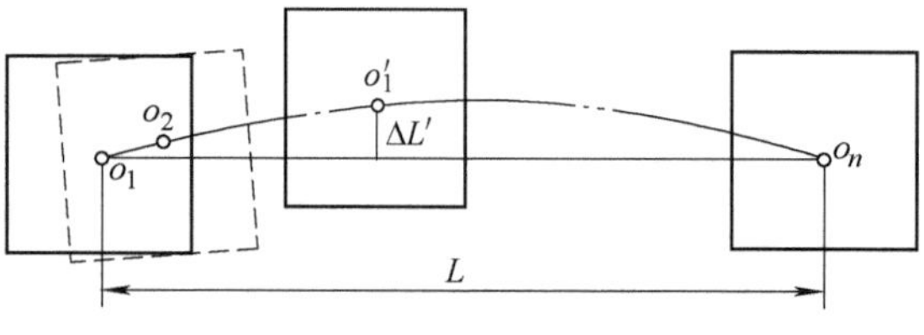

图1-7 航带弯曲度

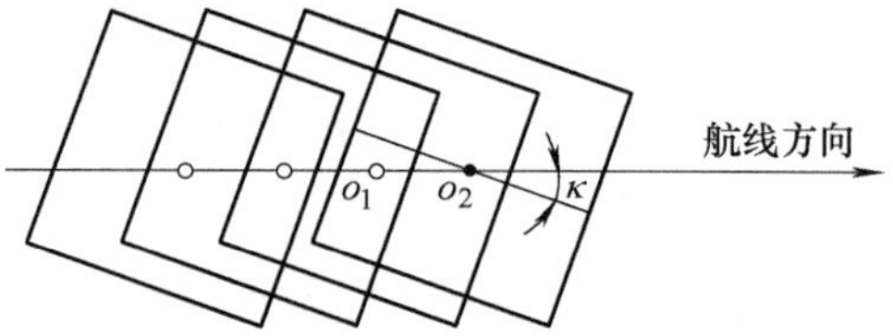

图1-8 像片旋偏角

1.2 单张像片解析

1.2.1 中心投影基础

航摄像片是航空摄影测量的原始资料。摄影测量就是根据被摄物体在像片上的构像规律及物体与对应影像之间的几何和数学关系，获取被摄物体的几何和物理属性的。因此，单张航摄像片解析是整个摄影测量的理论基础。

1. 中心投影与正射投影

假设空间各物点 A，B，C，…，按照某一规律建立一组投影射线，取一平面 P 截割该束投影射线，在平面内得到相应的投影点 a，b，c，…，则该平面称为投影平面，而平面内得到的图形称为物体在投影平面上的投影。若投影光线组中所有光线相互平行且垂直于投影平面，称为正射投影，如图1-9a所示。若该投影光线组中所有光线会聚于一点，称为中心投影，如图1-9b、c、d所示，这三种情况均属中心投影。投影射线的会聚点 S 称为投影中心。

中心投影有两种状态，如图1-10所示。当投影平面（即像片）和被摄物体位于投影中心的两侧，此时像片所处的位置称为负片位置，如同摄影时的情况。现假设以投影中心为对称中心，将像片转到物空间，即投影平面与被摄物体位于投影中心的同一侧，此时像片所处

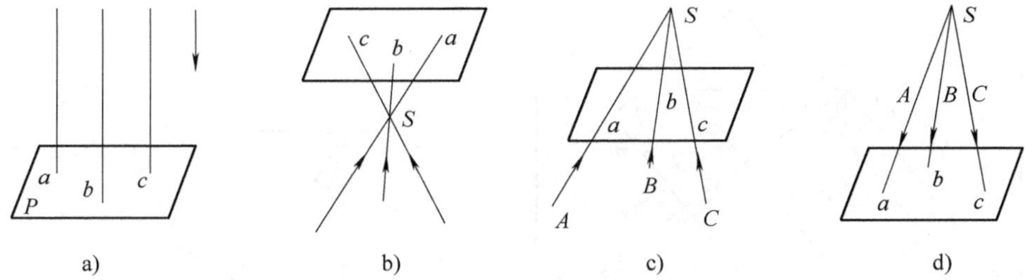

图 1-9　正射投影与中心投影

a）正射投影　b）、c）、d）中心投影

位置称为正片位置。利用摄影底片晒印与底片等大的相片时就是这种情况。

无论像片处在正片位置或负片位置，像点与物点之间的几何关系并没有改变，数学表达式仍然是一样的。今后在讨论与中心投影有关的问题时，可随其方便采用正片位置或者负片位置。

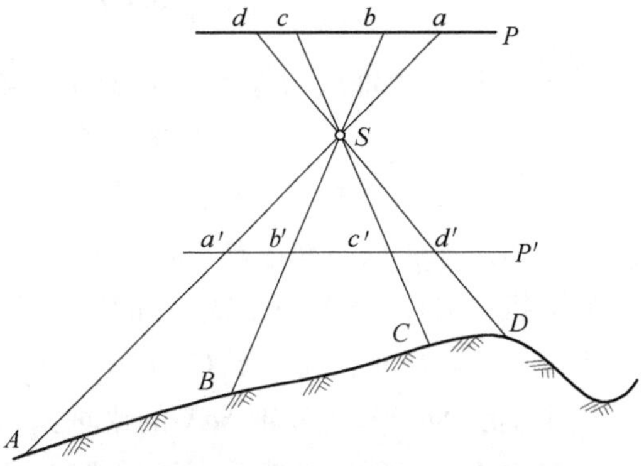

图 1-10　中心投影的正片位与负片位

2. 航摄像片是摄区地面的中心投影

航摄像片是地面景物的摄影构像。当航空摄影机向地面摄影时，地面上各点的光线都通过摄影机物镜中心 S 后，在底片上感光成像从而获得航摄像片。这时物镜中心 S 在摄影测量中又被称为摄影中心。因此，航摄像片是所摄地面以物镜中心 S 为投影中心的中心投影。感光后的底片经过摄影处理后，得到的是负片，利用负片接触晒印在相纸上，得到的是正片，通常将负片和正片统称为像片。摄影测量中，根据不同的需要，负片和正片都会得到应用。

地形图是测区在水平面（小范围内视大地水准面为平面）上的正射投影按照图比例尺缩小在图面上而得的，其典型特征是：图上任意两点间的距离与相应地面点的水平距离之比为一常数（即图比例尺）；图上任一点引出的两方向线的夹角与地面上对应水平角相等。

因此，摄影测量的主要任务之一就是把地面按中心投影规律获得摄影比例尺像片，转换成按图比例尺要求的符合正摄影像规律的地形图。

1.2.2　航摄像片上的点、线、面

研究航摄像片的摄影中心与地面的投影关系以及确定摄影瞬间航摄像片的空间位置之前，首先要研究航摄像片上的一些特殊点、线、面。为此，假设所摄地面为水平面，这时像片面与地平面之间的中心投影变换关系又称为透视变换关系。

1. 航摄像片上的特殊点、线、面

如图 1-11 所示，设像片平面 P 和地平面（或图面）E 是以物镜中心 S 为投影中心的两个透视平面。两透视平面的交线 TT' 称为透视轴或迹线，两平面的夹角 α 称为像片倾角。

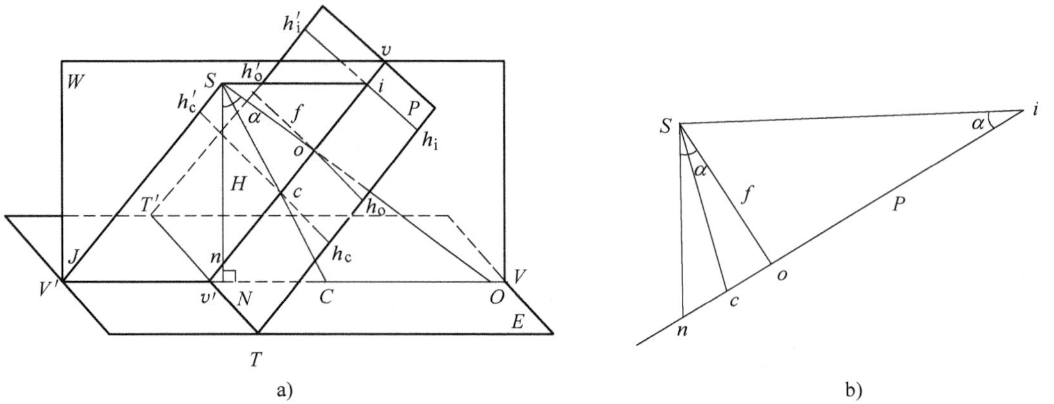

图 1-11 航摄像片上的特殊点、线、面

a）整体关系 b）特殊点、线之间的几何关系

过 S 作 P 面的垂线与像片面交于 o，与地面交于 O，o 称为像主点，O 称为地主点，So 称为摄影机的主光轴。$So=f$，称为摄影机主距。

过 S 作 E 面的铅垂线，称为主垂线。主垂线与像片面交于 n，与地面交于 N，n 称为像底点，N 称为地底点。$SN=H$，称为航高。

摄影机主光轴 So 与主垂线 Sn 的夹角就是像片倾角 α。过 S 作 $\angle oSn$ 的角平分线，与像片面 P 交于 c，与地平面交于 C，c 称为等角点，C 称为地等角点。

过主垂线 SnN 和主光轴 SoN 的铅垂面 W 称为主垂面。主垂面既垂直于像片面 P，又垂直于地平面 E，因而也必然垂直于透视轴 TT'。主垂面与像片面 P 的交线 vv' 称为主纵线，与地平面的交线 VV' 称为摄影方向线。o、n、c 必然在主纵线上，O、N、C 必然在摄影方向线上。过 S 作平行于 E 面的水平面 Es，称为合面（图上未画出）。合面与像片面的交线 h_ih_i' 称为合线（真水平线），合线与主纵线的交点 i 称为主合点。过 c、o 分别作平行于 h_ih_i' 的直线 h_ch_c'、h_oh_o'，分别称为等比线和主横线。

过 S 作 vv' 的平行线交 VV' 于 J，称为主遁点。

2. 特殊点、线之间的几何关系

由图 1-11 可以求得特殊点、线之间的数学关系，在像面 P 上有：

$$\left.\begin{aligned} on &= f\cdot\tan\alpha \\ oc &= f\cdot\tan\frac{\alpha}{2} \\ oi &= f\cdot\cot\alpha \\ Si &= ci = f/\sin\alpha \end{aligned}\right\} \tag{1-8}$$

同样在物面上有：

$$\left.\begin{aligned} ON &= H\cdot\tan\alpha \\ CN &= H\cdot\tan\frac{\alpha}{2} \\ SJ &= iv' = H/\sin\alpha \end{aligned}\right\} \tag{1-9}$$

上述各点、线在像片上是客观存在的，但除了像主点在像片上容易找到外，其他点、线均不能直接找到，需经过解析求解才能得到。这些点、线对于后面单元中定性和定量分析航摄像片上的几何特性有着重要意义。

1.2.3　摄影测量常用坐标系

摄影测量解析的任务就是根据像片上像点的位置确定对应地面点的空间位置，为此必然涉及选择适当的坐标系来描述像点和地面点，并通过一系列的坐标变换，建立二者之间的数学关系，从而由像点观测值求出对应物点的测量坐标。摄影测量中常用坐标系分为两大类：一类是用于描述像点位置的像方空间坐标系；另一类是用于描述地面点位置的物方空间坐标系。

1. 像方空间坐标系

（1）像平面坐标系　像平面坐标系用于表示像点在像平面上的位置，通常采用右手系。在解析和数字摄影测量中，常常使用航摄像片的框标来定义像平面坐标系，称为框标坐标系。如图1-12a所示，若像片框标为边框标，则以对边框标连线作为 x，y 轴（其中航线方向的角平分线为 x 轴），连线交点 p 为坐标原点，与航线方向相近的连线为 x 轴。若像片框标为角框标，则以对角框标连线夹角的平分线作为 x，y 轴，连线交点 p 为坐标原点，如图1-12b所示。

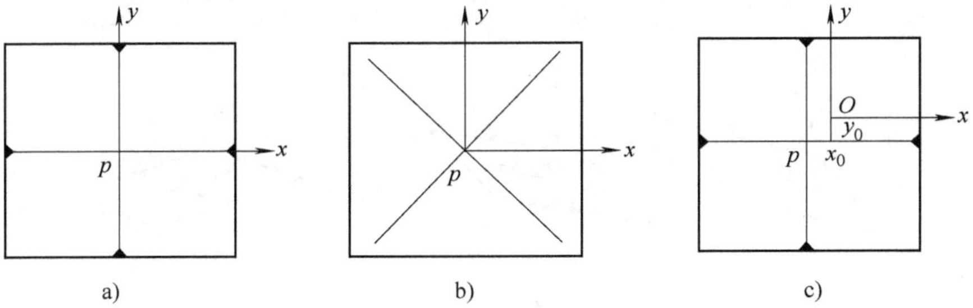

图1-12　像片平面坐标系

而在摄影测量解析计算中，像点的坐标应采用以像主点为原点的像平面坐标系中的坐标。为此，当像主点与框标连线交点不重合时，须将框标坐标系平移至像主点 O，如图1-12c所示。当像主点在框标坐标系中的坐标为（x_0，y_0）时，则量测出的像点框标坐标（x_p，y_p）可换算到以像主点为原点的像平面坐标系中的坐标（x，y）。

$$\left.\begin{aligned} x &= x_p - x_0 \\ y &= y_p - y_0 \end{aligned}\right\} \tag{1-10}$$

（2）像空间坐标系　为了便于进行像点的空间坐标变换，需要建立起能够描述像点空间位置的坐标系，即像空间坐标系。以像片的摄影中心 S 为坐标原点，x、y 轴与像平面坐标系的 x、y 轴平行，z 轴与主光轴方向重合，构成像空间右手直角坐标系 $Sxyz$，如图1-13所示。像点在这个坐标系中的 z 坐标值始终等于 $-f$，x、y 坐标也就是像点的像平面坐标，因此，只要量测得到像点在以像主点为原点的像平面坐标系中的坐标（x，y），就可得到该像点的像空间坐标（x，y，$-f$）。像空间坐标系随着每张像片的摄影瞬间空间位置而定，所以不同航摄像片的像空间坐标系是不统一的。

（3）像空间辅助坐标系　像点的像空间坐标可以直接由像平面坐标求得，但由于各像片的像空间坐标系是不统一的，这就给计算带来了困难。为此，需要建立一种相对统一的坐标系，称为像空间辅助坐标系，用 $Suvw$ 表示。此坐标系的坐标原点仍取摄影中心 S，u、w 轴方向视实际情况而定。通常 u、w 轴向有三种选取方法：

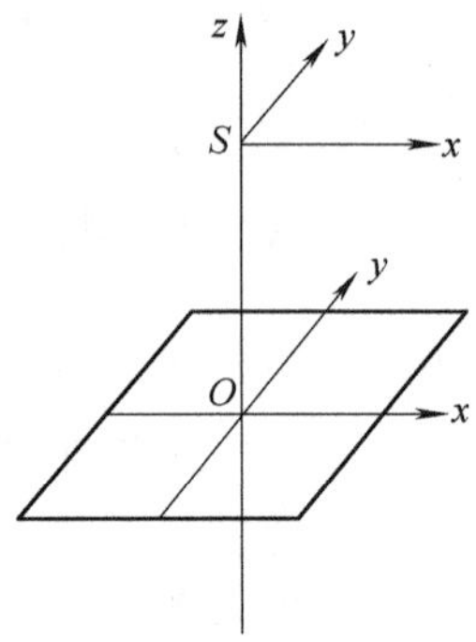

图 1-13　像空间坐标系

1）取铅垂方向为 w 轴，航向为 u 轴，三轴构成右手直角坐标系，如图 1-14a 所示。

2）以每条航线的首像片的像空间坐标系的三个轴向作为像空间辅助坐标系的三个轴向，如图 1-14b 所示。

3）以每个像片对的左片摄影中心作为坐标原点，摄影基线方向为 u 轴，以摄影基线及左片主光轴构成的面作为 uw 平面，构成右手系，如图 1-14c 所示。

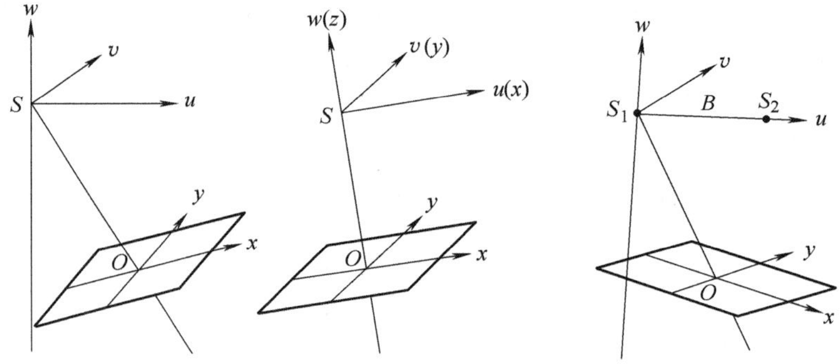

a)　b)　c)

图 1-14　像空间辅助坐标系的选取

可见，各片的像空间辅助坐标系的三轴对应平行，不同之处在于各自的坐标原点是所在像片的摄影中心。

2. 物方空间坐标系

（1）摄影测量坐标系　将第一个像对的像空间辅助坐标系 $Suvw$ 沿着 w 轴反方向平移至地面点 P，得到的坐标系 $PX_pY_pZ_p$ 称为摄影测量坐标系，如图 1-15 所示，它是航带网中一种统一的坐标系。由于它与像空间辅助坐标系平行，因此，很容易由像点的像空间辅助坐标求得相应地面点的摄影测量坐标。

（2）地面测量坐标系　地面测量坐标系是指地图投影坐标系，也就是国家测图所采用高斯-克吕格三度带或六度带投影的平面直角坐标系与定义的从某一基准面起算的高程系（如 1956 黄海高程或 1985 国家高程基准）所组成的空间左手直角坐标系 $TX_tY_tZ_t$，如图 1-15所示。

（3）地面摄影测量坐标系　由于摄影测量坐标系采用的是右手系，而地面测量坐标系采用的是左手系，这给摄影测量坐标系到地面测量坐标系的转换带来了困难。为此，在摄影测量坐标系与地面测量坐标系之间建立一种过渡性的坐标系，称为地面摄影测量坐标系，用 $DX_{tp}Y_{tp}Z_{tp}$ 表示，其坐标原点在测区内的某一地面点上，X 轴为大致与航向一致的水平方向，Z 轴沿铅垂方向，三轴构成右手系，如图 1-15 所示。摄影测量中，首先将地面点在像空间辅助坐标系中的坐标转换成地面摄影测量坐标，再转换为地面测量坐标。

1.2.4 航片的内外方位元素

为了由像点解求物点，就必须确定摄影瞬间摄影中心、像片与地面三者之间的相关位置。确定它们之间位置关系的参数称为像片的方位元素。像片方位元素又分为内方位元素和外方位元素。其中，确定摄影中心与像片之间相关位置的参数，称为内方位元素，确定摄影中心和像片在地面空间坐标系中的位置与姿态的参数，称为外方位元素。

1. 内方位元素

内方位元素是描述摄影中心与像片之间相关位置的参数，包括三个参数：摄影中心 S 到像片的主距 f 及像主点 O 在框标坐标系中的坐标（x_0，y_0），如图 1-16 所示。

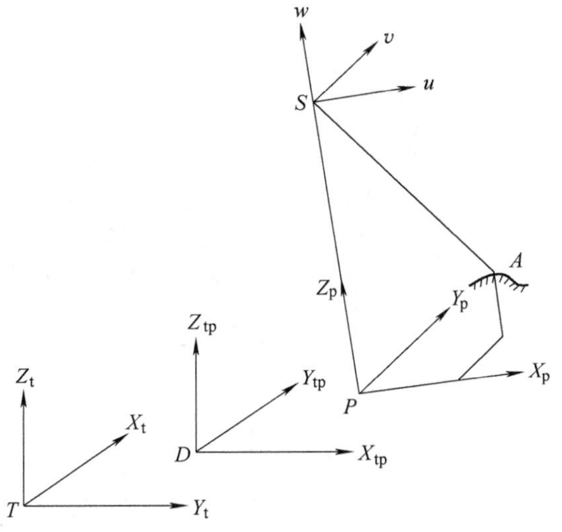

图 1-15　物方空间摄影测量坐标系

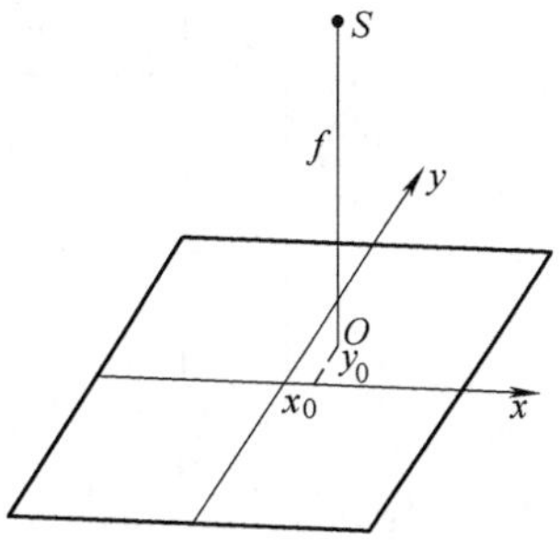

图 1-16　内方位元素

在摄影测量作业中，将像片装入投影镜箱后，若保持摄影瞬间的三个内方位元素，并用灯光照明，即可得到与摄影瞬间完全相似的投影光束，它是建立测图所需要的立体模型的基础。内方位元素值一般视为已知，它由制造厂家通过摄影机鉴定设备检验得到，检验的数据写在仪器说明书上。在制造摄影机时，一般应将像主点置于框标连线交点上，但安装中有误差，使二者并不重合，所以（x_0，y_0）是一个微小值。内方位元素值的正确与否，直接影响测图的精度，因此对航摄机须做定期鉴定。

2. 外方位元素

在恢复了内方位元素（即恢复了摄影光束）的基础上，确定像片或摄影光束摄影瞬间在地面空间坐标系中的参数，称为外方位元素。一张像片的外方位元素包括六个参数。其中有三个是描述摄影中心 S 空间位置的坐标值，称为直线元素；另外三个是描述像片空间姿态的参数，称为角元素。

（1）三个直线元素　三个直线元素是指摄影瞬间摄影中心 S 在选定的地面空间直角坐标系中的坐标值 X_S、Y_S、Z_S。地面空间直角坐标系可以是左手系的地面测量坐标系，也可以是右手系的地面摄影测量坐标系，后述问题如无特别说明，则一般是指地面摄影测量坐标系，如图 1-17 所示。

（2）三个角元素　三个角元素是描述像片在摄影瞬间空间姿态的要素。描述像片摄影时的空中姿态一般有三种方式：

1）以 v 轴为主轴的 φ-ω-κ 系统。如图 1-18 所示，首先选取本像片的像空间辅助坐标系 $Suvw$ 与地面摄影测量坐标系 $DX_{tp}Y_{tp}Z_{tp}$ 的三轴分别平行。将像片的主光轴 So 投影在 Suw 平面内，得到 So_x。这时 So_x 与 w 轴的夹角用 φ 表示，称为航向倾角；So_x 与 So 轴的夹角用 ω 表示，称为旁向倾角。一旦 φ、ω 确定，主光轴 So 的方向就确定了。再将 v 轴投影到像片平面内，其投影与像片平面坐标系的 y 轴的夹角用 κ 表示，称为像片旋角。κ 确定，则像片的空间方位也就确定了。按照上述方法定义的角元素 φ、ω、κ 称为该像片的外方位角元素。

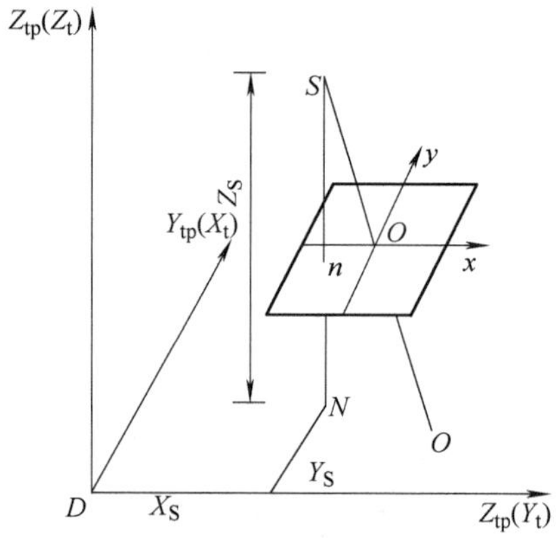

图 1-17　外方位直线元素

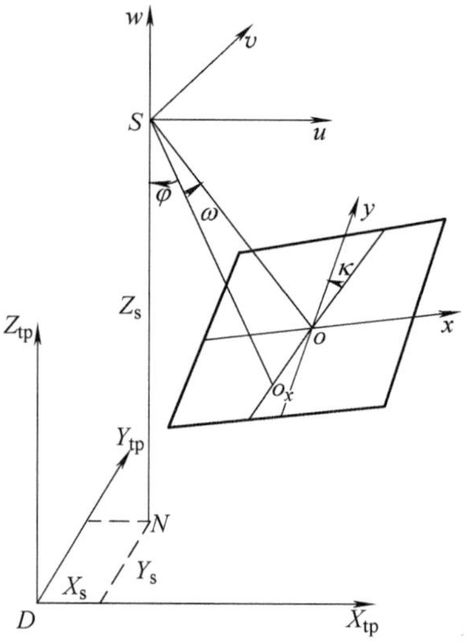

图 1-18　φ-ω-κ 系统

按照这种方法定义的外方位角元素，主光轴和像片的空间方位恰好等价于下列情况：假设在摄站点 S 摄取一张水平像片，若将该片及其像空间辅助坐标系 $Suvw$ 先绕着 v 轴（称为主轴）在航向倾斜 φ 角；在此基础上，再绕着副轴（绕着 v 轴旋转过 φ 角的 u 轴）在旁向倾斜了 ω 角；像片再绕着第三轴（经 φ、ω 角旋转过后的 w 轴）旋转 κ 角。因此，此时定义的角元素 φ、ω、κ 可以认为是以 v 轴为主轴的 φ-ω-κ 系统下的像片空间姿态的表达方式。

转角的正负号：国际上规定绕轴逆时针旋转（从旋转轴的正向的一端面对着坐标原点看）为正，反之为负。我国习惯规定 φ 角顺时针旋转为正，ω、κ 角逆时针方向旋转为正，图 1-18 中箭头方向表示正方向。

2）以 u 轴为主轴的 ω'-φ'-κ' 系统。如图1-19所示，首先将主光轴 So 投影在 Svw 平面内，得到 So_y。这时 So_y 与 w 轴的夹角用 ω' 表示，称为旁向倾角，So_y 与 So 轴的夹角用 φ' 表示，称为航向倾角。一旦 ω'、φ' 确定，主光轴 So 的方向就确定了。再将 u 轴投影到像片平面内，其投影与像片平面坐标系的 x 轴的夹角用 κ' 表示，称为像片旋角。κ 确定，则像片的空间方位也就确定了。按照上述方法定义的外方位角元素 ω'、φ'、κ' 可以认为是以 u 轴为主轴的 ω'-φ'-κ' 系统下的像片空间姿态的表达方式。ω'、φ'、κ' 正负号定义与 φ、ω、κ 相似，图1-19中箭头指向正方向。

3）以 w 轴为主轴的 A-α-κ_v 系统。如图1-20所示，A 表示主光轴 So 和铅垂线 SN 所确定的主垂面 W 的方向角，即摄影方向线 NO 与 Y_{tp} 轴的夹角；α 表示像片倾角，指主光轴 So 与铅垂线的夹角；κ_v 表示像片旋角，指主纵线与像片 y 轴之间的夹角。主垂面方向角 A 可理解为绕主轴 w 轴顺时针旋转得到的；像片倾角 α 是绕副轴（旋转 A 角后的 u 轴）逆时针方向旋转得到的；而像片旋角 κ_v 则是绕旋转 A、α 角后的主光轴 So 逆时针旋转得到的。因此，按照上述方法定义的外方位角元素 A、α、κ_v 可以认为是以 w 轴为主轴的 A-α-κ_v 系统下的像片空间姿态的表达方式。A、α、κ_v 正负号定义与 φ、ω、κ 相似，图1-20中箭头指向正方向。

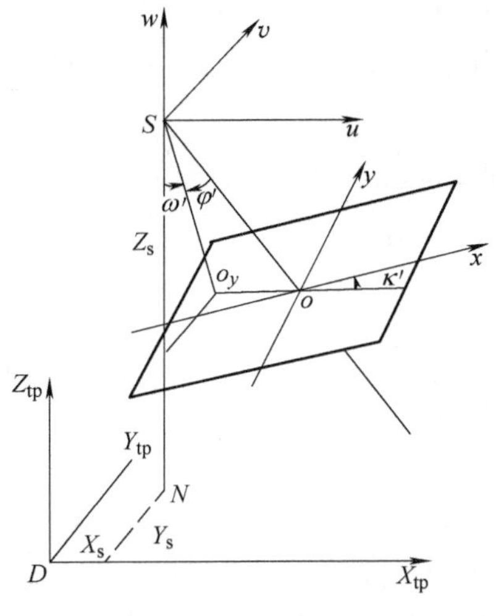

图1-19　ω'-φ'-κ' 系统

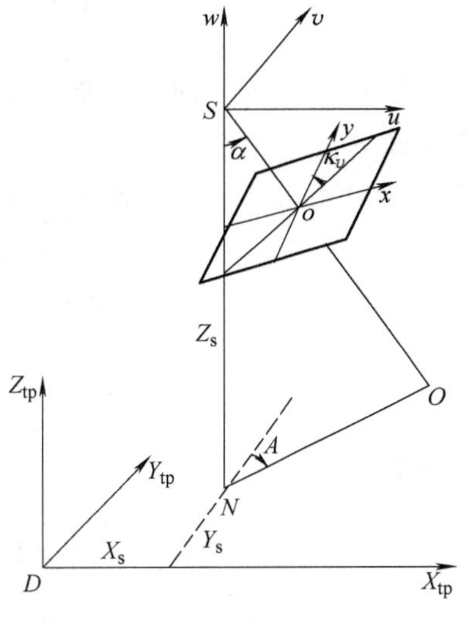

图1-20　A-α-κ_v 系统

上述三种角元素表达方式，其中模拟摄影测量仪器单张像片测图时，多采用 A、α、κ_v；立体测图时多采用 φ、ω、κ 或 ω'、φ'、κ'；而在解析摄影测量和数字摄影测量中都采用 φ、ω、κ。

1.2.5　像点的空间直角坐标转换与中心投影构像方程

解析摄影测量中，要利用像点坐标计算对应地面点坐标，必须建立起像点坐标和地面点坐标的数学关系式，其中必然涉及不同空间直角坐标系之间的坐标转换。

1. 像点的平面坐标变换

如图 1-21a 所示，原点相同，而轴向不一致的像平面坐标系之间的变换如下。

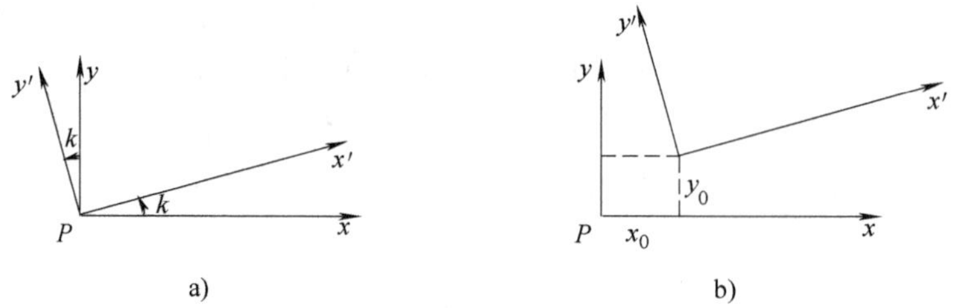

图 1-21　平面坐标转换

设某像点 a 在两坐标系中的坐标分别为（x，y）和（x'，y'），则二者只存在轴系的旋转变换，其数学表达式为

$$\begin{pmatrix} x \\ y \end{pmatrix} = \boldsymbol{A}\begin{pmatrix} x' \\ y' \end{pmatrix} \tag{1-11}$$

式中

$$\boldsymbol{A} = \begin{pmatrix} a_1 & a_2 \\ b_1 & b_2 \end{pmatrix} = \begin{pmatrix} \cos\hat{x}x' & \cos\hat{x}y' \\ \cos\hat{y}x' & \cos\hat{y}y' \end{pmatrix} \tag{1-12}$$

式（1-12）称为平面坐标系转换的旋转矩阵。其中 a_i 和 b_i（$i=1$，2）称为方向余弦。各方向余弦为

$$a_1 = \cos k,\ a_2 = \cos(90° + k) = -\sin k$$
$$b_1 = \cos(90° - k) = \sin k,\ b_2 = \cos k$$

则图 1-21a 中两平面直角坐标系之间的变换关系为

$$\begin{pmatrix} x \\ y \end{pmatrix} = \begin{pmatrix} \cos k & -\sin k \\ \sin k & \cos k \end{pmatrix}\begin{pmatrix} x' \\ y' \end{pmatrix} \tag{1-13}$$

其反算式为

$$\begin{pmatrix} x' \\ y' \end{pmatrix} = \boldsymbol{A}^{-1}\begin{pmatrix} x \\ y \end{pmatrix} = \begin{pmatrix} \cos k & \sin k \\ -\sin k & \cos k \end{pmatrix}\begin{pmatrix} x \\ y \end{pmatrix} \tag{1-14}$$

式（1-13）和式（1-14）适用于共原点的两平面坐标系的相互转换。当坐标原点不重合时，如图 1-21b 所示，则二者还存在一个平移转换关系：

$$\begin{pmatrix} x \\ y \end{pmatrix} = \begin{pmatrix} \cos k & -\sin k \\ \sin k & \cos k \end{pmatrix}\begin{pmatrix} x' \\ y' \end{pmatrix} + \begin{pmatrix} x_0 \\ y_0 \end{pmatrix} \tag{1-15}$$

其反算式为

$$\begin{pmatrix} x' \\ y' \end{pmatrix} = \begin{pmatrix} \cos k & \sin k \\ -\sin k & \cos k \end{pmatrix}\begin{pmatrix} x \\ y \end{pmatrix} - \begin{pmatrix} x_0 \\ y_0 \end{pmatrix} \tag{1-16}$$

在摄影测量中，像点的平面坐标变换主要用于像框标坐标与像平面坐标的转换，而且两坐标系的轴系是对应平行的，所以二者的转换只存在平移转换，见式（1-10）。

2. 像点的空间坐标变换

在取得像点的像平面坐标后，加上 $z=-f$ 即可得到像点的像空间直角坐标。像点的空间坐标变换，通常是指将像点的像空间坐标（x，y，$-f$）转换为像空间辅助坐标（u，v，w）。这是像点在共原点的两个空间直角坐标系中的坐标转换。

将式（1-14）的平面坐标变换的旋转矩阵由二维扩展到三维，则三维坐标系变换的旋转矩阵为

$$\begin{pmatrix} u \\ v \\ w \end{pmatrix} = \boldsymbol{R} \begin{pmatrix} x \\ y \\ -f \end{pmatrix} \tag{1-17}$$

式中

$$\boldsymbol{R} = \begin{pmatrix} a_1 & a_2 & a_3 \\ b_1 & b_2 & b_3 \\ c_1 & c_2 & c_3 \end{pmatrix} = \begin{pmatrix} \cos\hat{ux} & \cos\hat{uy} & \cos\hat{uz} \\ \cos\hat{vx} & \cos\hat{vy} & \cos\hat{vz} \\ \cos\hat{wx} & \cos\hat{wy} & \cos\hat{wz} \end{pmatrix} \tag{1-18}$$

其中，a_i、b_i、c_i（$i=1$，2，3）称为方向余弦。a_1、a_2、a_3是轴 u 与轴 x，y，z 间夹角的余弦；b_1、b_2、b_3是轴 v 与轴 x、y、z 间夹角的余弦；c_1、c_2、c_3是轴 w 与轴 x、y、z 间夹角的余弦。

由于这种直角坐标变换是一种正交变换，所以变换的旋转矩阵 $\boldsymbol{R}$ 是正交矩阵，故有 $\boldsymbol{R}^{\mathrm{T}}=\boldsymbol{R}^{-1}$，所以式（1-17）的反算式为

$$\begin{pmatrix} x \\ y \\ -f \end{pmatrix} = \boldsymbol{R}^{-1} \begin{pmatrix} u \\ v \\ w \end{pmatrix} = \boldsymbol{R}^{\mathrm{T}} \begin{pmatrix} u \\ v \\ w \end{pmatrix} = \begin{pmatrix} a_1 & b_1 & c_1 \\ a_2 & b_2 & c_2 \\ a_3 & b_3 & c_3 \end{pmatrix} \begin{pmatrix} u \\ v \\ w \end{pmatrix} \tag{1-19}$$

式（1-17）和式（1-19）构成像点在像空间坐标系和像空间辅助坐标系之间的变换关系式。可见，欲进行两空间直角坐标系变换的关键是如何确定这个正交矩阵 $\boldsymbol{R}$。

首先，我们要明确 $\boldsymbol{R}$ 是正交矩阵，所以九个方向余弦中只含有三个独立参数，这三个独立参数可以是一个空间直角坐标系（如 $Suvw$）按三个空间旋转轴顺次旋转至另一个空间直角坐标系（如 $Sxyz$）的三个旋转角。而在讲述外方位角元素时，我们知道像空间辅助坐标系与像空间坐标系之间的三个旋转参数就是三个外方位角元素。因此，采用不同的转角系统，旋转矩阵中的各方向余弦的表达方式有所不同：

（1）φ、ω、κ 表示的方向余弦　如图 1-22 所示，这种转角系统可以分解为三步：首先将像空间辅助坐标系 $Suvw$ 的坐标轴绕主轴 v 旋转 φ 角，变成 $SX_\varphi Y_\varphi Z_\varphi$ 坐标系；然后绕旋转后的 X_φ 轴将 $SX_\varphi Y_\varphi Z_\varphi$ 坐标系旋转 ω 角，使之变成 $SX_{\varphi\omega} Y_{\varphi\omega} Z_{\varphi\omega}$ 坐标系，其 $Z_{\varphi\omega}$ 轴与主光轴 So 重合；最后绕 $Z_{\varphi\omega}$ 轴旋转 κ 角，与像空间坐标系 $Sxyz$ 重合。每次旋转相当于一个二维平面坐标系的旋转变换，而没有旋转的第三维坐标不变。所以第一次绕主轴 v 旋转时，v 坐标不变，

旋转变换关系式为

$$\begin{pmatrix} u \\ v \\ w \end{pmatrix} = \begin{pmatrix} \cos\varphi & 0 & -\sin\varphi \\ 0 & 1 & 0 \\ \sin\varphi & 0 & \cos\varphi \end{pmatrix} \begin{pmatrix} X_\varphi \\ Y \\ Z_\varphi \end{pmatrix} = \boldsymbol{R}_\varphi \begin{pmatrix} X_\varphi \\ Y_\varphi \\ Z_\varphi \end{pmatrix}$$

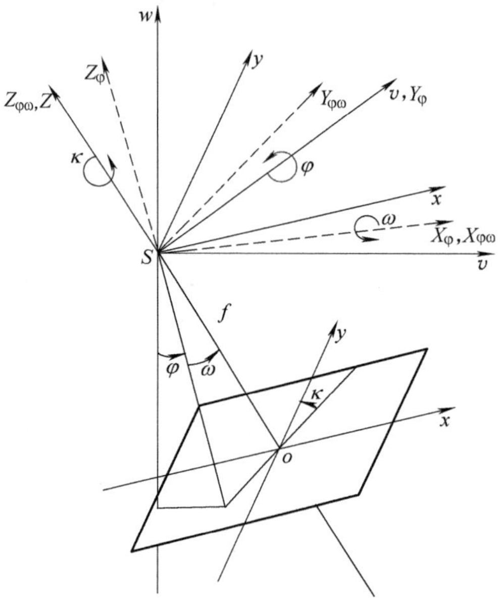

图 1-22　坐标系旋转

第二次绕副轴 X_φ 轴旋转时，没有旋转的 X_φ 坐标不变，则旋转变换关系式为

$$\begin{pmatrix} X_\varphi \\ Y_\varphi \\ Z_\varphi \end{pmatrix} = \begin{pmatrix} 1 & 0 & 0 \\ 0 & \cos\omega & -\sin\omega \\ 0 & \sin\omega & \cos\omega \end{pmatrix} \begin{pmatrix} X_\varphi \\ Y_\omega \\ Z_{\varphi\omega} \end{pmatrix} = \boldsymbol{R}_\omega \begin{pmatrix} X_{\varphi\omega} \\ Y_{\varphi\omega} \\ Z_{\varphi\omega} \end{pmatrix}$$

第三次绕轴 $Z_{\varphi\omega}$ 轴旋转时，$Z_{\varphi\omega}$ 坐标不变，则旋转变换关系式为

$$\begin{pmatrix} X_{\varphi\omega} \\ Y_{\varphi\omega} \\ Z_{\varphi\omega} \end{pmatrix} = \begin{pmatrix} \cos\kappa & -\sin\kappa & 0 \\ \sin\kappa & \cos\kappa & 0 \\ 0 & 0 & 1 \end{pmatrix} \begin{pmatrix} X_{\varphi\kappa} \\ Y_{\omega\kappa} \\ Z_{\varphi\omega} \end{pmatrix} = \boldsymbol{R}_\kappa \begin{pmatrix} x \\ y \\ -f \end{pmatrix}$$

综上三式，得

$$\begin{pmatrix} u \\ v \\ w \end{pmatrix} = \begin{pmatrix} \cos\varphi & 0 & -\sin\varphi \\ 0 & 1 & 0 \\ \sin\varphi & 0 & \cos\varphi \end{pmatrix} \begin{pmatrix} 1 & 0 & 0 \\ 0 & \cos\omega & -\sin\omega \\ 0 & \sin\omega & \cos\omega \end{pmatrix} \begin{pmatrix} \cos\varphi & -\sin\varphi & 0 \\ \sin\varphi & \cos\varphi & 0 \\ 0 & 0 & 1 \end{pmatrix} \begin{pmatrix} x \\ y \\ -f \end{pmatrix}$$

$$= \boldsymbol{R}_\varphi \boldsymbol{R}_\omega \boldsymbol{R}_\kappa \begin{pmatrix} \mathrm{x} \\ \mathrm{y} \\ -\mathrm{f} \end{pmatrix} = \boldsymbol{R} \begin{pmatrix} x \\ y \\ -f \end{pmatrix} = \begin{pmatrix} a_1 & a_2 & a_3 \\ b_1 & b_2 & b_3 \\ c_1 & c_2 & c_3 \end{pmatrix} \begin{pmatrix} x \\ y \\ -f \end{pmatrix} \tag{1-20}$$

所以有

$$\left.\begin{aligned}
a_1 &= \cos\varphi\cos\kappa - \sin\varphi\sin\omega\sin\kappa \\
a_2 &= -\cos\varphi\sin\kappa - \sin\varphi\sin\omega\cos\kappa \\
a_3 &= -\sin\varphi\cos\omega \\
b_1 &= \cos\omega\sin\kappa \\
b_2 &= \cos\omega\cos\kappa \\
b_3 &= -\sin\omega \\
c_1 &= \sin\varphi\cos\kappa + \cos\varphi\sin\omega\sin\kappa \\
c_2 &= -\sin\varphi\sin\kappa + \cos\varphi\sin\omega\cos\kappa \\
c_3 &= \cos\varphi\cos\omega
\end{aligned}\right\} \tag{1-21}$$

（2）ω'、φ'、κ'表示的方向余弦　用上述类似的方法，可得到采用ω'、φ'、κ'表示的旋转矩阵的方向余弦值。

$$\left.\begin{aligned}
a_1 &= \cos\varphi'\cos\kappa' \\
a_2 &= -\sin\varphi'\cos\kappa' \\
a_3 &= -\sin\varphi' \\
b_1 &= \cos\omega'\sin\kappa' - \sin\omega'\sin\varphi'\cos\kappa' \\
b_2 &= \cos\omega'\cos\kappa' + \sin\omega'\sin\varphi'\sin\kappa' \\
b_3 &= -\sin\omega'\cos\varphi' \\
c_1 &= \sin\omega'\cos\kappa' + \cos\omega'\sin\varphi'\cos\kappa' \\
c_2 &= \sin\omega'\cos\kappa' - \cos\omega'\sin\varphi'\cos\kappa' \\
c_3 &= \cos\omega'\cos\varphi'
\end{aligned}\right\} \tag{1-22}$$

（3）A、α、κ_v表示的方向余弦　同理，用上述类似的方法，可得到采用A、α、κ_v表示的旋转矩阵的方向余弦值。

$$\left.\begin{aligned}
a_1 &= \cos A\cos\kappa_v + \sin A\cos\alpha\sin\kappa_v \\
a_2 &= -\cos A\cos\kappa_v + \sin A\cos\alpha\cos\kappa_v \\
a_3 &= -\sin A\sin\alpha \\
b_1 &= -\sin A\cos\kappa_v + \cos A\cos\alpha\sin\kappa_v \\
b_2 &= \sin A\sin\kappa_v + \cos A\cos\alpha\cos\kappa_v \\
b_3 &= -\cos A\sin\alpha \\
c_1 &= \sin\alpha\sin\kappa_v \\
c_2 &= \sin\alpha\cos\kappa_v \\
c_3 &= \cos\alpha
\end{aligned}\right\} \tag{1-23}$$

值得注意的是，对于同一张像片在同一坐标系中，当取不同的转角系统的三个角度计算方向余弦时，其表达方式虽然不同，但相应的方向余弦值是彼此相等的，即由不同转角系统的角度计算的旋转矩阵是唯一的。

3. 中心投影构像方程

航摄像片与地形图是两种不同性质的投影。摄影测量的处理，就是要把中心投影的影像变换为正射投影的地形图。为此，就要讨论像点与相应物点的构像方程式。

选取地面摄影测量坐标系 $DX_{tp}Y_{tp}Z_{tp}$ 及像空间辅助坐标系 $Suvw$，并使两坐标系的坐标轴彼此平行，如图 1-23 所示。

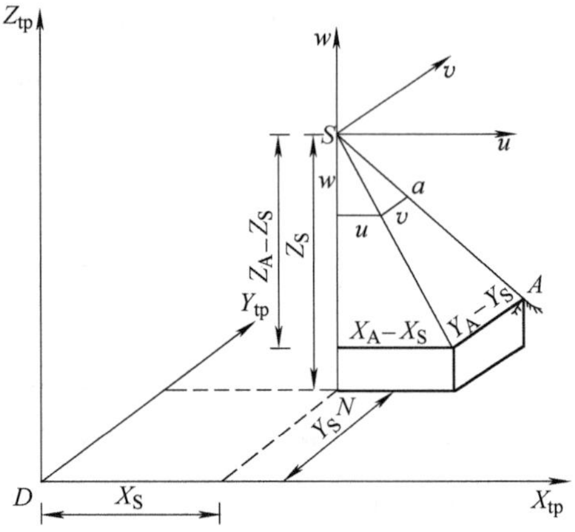

图 1-23　中心投影构像关系

设摄影中心 S 与地面点 A 在地面摄影测量坐标系中的坐标分别为（X_S，Y_S，Z_S）和（X_A，Y_A，Z_A），则地面点 A 在像空间辅助坐标系中的坐标为（X_A-X_S，Y_A-Y_S，Z_A-Z_S），而相应像点 a 在像空间辅助坐标系中的坐标为（u，v，w）。

由于摄影时 S、a、A 三点位于一条直线上，由图中的相似三角形关系得

$$\frac{u}{X_A-X_S}=\frac{v}{Y_A-Y_S}=\frac{w}{Z_A-Z_S}=\frac{1}{\lambda}$$

式中 λ 为比例因子，写成矩阵形式为

$$\begin{pmatrix} u \\ v \\ w \end{pmatrix}=\frac{1}{\lambda}\begin{pmatrix} X_A-X_S \\ Y_A-Y_S \\ Z_A-Z_S \end{pmatrix} \tag{1-24}$$

由像空间坐标系与像空间辅助坐标系的坐标关系式的反算式得

$$\begin{pmatrix} x \\ y \\ -f \end{pmatrix}=\begin{pmatrix} a_1 & b_1 & c_1 \\ a_2 & b_2 & c_2 \\ a_3 & b_3 & c_3 \end{pmatrix}\begin{pmatrix} \mu \\ \upsilon \\ \omega \end{pmatrix} \tag{1-25}$$

将式（1-24）代入式（1-25），再经整理得

$$\left.\begin{aligned} x &= -f\frac{a_1(X_A-X_S)+b_1(Y_A-Y_S)+c_1(Z_A-Z_S)}{a_3(X_A-X_S)+b_3(Y_A-Y_S)+c_3(Z_A-Z_S)} \\ y &= -f\frac{a_2(X_A-X_S)+b_2(Y_A-Y_S)+c_2(Z_A-Z_S)}{a_3(X_A-X_S)+b_3(Y_A-Y_S)+c_3(Z_A-Z_S)} \end{aligned}\right\} \tag{1-26}$$

式（1-26）是中心投影的构像方程，又称为共线方程式。根据式（1-17）、式（1-18）以及式（1-24），可得共线方程式反算式：

$$\left.\begin{aligned} X-X_S &= Z-Z_S\frac{a_1x+a_2y-a_3f}{c_1x+c_2y-c_3f} \\ Y-Y_S &= Z-Z_S\frac{b_1x+b_2y-b_3f}{c_1x+c_2y-c_3f} \end{aligned}\right\} \tag{1-27}$$

共线方程式中包括 12 个数据：以像主点为原点的像点坐标 x、y，对应地面点坐标 X、Y、Z，像片主距 f 及外方位元素 X_S、Y_S、Z_S、φ、ω、κ。

共线方程式是摄影测量中最重要最基本的公式，后面介绍的单像空间后方交会、光束法双向摄影测量、数字影像纠正等都要用到该式。

1.2.6　航片上的像点位移

航摄像片是地面的中心投影，地形图是地面的正射投影，只有当地面水平且航摄像片也水平时，中心投影才与正射投影等效。所以当像片倾斜或地面有起伏时，所摄取的影像均与理想情况（像片水平且地面水平）有差异。这一差异反映为一个地面点在地面水平的理想水平像片上的构像与地面有起伏时或倾斜像片上构像的点位不同，这种点位的差异称为像点位移。像片上某图形的像点发生位移，其结果是使像片上的几何图形与地面上相应的几何图形产生变形，反映为像片的影像比例尺处处不等。

1. 像片倾斜引起的像点位移

假定地面水平，在同一摄影中心 S 对地面摄取两张像片，一张为倾斜像片 P，另一张为水平像片 P_0，如图 1-24 所示。为了建立二者之间的联系，像点坐标用公共的等角点 c 为坐标原点，以等比线 $h_c h'_c$ 为 x 轴，主纵线为 y 轴的像平面坐标系。某地面点 A 在倾斜像片上的构像为 a，其像点坐标为 x_c、y_c；在水平像片上的构像为 a^0，其像点坐标为 x_c^0、y_c^0。若 $ca = r_c$，$ca^0 = r_c^0$，则 r_c、r_c^0 分别称为 a、a^0 的向径。向径 r_c、r_c^0 分别与等比线正向的夹角为 φ、φ^0，φ、φ^0 称为方向角，则有 $\tan\varphi = \dfrac{y_c}{x_c}$，$\tan\varphi^0 = \dfrac{y_c^0}{x_c^0}$，可以证明 $\varphi = \varphi^0$。由此可见，在倾斜像片上从等角点出发，引向任意像点的方向线，其方向角与水平像片上相应方向线的方向角恒等，这就是等角点命名的由来。

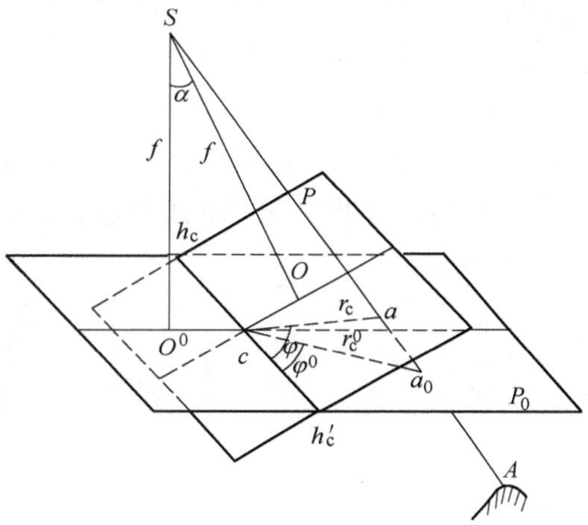

图 1-24　倾斜像片与水平像片的关系

若将倾斜像片 P 绕等比线旋转直到与水平像片叠合，a、a^0 必定位于一条过等角点的直线上，如图 1-25 所示。因像片倾斜，两向径 r_c、r_c^0 的长度不等，两向径之差 $\delta_a = aa^0 = r_c - r_c^0$，称为因像片倾斜引起的像点位移，其近似公式为

$$\delta_a = -\frac{r_c^2}{f}\sin\varphi\sin\alpha \tag{1-28}$$

式中　f——像片主距；

α——像片倾角。

式（1-28）中，向径 r_c 和像片倾角 α 恒为正值，可见：

1）当 $\varphi = 0°$ 或 $180°$ 时，$\delta_a = 0$，则 $r_c = r_c^0$，等比线上的点没有位移，所以当地面水平时，倾斜像片上等比线上的像点具有水平像片的性质。

2）当 $\varphi<180°$，$\delta_a<0$ 时，则 $r_c>r_c^0$，像点朝向等角点位移。

3）当 $\varphi>180°$，$\delta_a>0$ 时，则 $r_c<r_c^0$，像点背向等角点位移。

4）当 $\varphi=90°$或 $270°$时，$\sin\varphi=\pm1$，即在等向径的情况下，主纵线上 $|\delta_\alpha|$ 为最大值。

以上讨论的是因像片倾斜引起的像点位移的规律，这种位移反映为水平像片上任意一正方形在倾斜像片上构像为任意四边形。图 1-25 所示即为水平地面上一个正方形在水平像片上构像仍是正方形，而在倾斜像片上构像为梯形。摄影测量中，对这种形变的改正称为像片纠正。

2. 地形起伏在水平像片上引起的像点位移

当地面有起伏时，无论是水平像片还是倾斜像片，都会因地形起伏而产生像点位移，这是中心投影与正射投影两种投影方法在地形起伏的情况下产生的差别，所以因地形起伏引起的像点位移也称投影差。

为了便于讨论和理解，仅推导像片水平时地形起伏引起的像点位移。

如图 1-26 所示，假设在某摄影中心 S 摄取一水平像片 P_0，摄影时相对于某一基准面 E 的航高为 H；某地面点 A 距基准面的高差为 h，它在像片上的构像为 a；地面点 A 在基准面上的投影为 A_0，A_0 在像片上的构像为 a_0，a_0a 即为因地形起伏引起的像点位移，用 δ_h 表示。令 $na=r_n$（r_n 为 a 点以像底点 n 为中心的向径），$NA_0=R$（R 为地面点到地底点水平距离），具有位移的像点 a 投影在基准面上为 A'，A_0A' 则称为地面上的投影差，用 Δh 表示，根据相似三角形原理可得

$$\frac{\Delta h}{R}=\frac{h}{H-h} \tag{1-29}$$

$$\frac{R}{H-h}=\frac{r_n}{f} \tag{1-30}$$

由于

$$\delta_h=\frac{\Delta h}{m}=\frac{f}{H}\Delta h \tag{1-31}$$

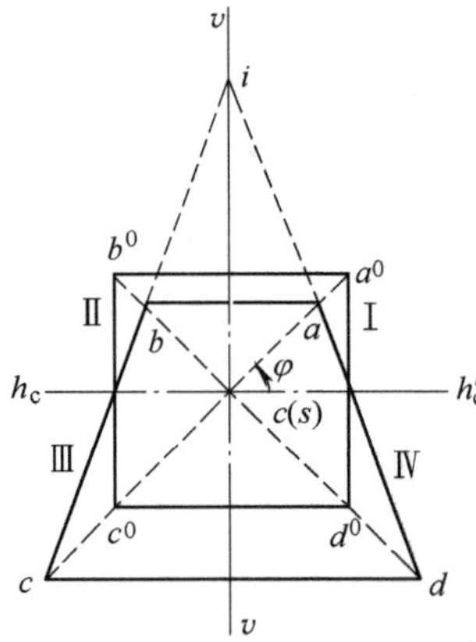

图 1-25 像片倾斜引起的像点位移

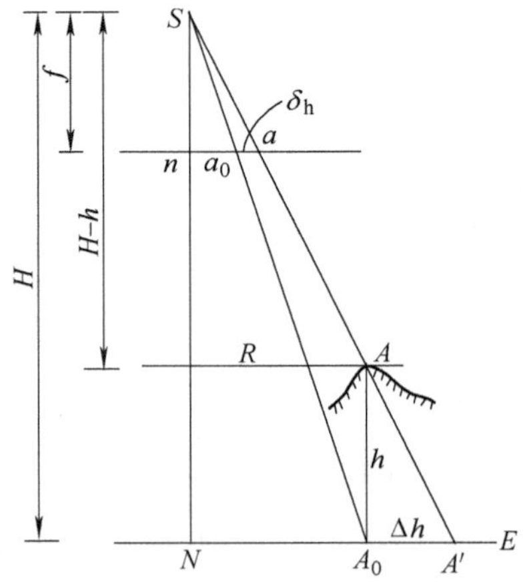

图 1-26 地形起伏引起的像点位移

利用以上三式可得

$$\delta_h = \frac{r_n h}{H} \tag{1-32}$$

该式即为地形起伏引起的像点位移的计算公式。

由式（1-32）可知，地形起伏引起的像点位移 δ_h 在以像底点为中心的辐射线上，当 h 为正时，δ_h 为正，即像点背离像底点方向位移；当 h 为负时，δ_h 为负，即像点朝向像底点方向位移；当 $r_n = 0$ 时，$\delta_h = 0$，说明位于像底点处的像点不存在地形起伏引起的像点位移。

根据式（1-29）可以得到地面上投影差。

$$\Delta h = \frac{Rh}{H - h} \tag{1-33}$$

可见，因地形起伏引起的像点位移也同样会引起像片比例尺及图形的变形，而且由于像底点不在等比线上，因此综合考虑像片倾斜和地形起伏的影响，像片上任意一点都存在像点位移，且位移的大小随点位的不同而不同，由此导致一张像片上不同点位的比例尺不相等。

综上所述，在地面起伏的倾斜航片上，很难找到构像比例尺完全相同的地方。所以，前面我们所说的像片比例尺 $1/m = f/H$ 只是一个近似值，称为主比例尺，主要供编制计划、管理、计算近似值等应用。

生产实践中，通常无法确切知道像片的构像比例尺，而是根据地面控制点绘制底图，在单张像片测图和像片调绘时，有时需要知道比较精确的像片比例尺，这时可采用实际测求的方法，即根据地面上两条正交的线段与像片上相应线段之比，求出局部平均比例尺。

1.3　立体像对解析

1.3.1　立体视觉与立体量测

1. 立体视觉

（1）双眼观察的天然立体视觉　眼睛是人们观察外界景物的视觉器官。人眼就像一架完善的自动调焦摄影机，当人们观察远近不同的物体时，眼睛中的水晶体（如同摄影机的物镜）自动变焦，在网膜窝（如同底片）上得到清晰的像，眼睛瞳孔的作用如同光圈一样，图 1-27 为人眼的结构示意图。

1）单眼观测。当人们用单眼观察自然界景物时，感觉到的仅仅是景物的透视图，不能够直接获得空间感视觉，而只能凭借间接因素来判断景物的远近，这些间接因素有的是近景掩蔽远景，有的是感觉景物的大小，有的甚至是常识判断。

2）双眼观测。只有用双眼同时观察物体，才能分辨出景物的远近，得到景物的立体效应，这种现象称为人眼的天然立体视觉。

那么，人的双眼观察为什么会产生天然立体视觉并能分辨出远近不同的景物呢？如图 1-28所示，有一物点 A，距离双眼的距离为 L_A，当双眼注视 A 点时，双眼的视准轴本能地交会于该点，此时两视准轴相交的夹角为 γ，称为交会角。在两眼交会的同时，水晶体自动调节焦距，得到最清晰的影像。交会与调焦这两项动作是本能地进行，人眼的这种本能称为凝视。当双眼凝视 A 点时，在两眼的网膜窝中央就得到构像 a 和 a'，若 A 点附近有一点 B，较 A 点近，距双眼的距离为 L_B，同样得到构像 b 和 b'。由于 A、B 两点到眼睛的距离不等，使得网膜窝上的 $\overset{\frown}{ab}$ 与 $\overset{\frown}{a'b'}$ 长度不相等，称 $\delta = \overset{\frown}{ab} - \overset{\frown}{a'b'}$ 为生理视差，生理视差也反映了 A、B 两点交会角的差别，双眼交会 A 点时的交会角为 γ_A，双眼交会 B 点时的交会角为 γ_B，$\gamma_B > \gamma_A$，因此，人的双眼观察就能区别物体的远和近。生理视差是产生天然立体视觉的根本原因，正是这一原理从而获取人造立体视觉。

由图 1-28 中可以看出交会角与距离有如下关系。

$$\tan\frac{\gamma_A}{2} = \frac{b_\gamma}{2L_A}$$

$$L_A = \frac{b_\gamma}{\gamma} \tag{1-34}$$

式中 b_γ——眼基线，因人而异，其平均长度约为 65mm。

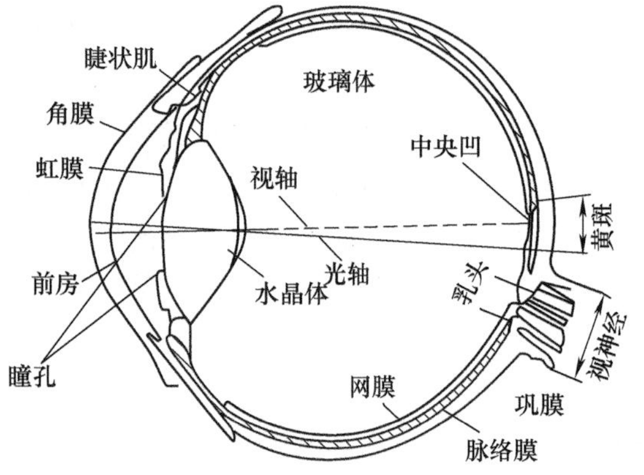

图 1-27　人眼的结构

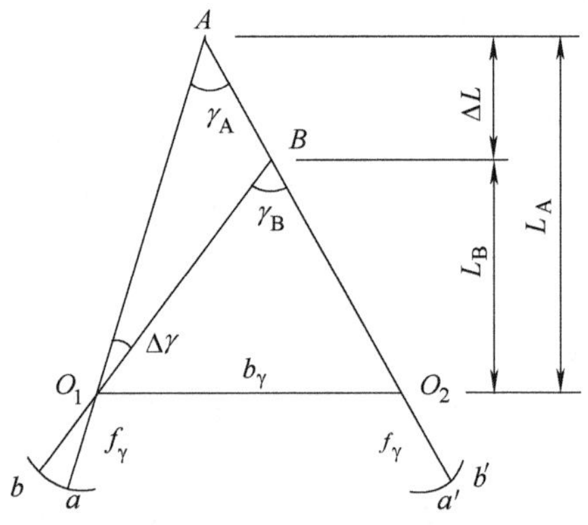

图 1-28　人眼的立体视觉

将上式微分，可得交会角变化与距离的关系以及生理视差的关系为

$$\Delta L = -\frac{b_\gamma \Delta\gamma}{\gamma^2} = -\frac{L_A^2}{b_\gamma}\cdot\Delta\gamma = -\frac{L_A^2}{b_\gamma}\cdot\frac{\sigma}{f_\gamma} \tag{1-35}$$

式中 f_γ——眼焦距，约为 17mm。

单眼观察两点的分辨率为 45″，两线间的分辨率为 20″，而双眼观察比单眼观察提高 $\sqrt{2}$ 倍。当观察者站在 50m 处时，立体观察两点，分辨率为 $45''/\sqrt{2} = 30''$，代入上式得 $\Delta L = 5.6\text{m}$，即能分辨远近的最小距离为 5.6m。

因此，由式（1-35）可得

$$\frac{\Delta L}{L_A} = -\frac{L_A}{b_\gamma}\cdot\frac{\sigma}{f_\gamma} \tag{1-36}$$

式（1-36）作为判断点位深度的相对误差，要提高判断能力，一是间接地增大眼基线

b_γ值，在很多量测仪器上都采取这个措施；其二使眼的生理视察σ的分辨率增大。当物体是点状时，$\sigma_{min}\approx 0.002$mm；当物体为平行线状时，$\sigma_{min}\approx 0.001$mm，这就是某些量测仪器上采用线状测标的原因。如果通过有放大倍率的光学系统进行观测，这相当于缩短了实际的L_A值，当然对判断深度有利。

（2）人造立体视觉　由图1-28可知，当我们用双眼观察空间远近不同的景物A、B时，两眼产生生理视差，获得立体视觉，可以判定景物的远近。今在自然界立体观察物体A和B时，在两眼的前面分别放置半透明的毛玻璃片P_1和P_2，则点A和B将会在P_1和P_2上分别映出影像a_1、b_1和a_2、b_2。如在P_1和P_2上标志出影像a_1、b_1和a_2、b_2后，移去空间实物A和B，自然界空间已无实物A和B的存在，只是在P_1和P_2上保留了构像a_1、b_1和a_2、b_2。两眼分别观察各自玻璃上的构像，仍能看到与实物一样的空间景物A、B，这就是空间景物在人眼网膜窝上产生的生理视差的人眼视觉效应，如图1-29所示。其过程为：

空间物体⟶空间物体构像信息$\xrightarrow{\Delta\gamma\text{ 的存在}}$生理视差⟶立体感觉⟶视觉的空间物体存在。

这种借用空间物体构像信息在视觉上感受出空间物体的存在的过程，称为人造立体效能。人造立体效能的获得是由于半透明玻璃片的构像真实地记录了空间物体相互几何位置关系，作为中间媒介资料，将空间实物与网膜窝上生理视差的自然界立体观察的直接关系，分为空间物体与构像信息和构像信息与生理视差两个阶段，对照航空摄影情形，相邻两像片航向重叠65%，地面上同一物体在相邻两像片上都有影像，真实地记录了所摄物体相互关系的几何信息，完全类似于上述两个半透明玻璃片。利用相邻像片组成的像对，进行双眼观察（左眼看左片，右眼看右片），同样也会获得所摄地面的立体模型，这样就奠定了立体摄影测量的基础。

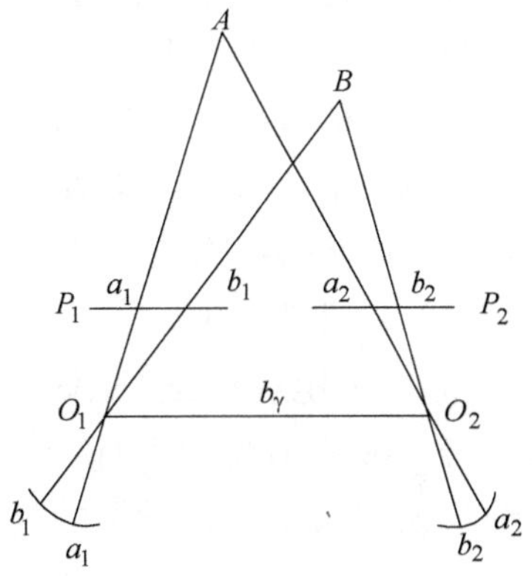

图1-29　人造立体视觉

如上所述，根据实物在像对上所记录的构像信息建立人造立体效能，必须符合自然界立体观察的条件：

1）两张像片必须是在两个不同位置对同一景物摄取的立体像对。

2）每只眼睛必须分别观察像对的一张像片，即分视。

3）两张像片上相同景物（同名像点）的连线与眼睛基线大致平行。

4）两张像片的比例尺相近（差别<15%），否则需用ZOOM系统进行调节。

人造立体效能的应用使摄影测量初期的单像量测，发展为双像的立体量测，不仅提高了量测的精度和摄影测量的工作效率，更重要的是扩大了摄影测量的应用范围，奠定了立体摄影测量的基础。人造立体效能在使用中最常见的有两种：正立体效能和反立体效能。立体观察像对所获得的人造立体效能，也称视立体模型，与实物的凸凹远近相同者称为正立体效能。此时，左眼观察左像片，右眼观察右像片，保持了直接观察实物时生理视差的原有符号。立体观察像对所获得的视模型与实物的凸凹远近正好相反者称为反立体效能。为获得反立体效能，必须使由观察像对所产生的生理视差与自然界观察实物所产生的生理视差符号相反。这可以把像对的左右像片对调，左眼观察右像片，右眼观察左像片，或者把一对像片原位各自旋转180°，这样就把像片对的ΔP改变了符号，导致生理视差也反号。

人造立体效能的条件之一是每只眼睛只观察一张像片，这违反了人们日常观察自然界景物时眼交会本能的习惯。其次在人造立体效能中观察的是像片平面，凝视的条件要求不改变，而交向的地方是视模型，随点位的远近而异，这又违反了人眼交会本能和凝视本能同时协调的习惯。因此就有必要采取某种措施来帮助完成人造立体效能应具备的条件和改善眼的视觉本能的状况。

2. 立体观察与立体量测

航空摄影过程中航带方向相邻像片约有65%的航向重叠，所以任意两相邻航摄像片都能组成一个立体像对。在摄影测量工作中常借助人造立体效来建立所摄地面的视模型。人造立体效通常借助于立体观察仪器，如桥式立体镜、反光立体镜、偏振光立体镜、变焦距双筒立体镜等，还可用互补色法（如用双投影器法或互补色像片等）来实现。最简单的是双眼直接观察，但由于人眼基距有限，观察视场小，且成像的视觉模型不稳定，眼睛易疲劳，因此应借助立体观察仪器而非使用双眼。立体观察也可看作是一种增强影像三维的过程。航空像片、侧视雷达影像、SPOT卫星影像以及高纬度地区陆地卫星MSS影像，均可用来进行立体观察，以获得地物三维影像，提高判读效果。

（1）立体观察

1）立体镜观察法。最简单的立体镜就是桥式立体镜，在一个桥架上安置两个相同的简单透镜，两透镜光轴平行，其间距约为人的眼基线，桥架的高度等于透镜的焦距，像片对放在透镜的焦平面上，物点影像经过透镜射出来的光线是平行的，因此，观察者感觉到像是观察远处的自然景物一样。这种小型立体镜仅适合观察小像幅的像片对，若要观察大幅的航摄像片，要用长焦距的反光立体镜，如图1-30所示。

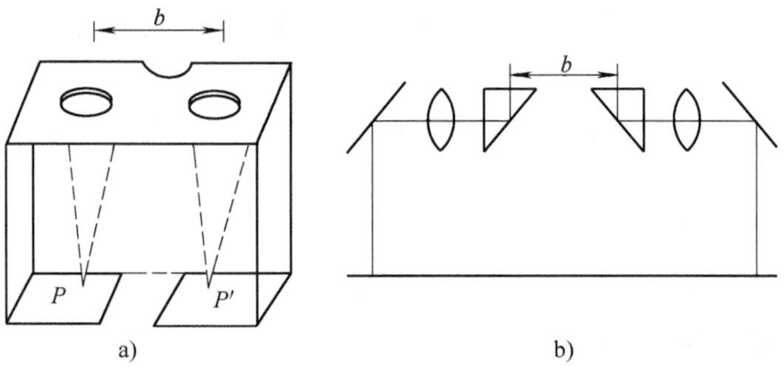

图1-30 立体镜

a）桥式立体镜 b）反光立体镜

2）互补色法。混合在一起成为白色光的两种色光称为互补色光。互补色法是利用互补色的特性达到分视目的立体观察。最常用的互补色为绿、品红。

互补色加法分像用于投影影像的立体观察，如图1-31所示。将一对透明的像片分别置于仪器的左右两投影器内，在暗室内用白光照明像片。在投影器物镜前面分别放置品红色滤光片和绿色滤光片，那么在共同的白色承影面上得到品红色和绿色的一对混杂在一起的影像，而在投影像幅区域之外的是黑色背景。设投影在承影面上的同名像点a_1（左红）和a_2（右绿）的连线已经满足平行于眼基线的条件，观察者左右眼也戴上品红—绿色的眼镜，去观察承影面上的彩色投影影像。由于右投影器的绿色投影影像不能透过观察者左眼前的品红色镜片，对观察者左眼而言，像点 a_2（右绿）成为黑色，融合于黑色背景中。这就是说，戴红色镜片的左眼看不见承影面上右像片的绿色投影影像。与此相反，左投影器的品红色影像可以通过左眼红色镜片而为左眼所见，即看见了像点 a_1（左红），同样的理由，左像片的红色影像不能透过右眼前的绿镜片，对右眼而言成为黑色，融合于黑色背景中，即右眼看不见承影面上左像片的红色影像，达到分像的目的。在眼基线平行于同名影像连线时，两条视线相交就获得视模型点 A'。显然如果观察者两眼位置变动，视模型点 A' 的位置也随之而变。图中 S_1a_1 与 S_2a_2 两投影射线空中相交的 A 点，形成稳定不变的几何模型点。

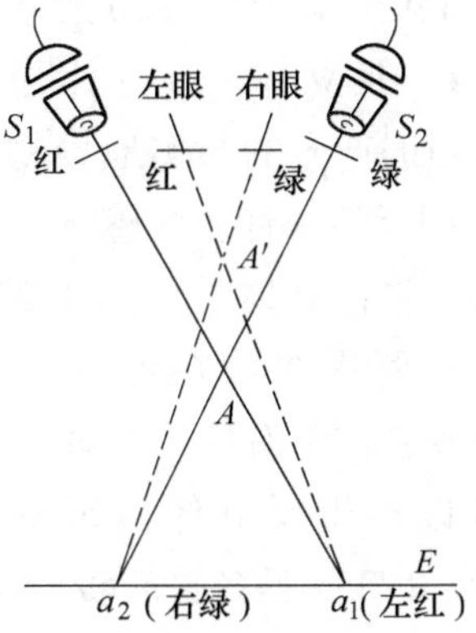

图 1-31　互补色法

3）偏振光法。光线通过偏振器分解出偏振光。偏振光的横向光波波动只在偏振平面内进行。在偏振光的光路中如有另一个偏振器，偏振光通过这第二个偏振器后，光的强度将随两偏振器的偏振平面相对旋角 α 而改变，即 $I_2 = I_1\cos2\alpha$，其中 I_1 为偏振光的强度，I_2 为通过第二个偏振器后的光强。当两偏振平面相互平行，即 $\cos\alpha = \cos0° = 1$ 时，则可取得最大光强的偏振光。当两偏振平面相垂直时，$\cos\alpha = \cos90° = 0$，则 $I_2 = 0$，表示偏振光不能通过第二个偏振器，在偏振器的另一边就看不见光线。利用这种特性，在一对像片的投影光路中放置一个偏振平面相互垂直偏振器，以两组横向光波波动成相互垂直方向偏振光，将影像投影到特制的共同承影面上。观察者戴上偏振光眼镜，两镜片的偏振平面也相互垂直，且分别与投影光路中偏振器偏振平面相平行或垂直。这样双眼观察承影面上一对混杂在一起的投影影像时，就能达到分像的目的，从而得到人造立体效能。偏振光法可用于彩色影像的立体观察，获得彩色的立体视模型。

4）光闸法。在投影的光线中安装光闸，两个光闸一个打开，一个关闭，相互交替。人眼带上与光闸同步的光闸眼镜，就能一只眼睛只看一张影像了。

由于影像在人眼中能保持 0.15″的视觉停留，只要同一只眼睛再次打开的时间间隔小于 0.15″，眼睛中的影像就不会消失。这样虽然这只眼睛没有看到影像，但大脑中仍有影像停留，仍能观察到立体。

5）液晶闪闭法。液晶闪闭法通过红外发生器和液晶眼镜来实现。红外发生器一端与显卡相连，图像显示软件按照一定的频率交替显示左右影像，红外发生器同步发射红外线，控制液晶眼镜的左右镜片交替地闪闭，达到分像的目的，从而观察到立体。

（2）像对立体观察的效果　进行像对立体观察时，在满足上述条件的情况下，如果像片相对眼睛安放的位置不同，则可以得到不同的立体效果，即可能产生正立体、反立体和零立体效应。

1）正立体。正立体是指观察立体像对时形成的与实地景物起伏（远近）相一致的立体感觉，如图 1-32 所示。当左、右眼分别观察置于阳位的立体像对的左、右像片时就产生正立体效应，如图 1-32a 所示。在此基础上将立体像对的两张像片作为一个整体，在其自身平面内旋转 180°，观察位置不变，使左眼看右像、右眼看左像，得到的仍是正立体，仅方位相差 180°，如图 1-32b 所示。

2）反立体。反立体是指观察立体像对时产生的与实地景物起伏（远近）相反的一种立体感觉，如图 1-33 所示。在正立体效应图 1-32a 的基础上，将两张像片在各自平面内旋转 180°或者将左右像片对调（不旋转），都可以产生反立体，如图 1-33a、b 所示。1-33a 是各自旋转 180°的结果，1-33b 是左右像片对调的结果。显然这两种反立体的方位是相反的。

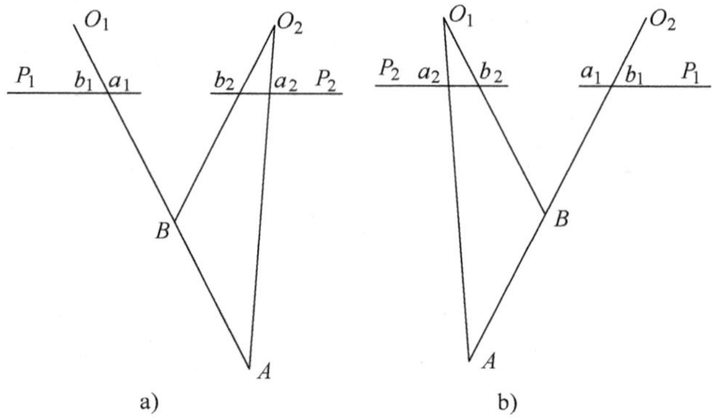

图 1-32　正立体观察

a）正立体（一）　b）正立体（二）

3）零立体。像对立体观察中形成的原景物起伏（远近）消失了的一种效应，称为零立体效应。这是将立体像对的两张像片各旋转 90°，使同名像点的连线都相等，并且原左右视差方向改变为与眼基线垂直所得到的结果。这时所有同名像点的生理视差都变为零，故有消失了远近的感觉。零立体效应并不总是使景物被感觉为平面，对于一般立体像对，当像片转置 90°之后，上下视差将成为左右视差较。对于起伏很大的景物，由于转置之后左右视差较成为上下视差，有可能严重破坏立体观察第三个基本条件而得不到清晰的零立体感觉。这一点在摄影测量的发展过程中曾得到应用。

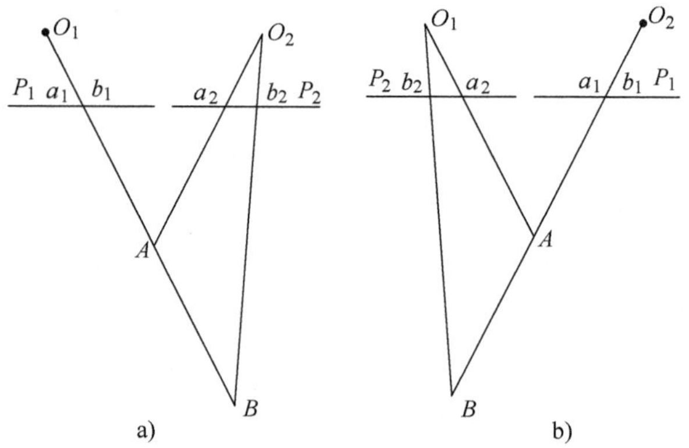

图 1-33　反立体观察

a）反立体（一）　b）反立体（二）

三种立体效应像片的放置位置如图 1-34 所示。a 图为正立体，像对影像重叠向内；b 图为反立体，重叠向外；c 图为零立体。

（3）像对的立体量测　在摄影测量中，不仅需要用像对进行立体观测，建立立体模型，而且还需要对立体模型进行量测。一般用一个可以在立体表面游动的测标来进行量测，用测标切准立体模型表面。这样的测标称为浮游测标，它的作用相当于经纬仪目镜中的十字丝，其形状各异，大多为点状或线状。在地面上测量有时要在测求的地形点上树立人造的清晰标志，以便于辨认。观测时借助仪器望远镜的十字丝去视准该点，在摄影测量中为求得地形点的空间位置，首先要在一对像片上辨认出地形点的同名像点，这就比较困难，相当于十字丝作用的测标去对准单张像片上没有明显特征的地形点影像，很难准确。因此摄影测量仪器都要采用像对的立体观察方法，以浮游

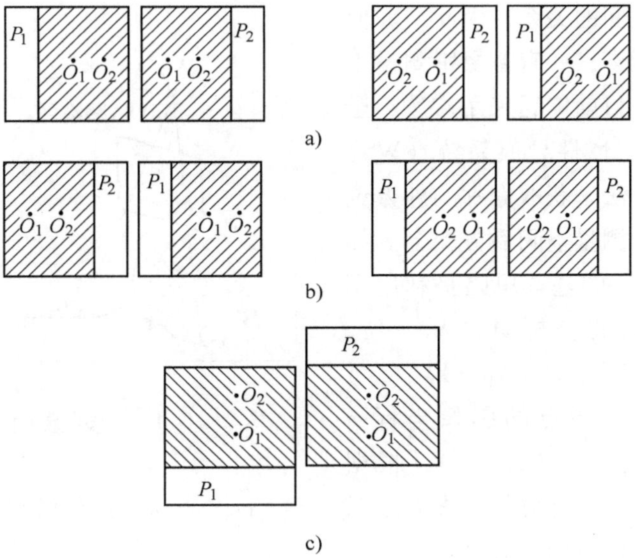

图 1-34　立体观察

a）正立体　b）反立体　c）零立体

测标切准视模型点作为测量的手段。

摄影测量仪器中建立瞄准用的浮游测标，可采用双测标和单测标两种方法，这里提出浮游测标是因为测量空间点位时，测标需做三维运动。双测标法是利用放入光路中的两个单独实体的实测标分别切准立体像对上的同名像点进行立体量测。如图 1-35 所示，S_1、S_2 为一个立体像对，当进行立体观察时，使左右测标分别切准左右同名像点 a、a'，这时同名像点视线成对相交，构成立体模型。两个单测标相当于一对同名像点，在空间相交，构成立体测标 T，与立体模型表面的 A 点重合。

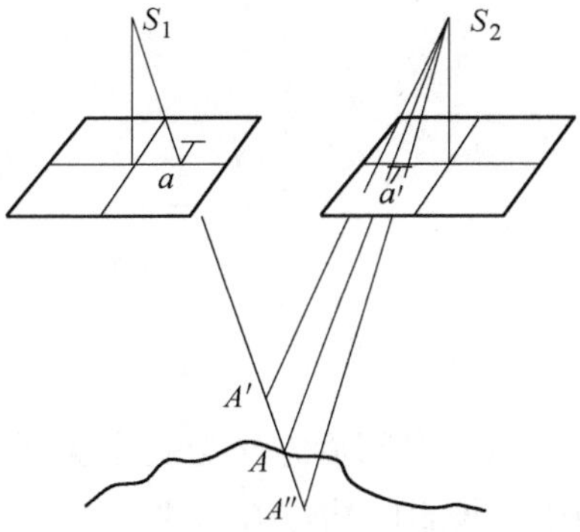

图 1-35　立体像对量测

如果两个单测标在左右像片上，尚未同时切准左右像点 a、a'时，测标的视线就不重合。此时，立体测标 T 将高于或低于立体，如模型上的点 A、A'、A''。所以在进行立体量测时，一定要使两测标分别切准立体像片上的同名像点，因此，两个测标必须能做平行或垂直于眼基线方向上的相对运动，使测标与像对在任意一对像点重合。这样，利用测标在影像上的二维运动，就可以感觉到空间虚测标在空间三轴上的移动，从而进行立体模型量测。

1.3.2　单张像片空间后方交会与立体像对前方交会

1. 单张像片空间后方交会

（1）单张像片空间后方交会的概念　如果知道每张像片的六个外方位元素，就能确定被摄物体与航摄像片间的关系，因此，如何获取像片的外方位元素，一直是摄影测量工作者所探讨的问题。目前广泛采用雷达、全球定位系统（GPS）、惯性导航系统（WS）以及星相摄影机等方法来获取像片的外方位元素，也可利用摄影测量空间后方交会。如图 1-36 所示，该方法的基本思路是利用至少三个地面控制点的坐标 A（X_A，Y_A，Z_A）、B（X_B，Y_B，Z_B）、C（X_C，Y_C，Z_C）与影像上对应的三个像点的影像坐标 a（x_a，y_a）、b（x_b，y_b）、c（x_c，y_c），根据共线方程，反求该像片的外方位元素 X_S、Y_S、Z_S、φ、ω、κ。这种解算方法是以单张像片为基础的，因此称为单像空间后方交会。

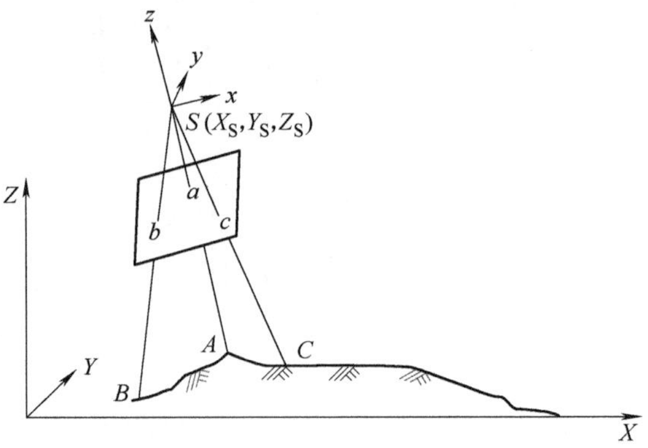

图 1-36　单像空间后方交会

由上述原理可知，至少需要三个控制点才能解算出六个外方位元素。在实际应用中，为了避免粗差，应有多余检查点，因此，一般需要 4 ~6 个控制点。为了最有效地控制整张像片，控制点应均匀分布于像片边缘，如图 1-37 所示。

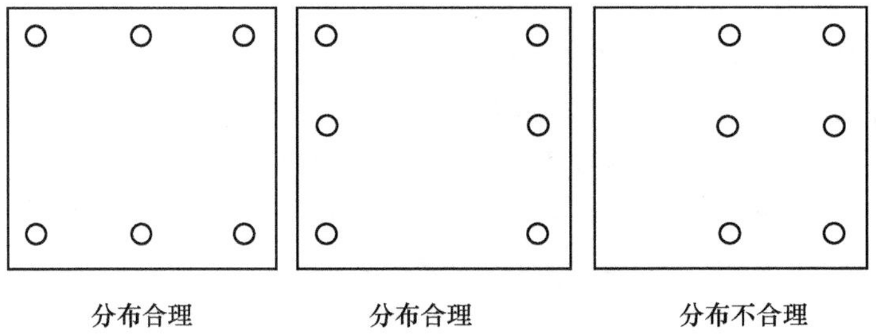

图 1-37　控制点分布示意图

（2）空间后方交会基本关系式　空间后方交会的数学模型是共线方程（式（1-26）），即中心投影的构像方程式。

由于共线方程式是非线性函数，为了便于计算机计算，需要对非线性函数用泰勒级数展开呈线性形式，常把这一数学处理过程称为线性化。线性化处理在解析摄影测量中经常用到。

将上式的共线方程线性化，并取一次小值项得

$$\left.\begin{aligned} x &= x' + \frac{\partial x}{\partial X_S}dX_S + \frac{\partial x}{\partial Y_S}dY_S + \frac{\partial x}{\partial Z_S}dZ_S + \frac{\partial x}{\partial \varphi}d\varphi + \frac{\partial x}{\partial \omega}d\omega + \frac{\partial x}{\partial \kappa}d\kappa \\ y &= y' + \frac{\partial y}{\partial X_S}dX_S + \frac{\partial y}{\partial Y_S}dY_S + \frac{\partial y}{\partial Z_S}dZ_S + \frac{\partial y}{\partial \varphi}d\varphi + \frac{\partial y}{\partial \omega}d\omega + \frac{\partial y}{\partial \kappa}d\kappa \end{aligned}\right\} \tag{1-37}$$

式中的（x'，y'）为函数的近似值，是将外方位元素的初始值 X_{S_0}、Y_{S_0}、Z_{S_0}、φ_0、ω_0、κ_0代入共线方程中所取得的数值。dX_S、dY_S、dZ_S、$d\varphi$、$d\omega$、$d\kappa$ 为外方位元素近似值的改

正数。$\frac{\partial x}{\partial X_S}$，…，$\frac{\partial y}{\partial \kappa}$为函数的偏导数，是外方位元素改正数的系数。

对于每个已知控制点，把像点坐标（x，y）和对应地面点地面摄影测量坐标（X，Y，Z）代入式（1-37），可列出两个方程式。若像片内有三个已知地面控制点，就能列出六个方程式，求出六个外方位元素改正数。由于式（1-37）中系数仅取至泰勒级数展开式的一次项，未知数的近似值改正数是粗略的，所以计算时必须采用逐渐趋近法，解求过程要反复趋近，直至改正值小于某一限值为止。

（3）空间后方交会的误差方程式与法方程　为了提高解算外方位元素的精度，常采用多余观测的方法，用最小二乘法平差解算外方位元素。因此，在后方交会中，通常是在像片的四个角上选取四个或更多的地面控制点。

计算中，通常将控制点的地面坐标视为真值，而把相应的像点坐标视为观测值，其相应的改正数为v_x、v_y。按照观测值+观测值改正数=近似值+近似值改正数原则，得

$$\left.\begin{aligned}x+v_x&=x'+\mathrm{d}x\\y+v_y&=y'+\mathrm{d}y\end{aligned}\right\}\tag{1-38}$$

这样，可列出每个点的误差方程式，其一般形式为

$$\left.\begin{aligned}v_x&=\frac{\partial x}{\partial X_S}\mathrm{d}X_S+\frac{\partial x}{\partial Y_S}\mathrm{d}Y_S+\frac{\partial x}{\partial Z_S}\mathrm{d}Z_S+\frac{\partial x}{\partial \varphi}\mathrm{d}\varphi+\frac{\partial x}{\partial \omega}\mathrm{d}\omega+\frac{\partial x}{\partial \kappa}\mathrm{d}\kappa+x'-x\\v_y&=\frac{\partial y}{\partial X_S}\mathrm{d}X_S+\frac{\partial y}{\partial Y_S}\mathrm{d}Y_S+\frac{\partial y}{\partial Z_S}\mathrm{d}Z_S+\frac{\partial y}{\partial \varphi}\mathrm{d}\varphi+\frac{\partial y}{\partial \omega}\mathrm{d}\omega+\frac{\partial y}{\partial \kappa}\mathrm{d}\kappa+y'-y\end{aligned}\right\}\tag{1-39}$$

若用a_{11}，a_{12}，…，a_{26}表示上式的各系数项，则上式可写成

$$\left.\begin{aligned}v_x&=a_{11}\mathrm{d}X_S+a_{12}\mathrm{d}Y_S+a_{13}\mathrm{d}Z_S+a_{14}\mathrm{d}\varphi+a_{15}\mathrm{d}\omega+a_{16}\mathrm{d}\kappa-l_x\\v_y&=a_{21}\mathrm{d}X_S+a_{22}\mathrm{d}Y_S+a_{23}\mathrm{d}Z_S+a_{24}\mathrm{d}\varphi+a_{25}\mathrm{d}\omega+a_{26}\mathrm{d}\kappa-l_y\end{aligned}\right\}\tag{1-40}$$

式中

$$\left.\begin{aligned}l_x&=x-x'\\l_y&=y-y'\end{aligned}\right\}\tag{1-41}$$

式（1-39）和式（1-40）用矩阵表示为

$$\boldsymbol{V}_n=\boldsymbol{A}_n\boldsymbol{X}-\boldsymbol{l}_n\tag{1-42}$$

若有n个已知控制点，可按式（1-42）列出n组误差方程式$(\boldsymbol{V}_1\quad \boldsymbol{V}_2\quad\cdots\quad \boldsymbol{V}_n)^{\mathrm{T}}$，构成总体误差方程为

$$\boldsymbol{V}=\boldsymbol{AX}-\boldsymbol{L}\tag{1-43}$$

式中

$$\boldsymbol{V}=(\boldsymbol{V}_1\quad \boldsymbol{V}_2\quad\cdots\quad \boldsymbol{V}_n)^{\mathrm{T}}$$
$$\boldsymbol{A}=(\boldsymbol{A}_1\quad \boldsymbol{A}_2\quad\cdots\quad \boldsymbol{A}_n)^{\mathrm{T}}$$
$$\boldsymbol{L}=(\boldsymbol{l}_1\quad \boldsymbol{l}_2\quad\cdots\quad \boldsymbol{l}_n)^{\mathrm{T}}$$

根据最小二乘法间接平差原理，列出法方程式

$$\boldsymbol{A}^{\mathrm{T}}\boldsymbol{PAX}=\boldsymbol{A}^{\mathrm{T}}\boldsymbol{PL}$$

式中：$\boldsymbol{P}$为观测值的权矩阵，它反映了观测值的量测精度。对于所有像点坐标的观测值，一

般认为是等精度量测的，则 $\boldsymbol{P}$ 为单位矩阵，由此得到法方程的解为

$$\boldsymbol{X}=(\boldsymbol{A}^{\mathrm{T}}\boldsymbol{A})^{-1}\boldsymbol{A}^{\mathrm{T}}\boldsymbol{L} \tag{1-44}$$

从而求出外方位元素近似值的改正数 $\mathrm{d}X_S$、$\mathrm{d}Y_S$、$\mathrm{d}Z_S$、$\mathrm{d}\varphi$、$\mathrm{d}\omega$、$\mathrm{d}\kappa$。

由于误差方程在线性化过程中只取至泰勒级数展开式的一次项，且未知数的近似值一般都是比较粗略的，因此计算需要通过逐渐趋近的方法进行，即用近似值与改正数之和作为新的近似值，重复计算过程，求出新的改正数，这样反复趋近，直到改正数小于某一限值为止，最后得出六个外方位元素的解为：

$$\left.\begin{aligned}
X_S&=X_{S_0}+\mathrm{d}X_{S_1}+\mathrm{d}X_{S_2}+\cdots\\
Y_S&=Y_{S_0}+\mathrm{d}Y_{S_1}+\mathrm{d}Y_{S_2}+\cdots\\
Z_S&=Z_{S_0}+\mathrm{d}Z_{S_1}+\mathrm{d}Z_{S_2}+\cdots\\
\varphi&=\varphi_0+\mathrm{d}\varphi_1+\mathrm{d}\varphi_2+\cdots\\
\omega&=\omega_0+\mathrm{d}\omega_1+\mathrm{d}\omega_2+\cdots\\
\kappa&=\kappa_0+\mathrm{d}\kappa_1+\mathrm{d}\kappa_2+\cdots
\end{aligned}\right\} \tag{1-45}$$

我们将系数的求法推演如下：

为了书写方便，我们令共线方程中的分母、分子用下式表示

$$\begin{aligned}
\overline{X}&=a_1(X-X_S)+b_1(Y-Y_S)+c_1(Z-Z_S)\\
\overline{Y}&=a_2(X-X_S)+b_2(Y-Y_S)+c_2(Z-Z_S)\\
\overline{Z}&=a_3(X-X_S)+b_3(Y-Y_S)+c_3(Z-Z_S)
\end{aligned}$$

则

$$a_{11}=\frac{\partial x}{\partial X_S}=\frac{\partial\left(-f\dfrac{\overline{X}}{\overline{Z}}\right)}{\partial X_S}=\frac{1}{\overline{Z}}(a_1f+a_3x)$$

按照相仿的步骤得出

$$\left.\begin{aligned}
a_{11}&=\frac{\partial x}{\partial X_S}=\frac{1}{\overline{Z}}(a_1f+a_3x)\\
a_{12}&=\frac{\partial x}{\partial Y_S}=\frac{1}{\overline{Z}}(b_1f+b_3x)\\
a_{13}&=\frac{\partial x}{\partial Z_S}=\frac{1}{\overline{Z}}(c_1f+c_3x)\\
a_{21}&=\frac{\partial y}{\partial X_S}=\frac{1}{\overline{Z}}(a_2f+a_3y)\\
a_{22}&=\frac{\partial y}{\partial Y_S}=\frac{1}{\overline{Z}}(b_2f+b_3y)\\
a_{23}&=\frac{\partial x}{\partial Z_S}=\frac{1}{\overline{Z}}(c_2f+c_3y)
\end{aligned}\right\} \tag{1-46}$$

另外

$$
\left.\begin{aligned}
a_{14} &= \frac{\partial x}{\partial \varphi} = -\frac{f}{(\overline{Z})^2}\left(\frac{\partial \overline{X}}{\partial \varphi}\overline{Z} - \frac{\partial \overline{Z}}{\partial \varphi}\overline{X}\right) \\
a_{15} &= \frac{\partial x}{\partial \omega} = -\frac{f}{(\overline{Z})^2}\left(\frac{\partial \overline{X}}{\partial \omega}\overline{Z} - \frac{\partial \overline{Z}}{\partial \omega}\overline{X}\right) \\
a_{16} &= \frac{\partial x}{\partial \kappa} = -\frac{f}{(\overline{Z})^2}\left(\frac{\partial \overline{X}}{\partial \kappa}\overline{Z} - \frac{\partial \overline{Z}}{\partial \kappa}\overline{X}\right) \\
a_{24} &= \frac{\partial y}{\partial \varphi} = -\frac{f}{(\overline{Z})^2}\left(\frac{\partial \overline{Y}}{\partial \varphi}\overline{Z} - \frac{\partial \overline{Z}}{\partial \varphi}\overline{Y}\right) \\
a_{25} &= \frac{\partial y}{\partial \omega} = -\frac{f}{(\overline{Z})^2}\left(\frac{\partial \overline{Y}}{\partial \omega}\overline{Z} - \frac{\partial \overline{Z}}{\partial \omega}\overline{Y}\right) \\
a_{26} &= \frac{\partial y}{\partial \kappa} = -\frac{f}{(\overline{Z})^2}\left(\frac{\partial \overline{Y}}{\partial \kappa}\overline{Z} - \frac{\partial \overline{Z}}{\partial \kappa}\overline{Y}\right)
\end{aligned}\right\} \tag{1-47}
$$

由于

$$
\begin{aligned}
\begin{pmatrix}\overline{X}\\ \overline{Y}\\ \overline{Z}\end{pmatrix} &= \begin{pmatrix}a_1 & b_1 & c_1\\ a_2 & b_2 & c_2\\ a_3 & b_3 & c_3\end{pmatrix}\begin{pmatrix}X-X_S\\ Y-Y_S\\ Z-Z_S\end{pmatrix} = \boldsymbol{R}^{\mathrm{T}}\begin{pmatrix}X-X_S\\ Y-Y_S\\ Z-Z_S\end{pmatrix} \\
&= \boldsymbol{R}_{\mathrm{k}}^{\mathrm{T}}\boldsymbol{R}_{\omega}^{\mathrm{T}}\boldsymbol{R}_{\varphi}^{\mathrm{T}}\begin{pmatrix}X-X_S\\ Y-Y_S\\ Z-Z_S\end{pmatrix} = \boldsymbol{R}_{\mathrm{k}}^{-1}\boldsymbol{R}_{\omega}^{-1}\boldsymbol{R}_{\varphi}^{-1}\begin{pmatrix}X-X_S\\ Y-Y_S\\ Z-Z_S\end{pmatrix}
\end{aligned}
$$

所以

$$
\begin{aligned}
\frac{\partial}{\partial \varphi}\begin{pmatrix}X\\ Y\\ Z\end{pmatrix} &= \boldsymbol{R}_{\mathrm{k}}^{-1}\boldsymbol{R}_{\omega}^{-1}\frac{\partial \boldsymbol{R}_{\varphi}^{-1}}{\partial \varphi}\begin{pmatrix}X-X_S\\ Y-Y_S\\ Z-Z_S\end{pmatrix} = \boldsymbol{R}_{\mathrm{k}}^{-1}\boldsymbol{R}_{\omega}^{-1}\boldsymbol{R}_{\varphi}^{-1}\boldsymbol{R}_{\varphi}\frac{\partial \boldsymbol{R}_{\varphi}^{-1}}{\partial \varphi}\begin{pmatrix}X-X_S\\ Y-Y_S\\ Z-Z_S\end{pmatrix} \\
&= \boldsymbol{R}^{-1}\boldsymbol{R}_{\varphi}\frac{\partial \boldsymbol{R}_{\varphi}^{-1}}{\partial \varphi}\begin{pmatrix}X-X_S\\ Y-Y_S\\ Z-Z_S\end{pmatrix}
\end{aligned}
$$

而

$$
\boldsymbol{R}_{\varphi}^{-1} = \boldsymbol{R}_{\varphi}^{\mathrm{T}} = \begin{pmatrix}\cos\varphi & 0 & \sin\varphi\\ 0 & 1 & 0\\ -\sin\varphi & 0 & \cos\varphi\end{pmatrix} \tag{1-48}
$$

则

$$
\boldsymbol{R}_{\varphi}\frac{\partial \boldsymbol{R}_{\varphi}^{-1}}{\partial \varphi} = \begin{pmatrix}\cos\varphi & 0 & -\sin\varphi\\ 0 & 1 & 0\\ \sin\varphi & 0 & \cos\varphi\end{pmatrix}\begin{pmatrix}-\sin\varphi & 0 & \cos\varphi\\ 0 & 1 & 0\\ -\cos\varphi & 0 & -\sin\varphi\end{pmatrix} = \begin{pmatrix}0 & 0 & 1\\ 0 & 0 & 0\\ -1 & 0 & 0\end{pmatrix}
$$

代入式（1-48），得

$$\frac{\partial}{\partial\varphi}\begin{pmatrix}X\\Y\\Z\end{pmatrix}=\begin{pmatrix}a_1&b_1&c_1\\a_2&b_2&c_2\\a_3&b_3&c_3\end{pmatrix}\begin{pmatrix}0&0&1\\0&0&0\\-1&0&0\end{pmatrix}\begin{pmatrix}X-X_S\\Y-Y_S\\Z-Z_S\end{pmatrix}$$

$$=\begin{pmatrix}a_1&b_1&c_1\\a_2&b_2&c_2\\a_3&b_3&c_3\end{pmatrix}\begin{pmatrix}0&0&1\\0&0&0\\-1&0&0\end{pmatrix}\begin{pmatrix}a_1&a_2&a_3\\b_1&b_2&b_3\\c_1&c_2&c_3\end{pmatrix}\begin{pmatrix}\overline{X}\\\overline{Y}\\\overline{Z}\end{pmatrix}$$

$$=\begin{pmatrix}0&-b_3&b_2\\b_3&0&-b_1\\-b_2&b_1&0\end{pmatrix}\begin{pmatrix}\overline{X}\\\overline{Y}\\\overline{Z}\end{pmatrix}$$

按照相仿的方法，得

$$\frac{\partial}{\partial\omega}\begin{pmatrix}X\\Y\\Z\end{pmatrix}=\boldsymbol{R}_k^{-1}\frac{\partial\boldsymbol{R}_\omega^{-1}}{\partial\omega}\boldsymbol{R}_\varphi^{-1}\begin{pmatrix}X-X_S\\Y-Y_S\\Z-Z_S\end{pmatrix}=\boldsymbol{R}_k^{-1}\frac{\partial R_\omega^{-1}}{\partial\omega}\boldsymbol{R}_\omega\boldsymbol{R}_\kappa\boldsymbol{R}_\kappa^{-1}\boldsymbol{R}_\kappa^{-1}\boldsymbol{R}_\varphi^{-1}\begin{pmatrix}X-X_S\\Y-Y_S\\Z-Z_S\end{pmatrix}$$

$$=\boldsymbol{R}_k^{-1}\begin{pmatrix}0&0&0\\0&0&1\\0&-1&0\end{pmatrix}\boldsymbol{R}_\kappa\boldsymbol{R}^{-1}\begin{pmatrix}X-X_S\\Y-Y_S\\Z-Z_S\end{pmatrix}=\begin{pmatrix}\overline{Z}\sin\kappa\\\overline{Z}\cos\kappa\\-\overline{X}\sin\kappa-\overline{Y}\cos\kappa\end{pmatrix}$$

$$\frac{\partial}{\partial\kappa}\begin{pmatrix}X\\Y\\Z\end{pmatrix}=\frac{\partial\boldsymbol{R}_k^{-1}}{\partial\kappa}\boldsymbol{R}_\omega^{-1}\boldsymbol{R}_\varphi^{-1}\begin{pmatrix}X-X_S\\Y-Y_S\\Z-Z_S\end{pmatrix}=\frac{\partial\boldsymbol{R}_k^{-1}}{\partial\kappa}\boldsymbol{R}_\kappa\boldsymbol{R}_\kappa^{-1}\boldsymbol{R}_\omega^{-1}\boldsymbol{R}_\varphi^{-1}\begin{pmatrix}X-X_S\\Y-Y_S\\Z-Z_S\end{pmatrix}$$

$$=\begin{pmatrix}0&1&0\\-1&0&0\\0&0&0\end{pmatrix}\boldsymbol{R}_\kappa\begin{pmatrix}a_1&b_1&c_1\\a_2&b_2&c_2\\a_3&b_3&c_3\end{pmatrix}\begin{pmatrix}X-X_S\\Y-Y_S\\Z-Z_S\end{pmatrix}$$

$$=\begin{pmatrix}\overline{Y}\\-\overline{X}\\0\end{pmatrix}$$

将上述偏导数代入式（1-47），并利用有关表达式整理可得

$$\left.\begin{aligned}
&a_{14}=y\sin\omega-\left[\frac{x}{f}(x\cos\kappa-y\sin\kappa)+f\cos\kappa\right]\cos\omega\\
&a_{15}=-f\sin\kappa-\frac{x}{f}(x\sin\kappa+y\cos\kappa)\\
&a_{16}=y\\
&a_{24}=-x\sin\omega-\left[\frac{y}{f}(x\cos\kappa-y\sin\kappa)-f\sin\kappa\right]\cos\omega\\
&a_{25}=-f\cos\kappa-\frac{y}{f}(x\sin\kappa+y\cos\kappa)\\
&a_{26}=-x
\end{aligned}\right\}\tag{1-49}$$

当已知地面点的地面坐标及相应像点坐标和摄影机主距时，给定外方位元素的近似值后，上述系数均可计算得出。

在竖直摄影情况下，角元素都是小角（<3°），可用 $\varphi=\omega=\kappa=0$ 及 $Z-Z_S=-H$ 代替，得到各系数的近似值。

$$\left.\begin{aligned}
&a_{11}=-\frac{f}{H} && a_{12}=0 && a_{13}=-\frac{x}{H}\\
&a_{14}=-f\left(1+\frac{x^2}{f^2}\right) && a_{15}=-\frac{xy}{f} && a_{16}=y\\
&a_{21}=0 && a_{22}=-\frac{f}{H} && a_{23}=-\frac{y}{H}\\
&a_{24}=-\frac{xy}{f} && a_{25}=-f\left(1+\frac{y^2}{f^2}\right) && a_{26}=-x
\end{aligned}\right\}\tag{1-50}$$

（4）空间后方交会的计算过程　空间后方交会的计算过程如下：

1）获取已知数据。从摄影资料中查取摄影比例尺 $1/m$、平均航高、内方位元素（x_0，y_0，f）；从外业测量成果中，获取控制点的地面测量坐标（X_t，Y_t，Z_t），并转换为地面摄测坐标（X_{tp}，Y_{tp}，Z_{tp}）。

2）量测控制点的像点坐标。将控制点坐标刺在像片上，利用坐标量测仪器量测控制点的像框标坐标，并经像主点坐标改正，得到以像主点为原点的像点坐标（x，y）。

3）确定未知数的初始值。单像空间后方交会必须给出待定参数的初始值，在竖直摄影且地面控制点大致呈对称分布的情况下，可按如下公式确定初始值。

$$\varphi_0=\omega_0=\kappa_0=0$$

$$Z_{S_0}=H=mf$$

$$X_{S_0}=\frac{1}{n}\sum_{i=1}^{n}X_{tpi}$$

$$Y_{S_0}=\frac{1}{n}\sum_{i=1}^{n}Y_{tpi}$$

4）计算旋转矩阵 $\boldsymbol{R}$。利用角元素近似值按式（1-21）计算各方向余弦值，组成 $\boldsymbol{R}$ 阵。

5）逐点计算像点坐标的近似值。利用未知数的近似值按共线方程式（1-26）计算各控制点像点坐标的近似值 x'、y'。

6）组成误差方程式：按式（1-47）、式（1-49）、式（1-50）逐点计算误差方程的系数和常数项。

7）组成法方程式。计算法方程的系数矩阵 $\boldsymbol{A}^T\boldsymbol{A}$ 和常数项 $\boldsymbol{A}^T\boldsymbol{L}$。

8）求解外方位元素。根据法方程，按式（1-43）解求外方位元素改正数，并与相应的近似值求和，得到外方位元素新的近似值。

9）检查计算是否收敛。将所求得的外方位元素的改正数与规定的限差比较，小于限差则计算终止，否则用新的近似值重复4）~8）的计算，直到满足要求为止。

（5）空间后方交会的精度　按照上述方法所求得的像片外方位元素的精度，可以通过法方程式中未知数的系数矩阵的逆阵（$\boldsymbol{A}^T\boldsymbol{A}$）$^{-1}$来求解，此时视像点坐标为等精度不相关观测值。因为 $(\boldsymbol{A}^{\mathrm{T}}\boldsymbol{A})^{-1}$中第 i 个主对角线上元素 Q_{ii}就是法方程式中第 i 个未知数的权倒数，若单位权中误差为 m_0，则第 i 个未知数的中误差为

$$m_i = m_0\sqrt{Q_{ii}} \tag{1-51}$$

当参加空间后方交会的控制点有 n 个时，则单位权中误差为

$$m_0 = \pm\sqrt{\frac{|VV|}{2n-6}} \tag{1-52}$$

2. 立体像对前方交会

（1）立体像对前方交会的概念　利用单张像片空间后方交会可以求得像片的外方位元素，但要利用单张像片反求相应地面点坐标，仍然是不可能的，因为像片的外方位元素和像片上的某一像点坐标，仅能确定像片的空间方位和相应地面点的空间方向。而利用立体像对上的同名像点，就能得到两条同名射线在空间的方向以及它们的交点，此交点就是该地面点的空间位置。

立体像对与所摄影地面存在一定的几何关系，这种几何关系可以用数学表达式来描述，如图 1-38 所示，若在 S_1、S_2 两个摄影站点对地面摄影，获取一个立体像对，任一地面点 A 在该像对的左右像片上的构像为 a_1、a_2。现已知两张像片上的内外方位元素，设想两张像片按内外方位元素置于摄影时的位置，显然同名射线 S_1a_1 和 S_2a_2 必交于地面 A 点。这种利用立体像对中两张像片的内外方位元素和同名像点的像平面坐标，解算相应模型点坐标的工作，叫做立体像对的空间前方交会。

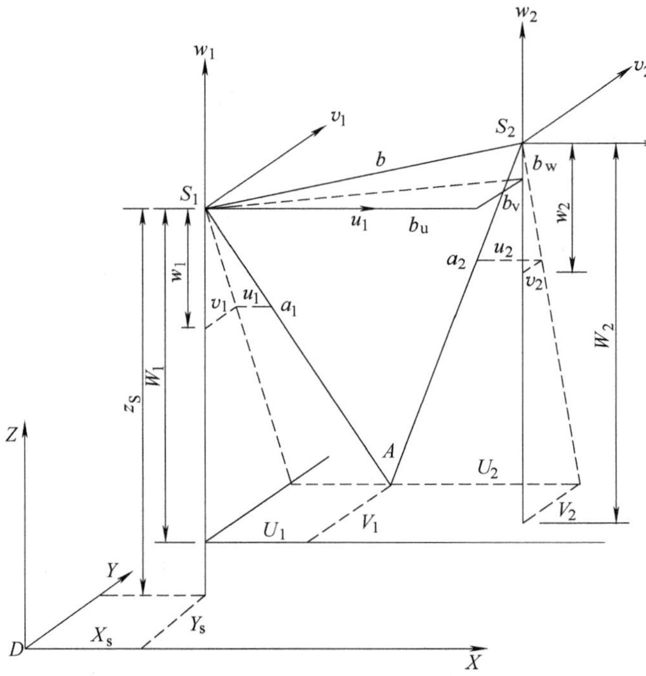

图 1-38　立体像对空间前方交会

（2）立体像对的前方交会关系式　要确定像点与其对应的地面点的数学表达式，如图 1-38 所示，$DXYZ$ 为地面摄影坐标系，$S_1u_1v_1w_1$ 及 $S_2u_2v_2w_2$ 分别为左右像片的像空间辅助坐标系，且两个像空间辅助坐标系的三个轴系分别与 $DXYZ$ 平行。

设地面点 A 在 $DXYZ$ 坐标系中的坐标为（X，Y，Z），地面点 A 在 $S_1u_1v_1w_1$ 及 $S_2u_2v_2w_2$ 中的坐标分别为（U_1，V_1，W_1）及（U_2，V_2，W_2），A 点对应的像点 a_1、a_2 的像空间坐标分别为（x_1，y_1，$-f$）、（x_2，y_2，$-f$），像点的像空间辅助坐标为（u_1，v_1，w_1）、（u_2，v_2，w_2），则有

$$\begin{pmatrix} u_1 \\ v_1 \\ w_1 \end{pmatrix} = \boldsymbol{R}_1 \begin{pmatrix} x \\ y \\ -f \end{pmatrix}, \begin{pmatrix} u_2 \\ v_2 \\ w_2 \end{pmatrix} = \boldsymbol{R}_2 \begin{pmatrix} x \\ y \\ -f \end{pmatrix} \tag{1-53}$$

式中的$\boldsymbol{R}_1$、$\boldsymbol{R}_2$为由已知的外方位元素计算出来的左右像片的旋转矩阵。右摄站S_2在$S_1u_1v_1w_1$坐标系中的坐标也就是摄影基线b的三个坐标分量b_u、b_v、b_w，可由外方位线元素计算出来。

$$\left.\begin{aligned} b_u &= X_{S_2} - X_{S_1} \\ b_v &= Y_{S_2} - Y_{S_1} \\ b_w &= Z_{S_2} - Z_{S_1} \end{aligned}\right\} \tag{1-54}$$

其中：$(X_{S_1}, Y_{S_1}, Z_{S_1})$ 和 $(X_{S_2}, Y_{S_2}, Z_{S_2})$ 是摄站在地面摄影测量坐标系中的坐标，即左、右像片的外方位线元素；(b_u, b_v, b_w) 是摄影基线b在地面摄影测量坐标系中X、Y、Z轴上的投影，或称为基线在X、Y、Z轴方向的分量。

因左、右像空间辅助坐标系及$DXYZ$相互平行，且摄影站点、像点、地面点三点共线，因此，可得出

$$\left.\begin{aligned} \frac{S_1A}{S_1a_1} = \frac{U_1}{u_1} = \frac{V_1}{v_1} = \frac{W_1}{w_1} = N_1 \\ \frac{S_2A}{S_2a_2} = \frac{U_2}{u_2} = \frac{V_2}{v_2} = \frac{W_2}{w_2} = N_2 \end{aligned}\right\} \tag{1-55}$$

式中的N_1、N_2分别为左、右像点的投影系数。(U_1, V_1, W_1) 为地面点A在$S_1u_1v_1w_1$中的坐标，(U_2, V_2, W_2) 为地面点A在$S_2u_2v_2w_2$中的坐标，且

$$\left.\begin{aligned} U_1 &= N_1u_1 \quad & U_2 &= N_2u_2 \\ V_1 &= N_1v_1 \quad & V_2 &= N_2v_2 \\ W_1 &= N_1w_1 \quad & W_2 &= N_2w_2 \end{aligned}\right\} \tag{1-56}$$

最后求得地面点的坐标公式为

$$\left.\begin{aligned} X_A &= X_{S_1} + U_1 = X_{S_2} + U_2 \\ Y_A &= Y_{S_1} + V_1 = Y_{S_2} + V_2 \\ Z_A &= Z_{S_1} + W_1 = Z_{S_2} + W_2 \end{aligned}\right\} \tag{1-57}$$

一般地，在计算地面点Y的坐标时，应取均值，即

$$Y = \frac{1}{2}[(Y_{S_1} + N_1v_1) + (Y_{S_2} + N_2v_2)] \tag{1-58}$$

考虑到式（1-54），式（1-56）可变为

$$\left.\begin{aligned} X_{S_2} - X_{S_1} &= N_1u_1 - N_2u_2 = b_u \\ Y_{S_2} - Y_{S_1} &= N_1v_1 - N_2v_2 = b_v \\ Z_{S_2} - Z_{S_1} &= N_1w_1 - N_2w_2 = b_w \end{aligned}\right\} \tag{1-59}$$

由式（1-59）中的一、三两式联立求解，得投影系数的计算式为

$$\left.\begin{aligned} N_1 &= \frac{b_u w_2 - b_w u_2}{u_1 w_2 - w_1 u_2} \\ N_2 &= \frac{b_u w_1 - b_w u_1}{u_1 w_2 - w_1 u_2} \end{aligned}\right\} \tag{1-60}$$

（3）双像空间后方交会—前方交会求解地面点坐标　双像解析摄影测量是利用解析计算的方法处理一个立体像对的影像信息，从而获得地面点的空间信息。采用双像解析计算的空间后交—前交方法计算地面点的空间坐标，其步骤为：

1）野外像片控制测量。在一个立体像对重叠部分的四个角，找出四个明显的地物点作为四个控制点。在野外判读出四个明显地物点的地面位置，做出地面标志，并在像片上准确刺出点位，背面加注说明。然后在野外用普通测量的方法计算出四个控制点的地面测量坐标并转化为地面摄影测量坐标（X，Y，Z）。

2）量测像点坐标。将立体像对放在立体坐标量测仪上分别进行定向归心后，测出四个控制点及所有待求点的像点坐标（x_1，y_1）和（x_2，y_2）。

3）空间后方交会计算两像片的外方位元素。根据计算机中事先编制好的程序，按要求输入控制点的地面坐标及相应的像点坐标，对两张像片各自进行空间后方交会，计算各自的六个外方位元素 X_{S_1}、Y_{S_1}、Z_{S_1}、φ_1、ω_1、κ_1和 X_{S_2}、Y_{S_2}、Z_{S_2}、φ_2、ω_2、κ_2。

4）空间前方交会计算待定点地面坐标。首先用立体像对两张像片的外方位角元素计算左、右片的方向余弦值，组成旋转矩阵 $\boldsymbol{R}_1$与 $\boldsymbol{R}_2$，逐点计算像点的像空间辅助坐标（u_1，v_1，w_1）及（u_2，v_2，w_2）；然后根据外方位元素计算基线分量（b_u，b_v，b_w）和投影系数（N_1，N_2）；再计算待定点在各自的像空间辅助坐标系中的坐标（U_1，V_1，W_1）及（U_2，V_2，W_2）；最后计算待定点的地面摄影测量坐标（X，Y，Z）。

1.3.3　立体像对的相对定向与立体模型的绝对定向

1. 立体像对的点、线、面

双像空间立体测图是以一个立体像对为量测单元。在本单元的 1.2 中，讲述了单张像片上的主要点、线、面，对立体像对来说，也有一些具有特殊意义的点、线、面。

图 1-39 表示一个像对的相对关系。S_1 和 S_2 为左像片 P_1 和右像片 P_2 的摄影中心。两摄影中心的连线 b 叫做摄影基线，O_1、O_2 分别为左右像片的像主点。a_1、a_2为地面点 A 在左右像片上的构像，称为同名像点。射线 AS_1 和 AS_2 称为同名射线或相应光线。通过摄影基线 S_1S_2 与任一地面点 A 所做的平面 W_A 称为 A 点的核面。广义地说，通过摄影基线的平面都叫做核面，通过某一地面点的核面则叫做该点的核面。在摄影时

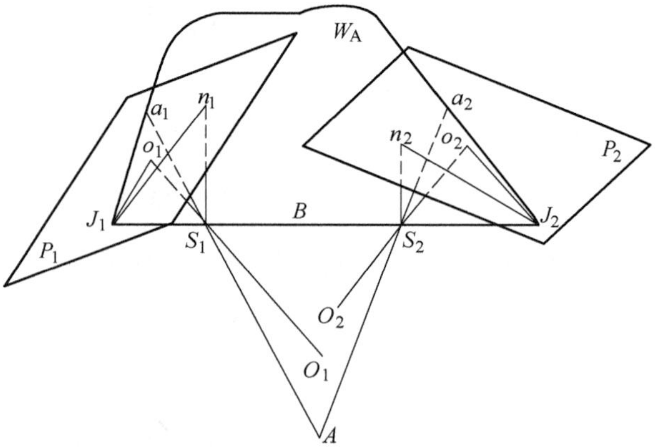

图 1-39　立体像对的点、线、面

所有的同名光线都处在各自对应的核面内，即摄影时各对同名射线都是共面的，这是关于立体像对的一个重要几何概念。

若同名射线都在核面内，则同名射线必然对对相交。核面与像平面的交线称为核线。对于同一核面的左右像片的核线，如 J_1a_1、J_2a_2 称为同名核线。显然，J_1、J_2 是基线的延长线与左右像平面的交点，称为核点。在倾斜像片上各核线都会聚于核点。通过像主点的核面称为主核面。一般情况下，通过左右像点的主点的两个主核面不重合，分别称为左主核面和右主核面。通过像底点的核面称为垂核面。因为左右像片的底点与摄影基线 b 位于同一垂核面内，所以一个像对只有一个垂核面。

2. 立体像对的相对定向与立体像对的绝对定向元素

利用像对进行立体测图，必须建立与实地相似且符合比例尺及空间方位的几何模型，若能恢复像对的内、外方位元素，就能恢复上述固有的几何关系，因此，重建立体模型的过程是为了恢复像片对的内方位元素（也称内定向）和恢复像片对的外方位元素（也称为外定向）。因为摄影机的主距及框标坐标是已知的，因此，恢复像片对的内方位元素这一过程容易实现。

因为外方位元素是未知的，所以要恢复像片的外方位元素，通常有两个步骤：首先找出两张像片相对位置的数据，称这些数据为像片的相对定位元素，若恢复了像对的相对定位元素（相对定向），同名射线（投影光线）就能对对相交并形成与实地相似的几何模型。但仅完成相对定向，并没有完全恢复两像片的外方位元素，因为相对定向后建立起来的几何模型，它的大小和空间位置都是任意的，还必须找出恢复该模型的大小与空间方位的数据，称这些数据为模型的绝对定向元素。只要恢复了该模型的绝对定位元素（绝对定向），就恢复了该模型的大小与空间方位，把相对定向后重建的立体几何模型纳入地面摄影测量坐标系中并符合所要求的比例尺，对该模型进行量测，可获得模型点的三维坐标。因此，通过相对定向与绝对定向来恢复两张像片的外方位元素，也称为间接实现摄影过程的几何反转。

（1）立体像对的相对定向元素　确定一个立体像对两像片的相对位置称为相对定向，它用于建立立体模型，完成相对定向的唯一标准是两像片上的同名像点的投影光线对对相交。所有同名像点的投影光线交点的集合构成了地面几何模型。用于描述两张像片相对位置和姿态关系的参数，称为相对定向元素。

确定两像片的相对位置，并不需顾及它们的绝对位置。如图 1-40 所示，图 a 与图 b 虽然基线摆放位置不同，但它们都正确恢复了两像片的相对位置。一般确定两像片的相对位置有两种方法：其一是将摄影基线固定水平，称为单独像对相对定向系统；其二是将左像片置平或将其位置固定不动，称为连续像对相对定向系统。这两种系统选取了不同的像空间辅助坐标系，因此有不同的相对定向元素。

1）连续像对的相对定向元素。若将左片置平，以左片的像空间坐标作为本像对的像空间辅助坐标系（或称为以左方像片为基准或左像片的外方位元素已知），这一系统是把立体像对中的左像片平面当作一个假定的水平面，而求右片相对于左片的像，这样的像对称为连续像对。

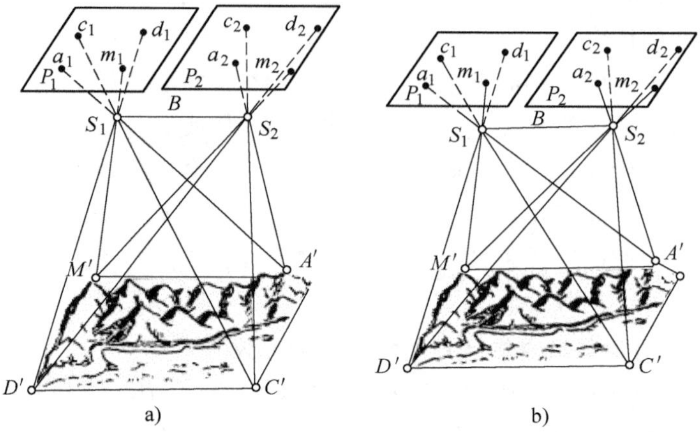

图 1-40 立体像对恢复相对位置

a）单独法相对定向 b）连续法相对定向

如图 1-41 所示，取左片的像空间坐标系为 $S_1x_1y_1z_1$ 作为像空间辅助坐标系 $S_1u_1v_1w_1$，则可认为左片在此像空间辅助坐标系统中的相对方位元素全部为零。因此，右片对于左片的相对方位元素，就是右片在像空间辅助坐标系 $S_1u_1v_1w_1$ 中的相对方位元素，即

左像片 $u_1=v_1=w_1=0,\ \varphi_1=\omega_1=\kappa_1=0$

右像片 $u_2=b_u,\ v_2=b_v,\ w_2=b_w,\ \varphi_2,\ \omega_2,\ \kappa_2$

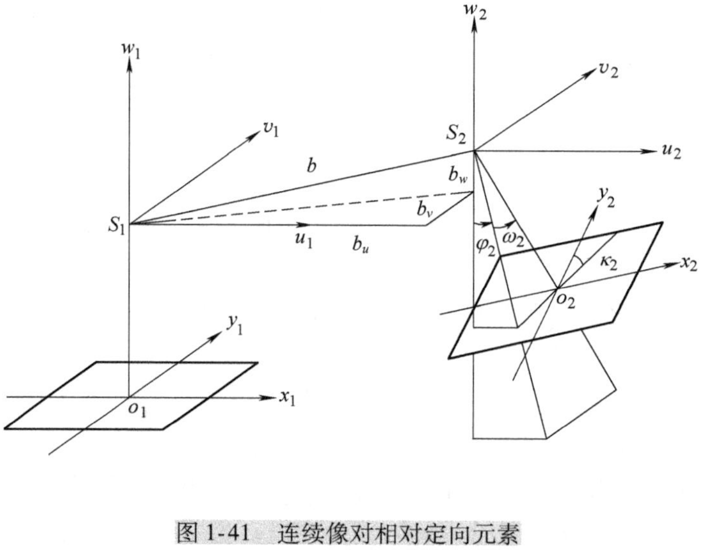

图 1-41 连续像对相对定向元素

φ_2为右像片主光轴 S_2O_2 在 u_2w_2坐标面上的投影与 w_2轴的夹角；ω_2为右像片主光轴 S_2O_2 与 u_2w_2坐标面之间的夹角，κ_2为 v_2轴在右像片平面上的投影与右像片像平面坐标系 y_2轴之间的夹角。

b_u、b_v、b_w为摄影基线 b 在像空间辅助坐标系中的三个坐标轴上的投影，称为摄影基线的三个分量。其中 b_u只影响相对定向后建立模型的大小，而不影响模型的建立，因此相对定向需要恢复或求解的相对定向元素仅有五个，即 b_v、b_w、φ_2、ω_2、κ_2，我们称其为连续像对相对定向元素。

这种相对方位元素系统的特点是，在相对定向过程中，只需移动和旋转其中一张像片（或光束），另一个则始终固定不变。

2）单独像对相对定向元素。在这一系统中，以左摄站 S_1 为像空间辅助坐标系原点，摄影基线 b 为 u 轴，左主光轴与摄影基线组成的左主核面为 uw 面，v 轴垂直于该面构成右手直角坐标系，如图 1-42 所示。这一种像空间辅助坐标系也叫做基线坐标系。所以说，单独像对相对定向系统是以基线坐标系为参考基准的。

左、右像片的相对方位元素为：

左像片 $u_1=v_1=w_1=0$，φ_1，$\omega_1=0$，κ_1

左像片 $u_2=b_u=b$，$v_2=b_v=0$，$w_2=b_w=0$，φ_2，ω_2，κ_2

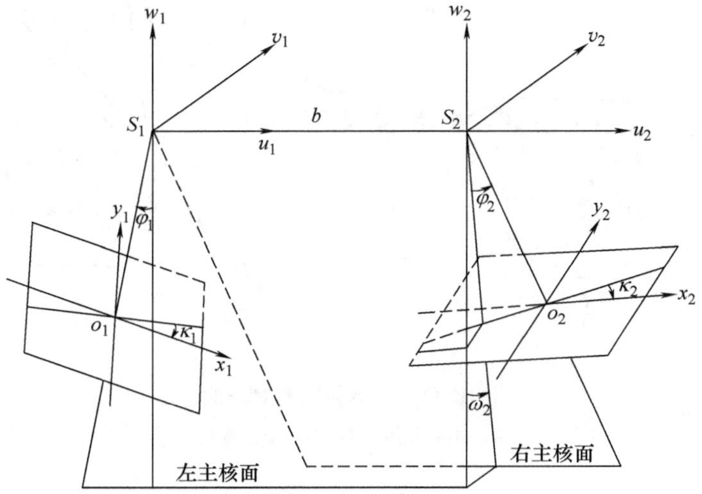

图 1-42 单独像对相对定向元素

同样，b 只涉及模型比例尺的大小，而不影响模型的建立，因此，单独像对相对定向元素系统由五个角元素 φ_1、κ_1、φ_2、ω_2、κ_2组成。

其中：ω_2为左右两像片主核面之间的夹角，由左主核面起算，逆时针为正，图 1-42 中为正值。φ_1、φ_2为左、右主核面上左、右主光轴与摄影基线垂线之间的夹角，由垂线起算，顺时针为正，图 1-42 中 φ_1为负值，φ_2为正值。κ_1、κ_2为左、右主核线与左、右像平面坐标系 x 轴间的夹角，由主核线起算，逆时针至 x 轴正方向为正，图 1-42 中 κ_1、κ_2角为负值。

这种相对方位元素系统的特点是，在相对定向过程中，只需分别旋转两张像片便可以确定两光束的相对方位，无须平移。

（2）立体像对的绝对定向元素　经相对定向后，恢复了立体像对的两张像片（光线束）的相对方位，同名光线成对相交，这些交点的总和，形成了一个与实地相似的几何模型，如图 1-43a 所示。但这个几何模型是在像空间辅助坐标系中建立的，它在地面摄影测量坐标系中的方位是任意的，模型的比例尺也是任意的。要确定模型在地面摄影测量坐标系中的方位和大小，需要利用已知的地面控制点来进行坐标变换，如图 1-43b 所示。用来确定立体模型在地面摄影测量坐标系中的正确方位和比例尺所需要的参数，称为立体模型（立体像对）的绝对定向元素。

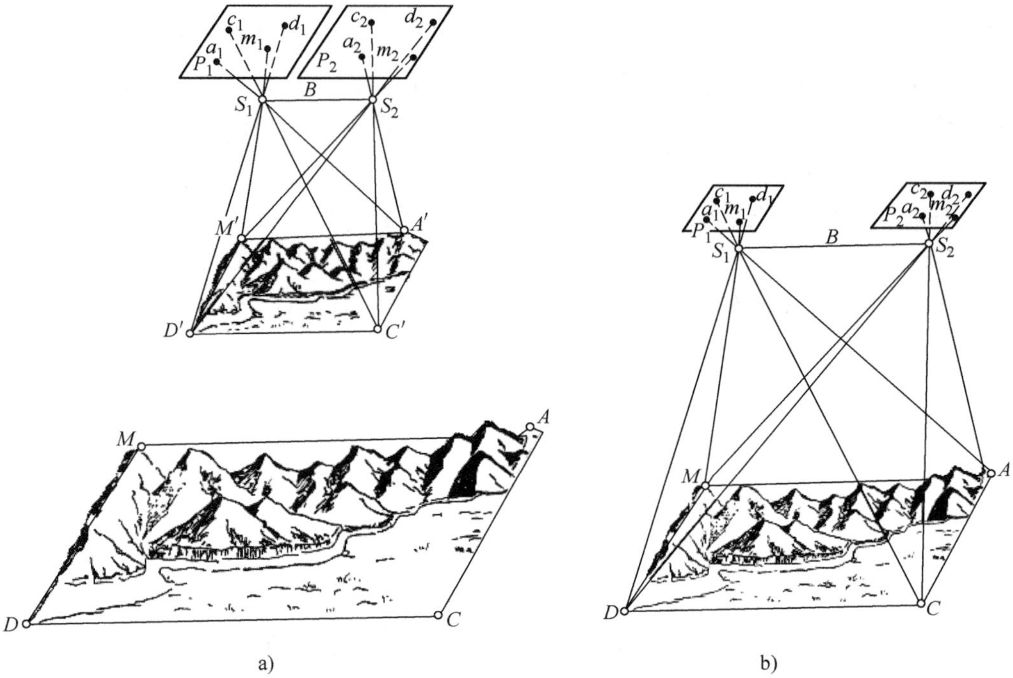

图 1-43　立体像对绝对定向

a）相似几何模型　b）坐标变换

要把模型纳入到地面摄影坐标系 $D-XYZ$ 中，需借助已知的地面控制点来进行两个坐标的转换，即借助地面控制点进行模型的旋转、平移与缩放。这种坐标转换在数学上是一个不同原点的三维空间相似变换，其公式为

$$\begin{pmatrix} X \\ Y \\ Z \end{pmatrix} = \lambda \cdot \boldsymbol{M} \begin{pmatrix} U \\ V \\ W \end{pmatrix} + \begin{pmatrix} X_0 \\ Y_0 \\ Z_0 \end{pmatrix} = \lambda \cdot \begin{pmatrix} a_1 & a_2 & a_3 \\ b_1 & b_2 & b_3 \\ c_1 & c_2 & c_3 \end{pmatrix} \begin{pmatrix} U \\ V \\ W \end{pmatrix} + \begin{pmatrix} X_S \\ Y_S \\ Z_S \end{pmatrix} \tag{1-61}$$

式中　(X, Y, Z)——模型点的地面摄影测量坐标；

(U, V, W)——同一模型点在像空间辅助坐标系的坐标；

λ——模型缩放比例因子；

M——两个坐标轴系三个转角 Φ、Ω、K 求得的方向余弦；

(X_S, Y_S, Z_S)——坐标原点的平移量。

因此，立体像对的绝对定向元素为下述七个：λ，X_S，Y_S，Z_S，Φ，Ω，K，借助地面控制点，恢复或计算这七个参数，就完成了绝对定向。

3. 立体像对的相对定向

（1）相对定向的概念　无论是模拟法相对定向或解析法相对定向，都是以同名射线对对相交，即完成摄影时三线共面的条件作为求解的基础。所谓对对相交，其实质是恢复了核面，即同名射线与基线共面。模拟法相对定向是利用投影仪器的运动，使同名射线对对相交，建立起地面的立体模型。而解析法相对定向是通过计算五个相对定向元素，建立地面的立体模型。

（2）像对相对定向的共面条件　解析法相对定向时，共面条件是借助像空间辅助坐标系中的坐标关系来表达的。如图 1-44 表示航空摄影过程中的一个像对。其中 S_1、S_2为左右摄影站，地面点 A 在左、右像片上的构像为 a_1 和 a_2。S_1a_1 和 S_2a_2 为一对同名射线，用向量$\overrightarrow{S_1a_1}$和$\overrightarrow{S_2a_2}$表示，而空间摄影基线 b 用向量$\overrightarrow{S_1S_2}$表示。同名射线对对相交，表明射线 S_1a_1、S_2a_2及摄影基线 b 位于同一个面内，即$\overrightarrow{S_1a_1}$、$\overrightarrow{S_2a_2}$、$\overrightarrow{S_1S_2}$共面。根据矢量代数，三矢量共面，它们的混合积等于零，即

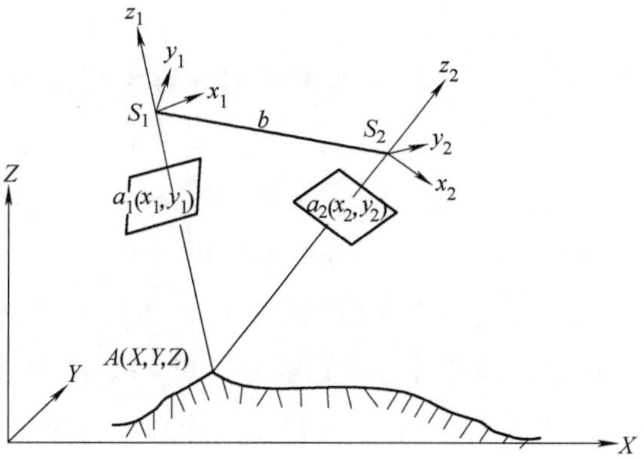

图 1-44　同名射线对对相交

$$\overrightarrow{S_1S_2}\cdot(\overrightarrow{S_1a_1}\times\overrightarrow{S_2a_2})=0 \tag{1-62}$$

式（1-62）是共面条件方程式，其值为零的条件是完成相对定向的标准。

由于相对定向所取的像空间辅助坐标系不同，常用的有连续像对相对定向和单独像对相对定向两种方式，下面分别推导它们的相对定向元素求解关系式。

（3）连续像对的相对定向　连续像对法相对定向是以左方像片为基准，求出右方像片相对于左方像片的相对方位元素。

如图 1-45 所示，设在左、右摄站 S_1 和 S_2处，建立左、右空间辅助坐标系 $S_1u_1v_1w_1$ 和 $S_2u_2v_2w_2$，两者的相应坐标轴相互平行。此时取左方像片为基准，即左方像片相对于像空间辅助坐标系 $S_1u_1v_1w_1$ 的外方位元素认为是已知的，欲确定右方像片相对于左方像片的相对位置，只需要确定出右方像片相对于左像空间辅助坐标系 $S_1u_1v_1w_1$的外方位元素，进而求得像对的相对定向元素。此时待求的相对定向元素为 φ_2、ω_2、κ_2、b_v、b_w。

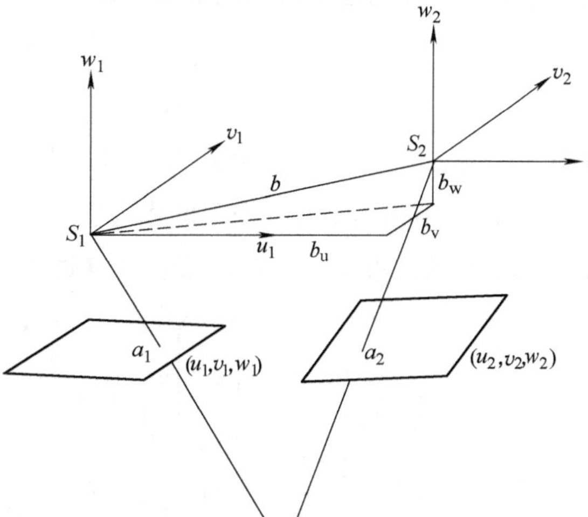

图 1-45　连续像对相对定向共面条件

当同名光线对对相交时，按三向量共面条件式（1-62），用坐标形式表达为

$$F=\begin{vmatrix} b_u & b_v & b_w \\ u_1 & v_1 & w_1 \\ u_2 & v_2 & w_2 \end{vmatrix}=0 \tag{1-63}$$

式中 u_1、v_1、w_1——左片像点 a_1 在左片像空间辅助坐标系 $S_1u_1v_1w_1$ 中的坐标；

u_2、v_2、w_2——右片像点 a_2 在右片像空间辅助坐标系 $S_2u_2v_2w_2$ 中的坐标；

b_u、b_v、b_w——右摄站 S_2 在 $S_1u_1v_1w_1$ 坐标系中的坐标，即摄影基线 b 在 $S_1u_1v_1w_1$ 坐标系中的分量。

式中的 b_u 只涉及模型比例尺，相对定向中可给予定值。

由于左像片外方位元素为已知，故左方像点的坐标（u_1，v_1，w_1）也为已知定值。而右像点的坐标（u_2，v_2，w_2）是右像片角元素 φ_2、ω_2、κ_2 的函数。所以式（1-63）中有五个未知数 b_v、b_w、φ_2、ω_2 和 κ_2，也就是连续像对法的五个相对定向元素。

共面条件式（1-63）是非线性函数，需按泰勒级数展开，取小值一次项，使之线性化，即

$$F(b_v,b_w,\varphi_2,\omega_2,\kappa_2)=F_0+\frac{\partial F}{\partial b_v}\Delta b_v+\frac{\partial F}{\partial b_w}\Delta b_w+\frac{\partial F}{\partial \varphi_2}\Delta\varphi_2+\frac{\partial F}{\partial \omega_2}\Delta\omega_2+\frac{\partial F}{\partial \kappa_2}\Delta\kappa_2=0 \tag{1-64}$$

式中 F_0——用近似值代入严密共面条件式（1-63）后求得的函数值；

Δb_v、Δb_w、$\Delta\varphi_2$、$\Delta\omega_2$、$\Delta\kappa_2$——相对定向元素近似值的改正数，为待定值。

现在求算各系数值。由于在线性化的过程中五个定向元素改正值只取到小值一次项，所以其各系数值可以用近似值演化得到。各点像空间辅助坐标系的坐标关系式有：

$$\begin{pmatrix} u \\ v \\ w \end{pmatrix}=\boldsymbol{R}\begin{pmatrix} x \\ y \\ -f \end{pmatrix}=\begin{pmatrix} a_1 & a_2 & a_3 \\ b_1 & b_2 & b_3 \\ c_1 & c_2 & c_3 \end{pmatrix}\begin{pmatrix} x \\ y \\ -f \end{pmatrix} \tag{1-65}$$

其旋转矩阵 $\boldsymbol{R}$ 由 φ、ω、κ 三个角度作为独立参数组成，当 φ、ω、κ 为小值时，略去二次项得旋转矩阵 $\boldsymbol{R}$ 的近似式。故右方像空间辅助坐标系和像空间坐标系的坐标关系近似式为

$$\begin{pmatrix} u_2 \\ v_2 \\ w_2 \end{pmatrix}=\begin{pmatrix} 1 & -\kappa_2 & -\varphi_2 \\ \kappa_2 & 1 & -\omega_2 \\ \varphi_2 & \omega_2 & 1 \end{pmatrix}\begin{pmatrix} x_2 \\ y_2 \\ -f \end{pmatrix}$$

$$\frac{\partial u_2}{\partial \varphi_2}=f,\quad \frac{\partial u_2}{\partial \omega_2}=0,\quad \frac{\partial u_2}{\partial \kappa_2}=-y_2$$

$$\frac{\partial v_2}{\partial \varphi_2}=0,\quad \frac{\partial v_2}{\partial \omega_2}=f,\quad \frac{\partial v_2}{\partial \kappa_2}=x_2$$

$$\frac{\partial w_2}{\partial \varphi_2}=x_2,\quad \frac{\partial w_2}{\partial \omega_2}=y_2,\quad \frac{\partial w_2}{\partial \kappa_2}=0$$

从而可以求得式（1-64）中各系数值为

$$
\left.
\begin{aligned}
\frac{\partial F}{\partial b_v} &= \begin{vmatrix} 0 & 1 & 0 \\ u_1 & v_1 & w_1 \\ u_2 & v_2 & w_2 \end{vmatrix} = \begin{vmatrix} w_1 & u_1 \\ w_2 & u_2 \end{vmatrix} \\
\frac{\partial F}{\partial b_w} &= \begin{vmatrix} 0 & 0 & 1 \\ u_1 & v_1 & w_1 \\ u_2 & v_2 & w_2 \end{vmatrix} = \begin{vmatrix} u_1 & v_1 \\ u_2 & v_2 \end{vmatrix} \\
\frac{\partial F}{\partial \varphi_2} &= \begin{vmatrix} b_u & b_v & b_w \\ u_1 & v_1 & w_1 \\ \frac{\partial u_2}{\partial \varphi_2} & \frac{\partial u_2}{\partial \varphi_2} & \frac{\partial u_2}{\partial \varphi_2} \end{vmatrix} = \begin{vmatrix} b_u & b_v & b_w \\ u_1 & v_1 & w_1 \\ f & 0 & x_2 \end{vmatrix} \\
\frac{\partial F}{\partial \omega_2} &= \begin{vmatrix} b_u & b_v & b_w \\ u_1 & v_1 & w_1 \\ \frac{\partial u_2}{\partial \omega_2} & \frac{\partial u_2}{\partial \omega_2} & \frac{\partial u_2}{\partial \omega_2} \end{vmatrix} = \begin{vmatrix} b_u & b_v & b_w \\ u_1 & v_1 & w_1 \\ 0 & f & y_2 \end{vmatrix} \\
\frac{\partial F}{\partial \kappa_2} &= \begin{vmatrix} b_u & b_v & b_w \\ u_1 & v_1 & w_1 \\ \frac{\partial u_2}{\partial \kappa_2} & \frac{\partial u_2}{\partial \kappa_2} & \frac{\partial u_2}{\partial \kappa_2} \end{vmatrix} = \begin{vmatrix} b_u & b_v & b_w \\ u_1 & v_1 & w_1 \\ -y_2 & x_2 & 0 \end{vmatrix}
\end{aligned}
\right\} \tag{1-66}
$$

将式（1-66）代入式（1-64）中得

$$
\begin{vmatrix} w_1 & u_1 \\ w_2 & u_2 \end{vmatrix}\Delta b_v + \begin{vmatrix} u_1 & v_1 \\ u_2 & v_2 \end{vmatrix}\Delta b_w + \begin{vmatrix} b_u & b_v & b_w \\ u_1 & v_1 & w_1 \\ f & 0 & x_2 \end{vmatrix}\Delta\varphi_2 + \begin{vmatrix} b_u & b_v & b_w \\ u_1 & v_1 & w_1 \\ 0 & f & y_2 \end{vmatrix}\Delta\omega_2
$$

$$
+ \begin{vmatrix} b_u & b_v & b_w \\ u_1 & v_1 & w_1 \\ -y_2 & x_2 & 0 \end{vmatrix}\Delta\kappa_2 + F_0 = 0
$$

展开上式，并略去含有$\frac{b_v}{b_u}\Delta\varphi_2$、$\frac{b_w}{b_u}\Delta\varphi_2$等二次项小值，整理后得

$$
\begin{aligned}
&(w_1u_2 - w_2u_1)\Delta b_v + (u_1v_2 - u_2v_1)\Delta b_w + v_1x_2b_u\Delta\varphi_2 \\
&+ (v_1y_2 - w_1f)b_u\Delta\omega_2 - w_1x_2b_u\Delta\kappa_2 + F_0 = 0
\end{aligned}
$$

各项除以 $w_1u_2 - u_1w_2$，得

$$
\begin{aligned}
&\Delta b_v + \frac{u_1v_2 - u_2v_1}{w_1u_2 - u_1w_2}\Delta b_w + \frac{v_1x_2b_u}{w_1u_2 - u_1w_2}\Delta\varphi_2 + \frac{(v_1y_2 - w_1f)b_u}{w_1u_2 - u_1w_2}\Delta\omega_2 \\
&- \frac{w_1x_2b_u}{w_1u_2 - u_1w_2}\Delta\kappa_2 + \frac{F_0}{w_1u_2 - u_1w_2} = 0
\end{aligned}
$$

对竖直摄影而言，Δb_v、Δb_w、$\Delta\varphi_2$、$\Delta\omega_2$、$\Delta\kappa_2$为小值，第一次的近似值可取零。式中各待

定值系数在考虑到一次项的情况下，可把左、右像空间辅助坐标（u_1，v_1）和（u_2，v_2）用像片坐标（x_1，y_1）和（x_2，y_2）代替，并近似取 $x_1 \approx x_2 + b_u$，$y_1 \approx y_2$，$w_1 \approx w_2 \approx -f$，则

$$\Delta b_v + \frac{y_2}{f}\Delta b_w + \frac{x_2 y_2}{f}\Delta\varphi_2 + \frac{y_2^2 + f^2}{f}\Delta\omega_2 + x_2\Delta\kappa_2 - q = 0 \tag{1-67}$$

式（1-67）就是连续像对相对定向的一次项近似式。

式（1-67）中，常数项 q 为按像片比例尺计算的模型点处的上下视差，它是判断相对定向是否完成的标志。所以 q 中 F_0 和 u_1、w_1、u_2、w_2 都要用严密式计算，即按式（1-63）和式（1-67）计算。

$$\begin{aligned} q &= \frac{F_0}{u_1 w_2 - w_1 u_2} = \frac{\begin{vmatrix} b_u & b_v & b_w \\ u_1 & v_1 & w_1 \\ u_2 & v_2 & w_2 \end{vmatrix}}{u_1 w_2 - w_1 u_2} = \frac{b_u w_2 - b_w u_2}{u_1 w_2 - w_1 u_2}v_1 - \frac{b_u w_1 - b_w u_1}{u_1 w_2 - w_1 u_2}v_2 - b_v \\ &= N_1 v_1 - N_2 v_2 - b_v \end{aligned} \tag{1-68}$$

其中

$$N_1 = \frac{b_u w_2 - b_w u_2}{u_1 w_2 - w_1 u_2} \qquad N_2 = \frac{b_u w_1 - b_w u_1}{u_1 w_2 - w_1 u_2}$$

N_1 和 N_2 分别为相应射线的投影系数。式（1-68）中各待定值用其近似值代入计算。

在立体像对中每量测一对同名像点就可列出一个方程式，一般量测多于五对同名像点，则按最小二乘法求解。

在计算中把 q 视为观测值，加入相应的改正数 v_q，式（1-67）写成误差方程式形式为

$$v_q = \Delta b_v + \frac{y_2}{f}\Delta b_w + \frac{x_2 y_2}{f}\Delta\varphi_2 + \frac{y_2^2 + f^2}{f}\Delta\omega_2 + x_2\Delta\kappa_2 - q \tag{1-69}$$

写成通式

$$v = a\Delta b_v + b\Delta b_w + c\Delta\varphi_2 + d\Delta\omega_2 + e\Delta\kappa_2 - l \tag{1-70}$$

若在像对内有 n 对同名点参加相对定向，则可列出 n 个误差方程式，用矩阵表示为

$$\boldsymbol{V} = \boldsymbol{BX} - \boldsymbol{L} \tag{1-71}$$

式中

$$\boldsymbol{V} = (v_1 v_2 \cdots v_n)^{\mathrm{T}}$$

$$\boldsymbol{B} = \begin{pmatrix} a_1 & b_1 & \cdots & e_1 \\ a_2 & b_2 & \cdots & e_2 \\ \vdots & \vdots & & \vdots \\ a_n & b_n & \cdots & e_n \end{pmatrix}$$

$$\boldsymbol{L} = (l_1 l_2 \cdots l_n)^{\mathrm{T}}$$

$$\boldsymbol{X} = (\Delta b_v \Delta b_w \Delta\varphi_2 \Delta\omega_2 \Delta\kappa_2)^{\mathrm{T}}$$

根据最小二乘法原理，由误差方程式列出法方程式的矩阵形式为

$$\boldsymbol{B}^{\mathrm{T}}\boldsymbol{PBX} - \boldsymbol{B}^{\mathrm{T}}\boldsymbol{PL} = 0$$

式中　$\boldsymbol{P}$ 权矩阵为

$$P=\begin{pmatrix} P_1 & 0 & \cdots & 0 \\ 0 & P_2 & \cdots & 0 \\ \vdots & \vdots & & \vdots \\ 0 & 0 & \cdots & P_n \end{pmatrix}$$

则解法方程式，得未知数 Δb_v、Δb_w、$\Delta\varphi_2$、$\Delta\omega_2$、$\Delta\kappa_2$的解为

$$\boldsymbol{X}=(\boldsymbol{B}^{\mathrm{T}}\boldsymbol{PB})^{-1}\boldsymbol{B}^{\mathrm{T}}\boldsymbol{PL}$$

由于相对定向方程式（1-64）是取用泰勒展开式的一次项式，因此要趋近运算，逐次修改各系数值及常数项值，即把解算出的五个定向元素改正数加到定向元素近似值上，得到新的近似值，再重新列误差方程式进行解算，直至达到所需要的运算精度为止。最后得到各相对定向元素值为

$$\left.\begin{aligned} b_v &= \{[(b_{v0}+\Delta b_{v1})+\Delta b_{v2}]+\cdots\} \\ b_w &= \{[(b_{w0}+\Delta b_{w1})+\Delta b_{w2}]+\cdots\} \\ \varphi_2 &= \{[(\varphi_{20}+\Delta\varphi_{21})+\Delta\varphi_{22}]+\cdots\} \\ \omega_2 &= \{[(\omega_{20}+\Delta\omega_{21})+\Delta\omega_{22}]+\cdots\} \\ \kappa_2 &= \{[(\kappa_{20}+\Delta\kappa_{21})+\Delta\kappa_{22}]+\cdots\} \end{aligned}\right\}$$

其中 b_{v0}、b_{w0}、φ_{20}、ω_{20}、κ_{20}为第一次运算时所取用的定向元素近似值。

前一像对右像片的相对定向角元素，对后一像对而言，是左像片的角元素，此时已成为已知值。这是连续法像对相对定向的一个特征。

（4）单独像对的相对定向　图1-46表示已完成相对定向的一个像对。今取左方的像空间辅助坐标系 $S_1u_1v_1w_1$ 中的 u_1 轴与摄影基线 b 重合，v_1轴与左像片的主核面相垂直，则 w_1 轴在左像片的主核面内。这样所取的像空间辅助坐标系也称基线坐标系。而右方像空间辅助坐标系 $S_2u_2v_2w_2$ 中的 u_2 轴与 u_1轴重合，v_2、w_2轴与 v_1、w_1轴平行，这样 b_v和 b_w等于零。同名像点 a_1 和 a_2在各自的像空间辅助坐标系中的坐标分别为（u_1，v_1，w_1）和（u_2，v_2，w_2）。

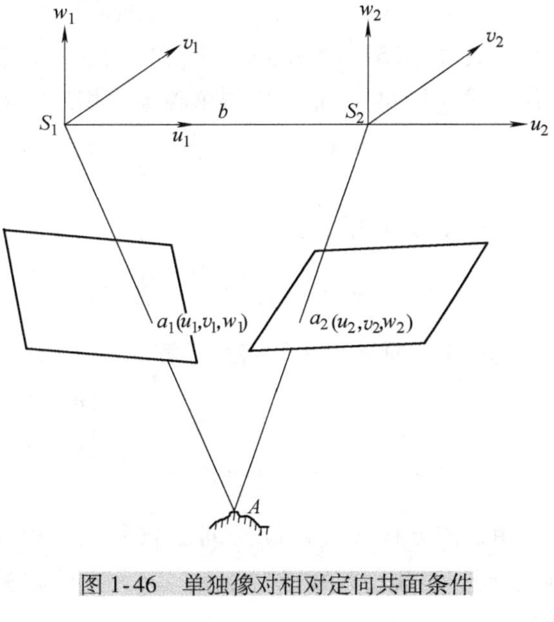

图1-46　单独像对相对定向共面条件

由于b_v和 b_w等于零，由式（1-62）得单独像对定向的共面条件，用坐标形式表达为

$$\begin{vmatrix} b & 0 & 0 \\ u_1 & v_1 & w_1 \\ u_2 & v_2 & w_2 \end{vmatrix} = b\begin{vmatrix} v_1 & w_1 \\ v_2 & w_2 \end{vmatrix} = 0 \tag{1-72}$$

像点的像空间辅助坐标是像片相对于所取像空间辅助坐标系的角元素的函数。单独像对的相对定向元素由五个角元素 φ_1、κ_1、φ_2、ω_2、κ_2组成，所以式（1-72）可表达为

$$F(\varphi_1,\kappa_1,\varphi_2,\omega_2,\kappa_2)=\begin{vmatrix} v_1 & w_1 \\ v_2 & w_2 \end{vmatrix}=0 \tag{1-73}$$

引入各待定值的近似值后，将上式线性化得出

$$\begin{aligned} F(\varphi_1,\kappa_1,\varphi_2,\omega_2,\kappa_2)=F_0&+\frac{\partial F}{\partial \varphi_1}\Delta\varphi_1+\frac{\partial F}{\partial \kappa_1}\Delta\kappa_1+\frac{\partial F}{\partial \varphi_2}\Delta\varphi_2 \\ &+\frac{\partial F}{\partial \omega_2}\Delta\omega_2+\frac{\partial F}{\partial \kappa_2}\Delta\kappa_2=0 \end{aligned} \tag{1-74}$$

现求五个偏导数。引用式（1-73）得

$$\left.\begin{aligned} \frac{\partial F}{\partial \varphi_1}\Delta\varphi_1&=-u_1v_2 \\ \frac{\partial F}{\partial \varphi_2}\Delta\varphi_2&=-u_2v_1 \\ \frac{\partial F}{\partial \omega_2}\Delta\omega_2&=v_1v_2-w_1w_2 \\ \frac{\partial F}{\partial \kappa_1}\Delta\kappa_1&=-u_1w_2 \\ \frac{\partial F}{\partial \kappa_2}\Delta\kappa_2&=-u_2w_1 \end{aligned}\right\} \tag{1-75}$$

将式（1-75）中 u_1、v_1、w_1和 u_2、v_2、w_2近似地用 x_1、y_1、$-f$和 x_2、y_2、$-f$代替，然后代入式（1-74），整理后得单独像对相对定向的一次项公式。

$$-\frac{x_2y_2}{f}\Delta\varphi_1+\frac{x_2y_1}{f}\Delta\varphi_2+\frac{f^2+y_1y_2}{f}\Delta\omega_2-x_1\Delta\kappa_1+x_2\Delta\kappa_2+\frac{F_0}{f}=0 \tag{1-76}$$

其误差方程式可写成

$$v_q=-\frac{x_2y_2}{f}\Delta\varphi_1+\frac{x_2y_1}{f}\Delta\varphi_2+\frac{f^2+y_1y_2}{f}\Delta\omega_2-x_1\Delta\kappa_1+x_2\Delta\kappa_2-q \tag{1-77}$$

其中常数项 q 应按严密式计算。

$$q=-\frac{F_0}{f}=-\frac{\begin{vmatrix} v_1 & w_1 \\ v_2 & w_2 \end{vmatrix}}{f}=-\frac{v_1w_2-w_1v_2}{f}=0 \tag{1-78}$$

由误差方程式（1-77）列法方程式，解算出定向元素改正数 $\Delta\varphi_1$、$\Delta\kappa_1$、$\Delta\varphi_2$、$\Delta\omega_2$、$\Delta\kappa_2$。解算时类似连续像对相对定向元素的解算方法，逐次趋近运算，直到满足所需要的精度为止。

（5）相对定向元素的解算过程　一般而言，摄影测量常采用，只要量测五对同名像点则可求解这五个未知数。但为了减小粗差，一般量测六对同名像点的坐标，按最小二乘平差进行求解。为了提高相对定向精度，这六个定向点要尽量控制整个模型，其分布如图 1-47 所示。

相对定向元素的解算过程为：

1）量取相对定向点的左、右像片坐标。

2）给出相对方位元素的初始值 $\varphi_0 = \omega_0 = \boldsymbol{K}_0 = b_{v0} = b_{w0}$。

3）计算右片的旋转矩阵。

4）逐点计算(u_1, v_1, w_1)和(u_2, v_2, w_2)。

5）逐点计算误差方程式的各个系数，组误差方程式。

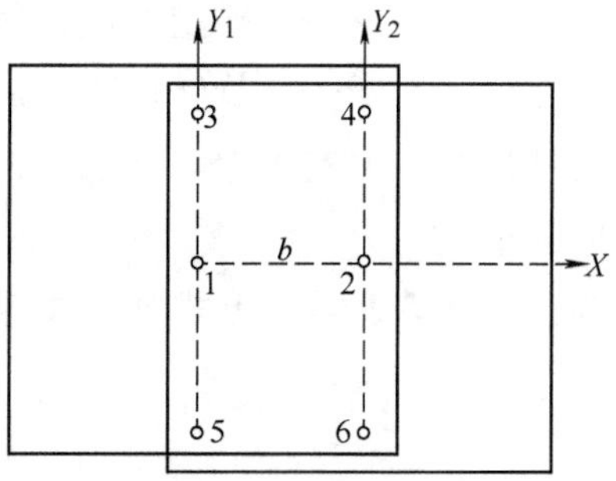

图 1-47　标准相对定向点

6）按最小二乘法求解各相对方位元素的改正数。

7）将改正数和初始值相加，得到相对方位元素的新初值。

8）判断改正数是否小于规定值？若是，结束计算；若不是，则重复3）~8）。

（6）模型坐标的求解　在计算出相对定向元素以后，就可按前面所述像对空间前方交会的方法，计算模型点坐标。

4. 立体模型的绝对定向

（1）绝对定向的概念　像对相对定向仅仅是恢复了摄影时像片之间的相对位置，所建立的立体模型是一个相对于定向中选定的像空间辅助坐标系为基准的模型，相对于地面的绝对位置并没有恢复。要求出模型在地面测量坐标系中的绝对位置，就要把模型点在像空间辅助坐标系的坐标转化为地面测量坐标，这项作业称为模型的绝对定向。模型的绝对定向是根据地面控制点进行的。

地面测量坐标系是左手直角坐标系，而摄影测量的各种坐标系均为右手直角坐标系，其转换的基本思想为：先将按大地测量得到的地面控制点坐标转换至过渡的地面摄影测量坐标系中；再利用它们把立体模型通过平移、旋转、缩放（即绝对定向）也转换至地面摄影测量坐标系中，求得整个模型的地面摄影测量坐标；最后再将立体模型转换到地面测量坐标系中去。

$$\begin{pmatrix} X \\ Y \\ Z \end{pmatrix} = \lambda \cdot M \begin{pmatrix} U \\ V \\ W \end{pmatrix} + \begin{pmatrix} X_0 \\ Y_0 \\ Z_0 \end{pmatrix} = \lambda \cdot \begin{pmatrix} a_1 & a_2 & a_3 \\ b_1 & b_2 & b_3 \\ c_1 & c_2 & c_3 \end{pmatrix} \begin{pmatrix} U \\ V \\ W \end{pmatrix} + \begin{pmatrix} X_S \\ Y_S \\ Z_S \end{pmatrix} \tag{1-79}$$

（2）模型绝对定向的基本公式　模型的绝对定向就是将模型点在像空间辅助坐标系的坐标变换到地面摄影测量坐标系中，实质上就是两个坐标系的空间相似变换，由下式表示

$$\begin{pmatrix} X \\ Y \\ Z \end{pmatrix} = \lambda \cdot \boldsymbol{R} \begin{pmatrix} U \\ V \\ W \end{pmatrix} + \begin{pmatrix} X_S \\ Y_S \\ Z_S \end{pmatrix} \tag{1-80}$$

式中　(U, V, W)——模型点在像空间辅助坐标系中的坐标；

(X, Y, Z)——模型点在地面摄影测量坐标系中的坐标（为方便起见，用 $DXYZ$ 表示 $DX_{tp}Y_{tp}Z_{tp}$）；

X_S、Y_S、Z_S——模型平移量，也就是像空间辅助坐标系的原点在地面摄影测量坐标系中的坐标值；

λ——模型缩放比例因子；

$\boldsymbol{R}$——旋转矩阵，由轴系的三个转角 $\boldsymbol{\Phi}$、$\boldsymbol{\Omega}$、$\boldsymbol{K}$ 组成。

式（1-80）共有七个未知数：X_s、Y_s、Z_s、λ、$\boldsymbol{\Phi}$、$\boldsymbol{\Omega}$ 和 $\boldsymbol{K}$。这七个未知数称为七个绝对定向元素。

为便于计算，需将上式进行线性化。为此引入七个绝对定向元素的初始值和改正值。即

$$\left.\begin{aligned} X_S &= X_{S_0} + \Delta X_S \\ Y_S &= Y_{S_0} + \Delta Y_S \\ Z_S &= Z_{S_0} + \Delta Z_S \\ \lambda &= \lambda_0(1 + \Delta\lambda) \\ \boldsymbol{\Phi} &= \boldsymbol{\Phi}_0 + \Delta\boldsymbol{\Phi} \\ \boldsymbol{\Omega} &= \boldsymbol{\Omega}_0 + \Delta\boldsymbol{\Omega} \\ \boldsymbol{K} &= \boldsymbol{K}_0 + \Delta\boldsymbol{K} \\ \boldsymbol{R} &= \Delta\boldsymbol{R} \cdot \boldsymbol{R}_0 \end{aligned}\right\} \tag{1-81}$$

而旋转矩阵 $\boldsymbol{R} = \Delta\boldsymbol{R} \cdot \boldsymbol{R}_0$ 是这样得来的：由三个绝对定向元素的初始值 $\boldsymbol{\Phi}_0$、$\boldsymbol{\Omega}_0$、$\boldsymbol{K}_0$ 按方向余弦的求解公式得到 $\boldsymbol{R}_0$；由于三个角元素还存在误差，需引入相应的改正数 $\Delta\boldsymbol{\Phi}$、$\Delta\Omega$、ΔK 旋转（即 $\Delta\boldsymbol{R}$ 变换），于是像空间辅助坐标系即经过了 $\Delta\boldsymbol{R} \cdot \boldsymbol{R}_0$ 的变换。$\Delta\boldsymbol{R}$ 在只考虑到小值一次项时，按近似式计算为

$$\Delta\boldsymbol{R} = \begin{pmatrix} 1 & -\Delta K & -\Delta\Phi \\ \Delta K & 1 & -\Delta\Omega \\ \Delta\Phi & \Delta\Omega & 1 \end{pmatrix} = \begin{pmatrix} 1 & 0 & 0 \\ 0 & 1 & 0 \\ 0 & 0 & 1 \end{pmatrix} + \begin{pmatrix} 0 & -\Delta K & -\Delta\Phi \\ \Delta K & 0 & -\Delta\Omega \\ \Delta\Phi & \Delta\Omega & 0 \end{pmatrix}$$

由此，空间相似变换公式（1-80）写成

$$\begin{pmatrix} X \\ Y \\ Z \end{pmatrix} = (\lambda_0 + \Delta\lambda \cdot \lambda_0)\Delta\boldsymbol{R} \cdot \boldsymbol{R}_0 \begin{pmatrix} U \\ V \\ W \end{pmatrix} + \begin{pmatrix} X_{S_0} + \Delta X_S \\ Y_{S_0} + \Delta Y_S \\ Z_{S_0} + \Delta Z_S \end{pmatrix} \tag{1-82}$$

$$\begin{pmatrix} X \\ Y \\ Z \end{pmatrix} = (\lambda_0 + \Delta\lambda \cdot \lambda_0) \left[\begin{pmatrix} 1 & 0 & 0 \\ 0 & 1 & 0 \\ 0 & 0 & 1 \end{pmatrix} + \begin{pmatrix} 0 & -\Delta K & -\Delta\Phi \\ \Delta K & 0 & -\Delta\Omega \\ \Delta\Phi & \Delta\Omega & 0 \end{pmatrix} \right] \boldsymbol{R}_0 \begin{pmatrix} U \\ V \\ W \end{pmatrix} + \begin{pmatrix} X_{S_0} \\ Y_{S_0} \\ Z_{S_0} \end{pmatrix} + \begin{pmatrix} \Delta X_S \\ \Delta Y_S \\ \Delta Z_S \end{pmatrix}$$

一般情况下，用于绝对定向的控制点数目均比必要的数目多，这样取坐标变换前的坐标 (U, V, W) 为观测值，并令 $\boldsymbol{v}_U$、$\boldsymbol{v}_V$、$\boldsymbol{v}_W$ 为其改正值，则上式写成

$$\begin{pmatrix} X \\ Y \\ Z \end{pmatrix} = (\lambda_0 + \Delta\lambda \cdot \lambda_0) \left[\begin{pmatrix} 1 & 0 & 0 \\ 0 & 1 & 0 \\ 0 & 0 & 1 \end{pmatrix} + \begin{pmatrix} 0 & -\Delta K & -\Delta\Phi \\ \Delta K & 0 & -\Delta\Omega \\ \Delta\Phi & \Delta\Omega & 0 \end{pmatrix} \right] \boldsymbol{R}_0 \begin{pmatrix} U + \boldsymbol{v}_U \\ V + \boldsymbol{v}_V \\ W + \boldsymbol{v}_W \end{pmatrix} + \begin{pmatrix} X_{S_0} \\ Y_{S_0} \\ Z_{S_0} \end{pmatrix} + \begin{pmatrix} \Delta X_S \\ \Delta Y_S \\ \Delta Z_S \end{pmatrix}$$

展开上式，舍去小值二次项得

$$\begin{pmatrix} X \\ Y \\ Z \end{pmatrix} = \lambda_0 \boldsymbol{R}_0 \begin{pmatrix} U \\ V \\ W \end{pmatrix} + \lambda_0 \boldsymbol{R}_0 \begin{pmatrix} v_U \\ v_V \\ v_W \end{pmatrix} + \begin{pmatrix} 0 & -\Delta K & -\Delta \Phi \\ \Delta K & 0 & -\Delta \Omega \\ \Delta \Phi & \Delta \Omega & 0 \end{pmatrix} \lambda_0 \boldsymbol{R}_0 \begin{pmatrix} U \\ V \\ W \end{pmatrix}$$

$$+ \Delta\lambda \lambda_0 \boldsymbol{R}_0 \begin{pmatrix} U \\ V \\ W \end{pmatrix} + \begin{pmatrix} X_{S_0} \\ Y_{S_0} \\ Z_{S_0} \end{pmatrix} + \begin{pmatrix} \Delta X_S \\ \Delta Y_S \\ \Delta Z_S \end{pmatrix}$$

整理第三和第四项得

$$\begin{pmatrix} X \\ Y \\ Z \end{pmatrix} = \lambda_0 \boldsymbol{R}_0 \begin{pmatrix} U \\ V \\ W \end{pmatrix} + \lambda_0 \boldsymbol{R}_0 \begin{pmatrix} v_U \\ v_V \\ v_W \end{pmatrix} + \begin{pmatrix} \Delta\lambda & -\Delta K & -\Delta \Phi \\ \Delta K & \Delta\lambda & -\Delta \Omega \\ \Delta \Phi & \Delta \Omega & \Delta\lambda \end{pmatrix} \lambda_0 \boldsymbol{R}_0 \begin{pmatrix} U \\ V \\ W \end{pmatrix} + \begin{pmatrix} X_{S_0} \\ Y_{S_0} \\ Z_{S_0} \end{pmatrix} + \begin{pmatrix} \Delta X_S \\ \Delta Y_S \\ \Delta Z_S \end{pmatrix}$$

写成误差方程形式

$$-\lambda_0 \boldsymbol{R}_0 \begin{pmatrix} v_U \\ v_V \\ v_W \end{pmatrix} = \begin{pmatrix} \Delta\lambda & -\Delta K & -\Delta \Phi \\ \Delta K & \Delta\lambda & -\Delta \Omega \\ \Delta \Phi & \Delta \Omega & \Delta\lambda \end{pmatrix} \lambda_0 \boldsymbol{R}_0 \begin{pmatrix} U \\ V \\ W \end{pmatrix} + \begin{pmatrix} \Delta X_S \\ \Delta Y_S \\ \Delta Z_S \end{pmatrix} - \begin{pmatrix} l_U \\ l_V \\ l_W \end{pmatrix} \tag{1-83}$$

其中

$$\begin{pmatrix} l_U \\ l_V \\ l_W \end{pmatrix} = \begin{pmatrix} X \\ Y \\ Z \end{pmatrix} - \lambda_0 \boldsymbol{R}_0 \begin{pmatrix} U \\ V \\ W \end{pmatrix} - \begin{pmatrix} X_{S_0} \\ Y_{S_0} \\ Z_{S_0} \end{pmatrix} \tag{1-84}$$

将 $-\lambda_0 \boldsymbol{R}_0 \begin{pmatrix} v_U \\ v_V \\ v_W \end{pmatrix}$ 写成 $\begin{pmatrix} v_U \\ v_V \\ v_W \end{pmatrix}$，$\lambda_0 \boldsymbol{R}_0 \begin{pmatrix} U \\ V \\ W \end{pmatrix}$ 写成 $\begin{pmatrix} U \\ V \\ W \end{pmatrix}$，式中 $\begin{pmatrix} U \\ V \\ W \end{pmatrix}$ 总是用改正过的 λ_0、$\boldsymbol{R}_0$，即 $\lambda_0(1+\Delta\lambda)$、$\Delta \boldsymbol{R} \cdot \boldsymbol{R}_0$ 新值来计算，则式（1-82）可写成

$$\begin{pmatrix} v_U \\ v_V \\ v_W \end{pmatrix} = \begin{pmatrix} \Delta\lambda & -\Delta K & -\Delta \Phi \\ \Delta K & \Delta\lambda & -\Delta \Omega \\ \Delta \Phi & \Delta \Omega & \Delta\lambda \end{pmatrix} \begin{pmatrix} U \\ V \\ W \end{pmatrix} + \begin{pmatrix} \Delta X_S \\ \Delta Y_S \\ \Delta Z_S \end{pmatrix} - \begin{pmatrix} l_U \\ l_V \\ l_W \end{pmatrix}$$

或写成

$$\begin{pmatrix} v_U \\ v_V \\ v_W \end{pmatrix} = \begin{pmatrix} 0 & -W & -V & U & 1 & 0 & 0 \\ -W & 0 & U & V & 0 & 1 & 0 \\ V & U & 0 & W & 0 & 0 & 1 \end{pmatrix} \begin{pmatrix} \Delta \Omega \\ \Delta \Phi \\ \Delta K \\ \Delta\lambda \\ \Delta X_S \\ \Delta Y_S \\ \Delta Z_S \end{pmatrix} - \begin{pmatrix} l_U \\ l_V \\ l_W \end{pmatrix} \tag{1-85}$$

对于常数项的计算，式（1-84）中的 λ_0、$\boldsymbol{R}_0$ 都应取改正过的新值，即 $\lambda_0(1+\Delta\lambda)$、$\Delta\boldsymbol{R}\cdot\boldsymbol{R}_0$。

上面推导的公式中，旋转矩阵是以三个转角 Φ、Ω、K 作为独立参数的。对每一个控制点可以列出三个误差方程，如有 n 个控制点，即可列出 $3n$ 个误差方程式。组成法方程时，经解算后将得到初始值的改正值 $\Delta\Phi_1$、$\Delta\Omega_1$、ΔK_1、$\Delta\lambda_1$、ΔX_{S_1}、ΔY_{S_1}、ΔZ_{S_1}，加到初始值上得到新的近似值。

$$\left.\begin{aligned}
\Phi &= \Phi_0+\Delta\Phi_1\\
\Omega &= \Omega_0+\Delta\Omega_1\\
K &= K_0+\Delta K_1\\
\lambda_1 &= (1+\Delta\lambda_1)\lambda_0\\
X_{S_1} &= X_{S_0}+\Delta X_{S_1}\\
Y_{S_1} &= Y_{S_0}+\Delta Y_{S_1}\\
Z_{S_1} &= Z_{S_0}+\Delta Z_{S_1}
\end{aligned}\right\}$$

将近似值再次作为初始值，重新建立误差方程式，再次解求改正数。直到各改正值小于规定限差为止。由此得出

旋转矩阵独立参数

$$\left.\begin{aligned}
\Phi &= \{[(\Phi_0+\Delta\Phi_1)+\Delta\Phi_2]+\cdots\}\\
\Omega &= \{[(\Omega_0+\Delta\Omega_1)+\Delta\Omega_2]+\cdots\}\\
K &= \{[(K_0+\Delta K_1)+\Delta K_2]+\cdots\}
\end{aligned}\right\}$$

比例因子

$$\lambda_i=\lambda_{i-1}\ (1+\Delta\lambda)$$

坐标原点平移值

$$\left.\begin{aligned}
X_S &= \{[(X_{S_0}+\Delta X_{S_1})+\Delta X_{S_2}]+\cdots\}\\
Y_S &= \{[(Y_{S_0}+\Delta Y_{S_1})+\Delta Y_{S_2}]+\cdots\}\\
Z_S &= \{[(Z_{S_0}+\Delta Z_{S_1})+\Delta Z_{S_2}]+\cdots\}
\end{aligned}\right\}$$

在取得七个绝对定向元素之后，就可应用绝对定向的空间相似变换式（1-80）将各模型点坐标(U, V, W)换算到地面摄影测量坐标系中的坐标值(X, Y, Z)。

（3）地面测量坐标系与地面摄影测量坐标系间的转换　控制点的地面测量坐标通常是按国家统一的大地坐标系测定的，属于左手系，东西向为 Y_t 轴，南北向为 X_t 轴，Z_t 轴垂直于水平面。为使模型绝对定向时的旋角 κ 接近于小值，需要将控制点的地面测量坐标转换到右手系的地面摄影测量坐标系中。

如图 1-48 所示，地面测量坐标系 $TX_tY_tZ_t$ 与地面摄影测量坐标系 $DX_{tp}Y_{tp}Z_{tp}$ 的竖轴均铅垂，地面测量坐标转换至地面摄影测量坐标系可由式（1-86）给出（为方便起见，用 $DXYZ$ 表示 $DX_{tp}Y_{tp}Z_{tp}$）。

$$\begin{pmatrix}X\\Y\\Z\end{pmatrix}=\lambda\begin{pmatrix}\sin\theta & \cos\theta & 0\\ \cos\theta & -\sin\theta & 0\\ 0 & 0 & 1\end{pmatrix}\begin{pmatrix}X_t-X_{tD}\\Y_t-Y_{tD}\\Z_t\end{pmatrix}\tag{1-86}$$

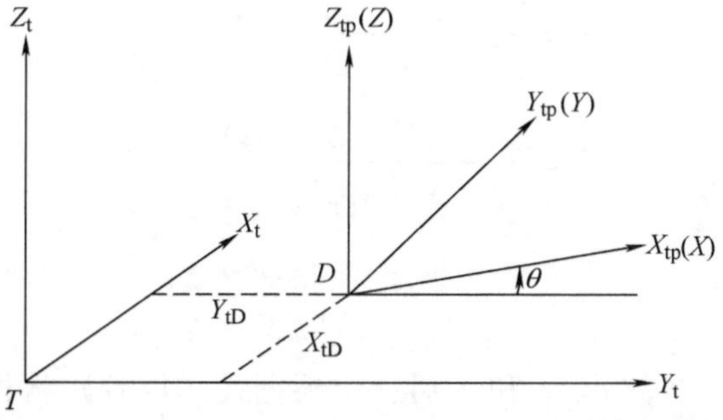

图1-48　地面测量坐标与地面摄影测量坐标的转换

式中　X_{tD}，Y_{tD}——原点 T 到原点 D 的平移值；

θ——Y_t轴和 X_{tp}轴间的夹角（逆时针方向为正）；

λ——两轴系长度单位变换比例因子，系数矩阵的行列式等于 -1，为非正常正交矩阵，是旋转与反射的乘积，而且 $\boldsymbol{R}^T=\boldsymbol{R}$。

令 $a=\lambda\sin\theta$，$b=\lambda\cos\theta$，$\lambda=\sqrt{a^2+b^2}$，代入式（1-86）得

$$\begin{pmatrix} X \\ Y \\ Z \end{pmatrix} = \begin{pmatrix} a & b & 0 \\ b & -a & 0 \\ 0 & 0 & \lambda \end{pmatrix} \begin{pmatrix} X_t - X_{tD} \\ X_t - Y_{tD} \\ Z_t \end{pmatrix} \tag{1-87}$$

设在已完成相对定向的立体的模型左、右两端有地面控制点 A 和 B，其地面坐标相应为 X_{tA}，Y_{tA}，Z_{tA}和 X_{tB}，Y_{tB}，Z_{tB}，则其地面摄影测量坐标为

$$\left.\begin{aligned} X_A &= a(X_{tA}-X_{tD})+b(Y_{tA}-Y_{tD}) \\ Y_A &= b(X_{tA}-X_{tD})-a(Y_{tA}-Y_{tD}) \\ Z_A &= \lambda Z_{tA} \end{aligned}\right\}$$

$$\left.\begin{aligned} X_B &= a(X_{tB}-X_{tD})+b(Y_{tB}-Y_{tD}) \\ Y_B &= b(X_{tB}-X_{tD})-a(Y_{tB}-Y_{tD}) \\ Z_B &= \lambda Z_{tB} \end{aligned}\right\}$$

两两相减得

$$\left.\begin{aligned} \Delta X &= a\Delta X_t + b\Delta Y_t \\ \Delta Y &= b\Delta Xt - a\Delta Y_t \end{aligned}\right\} \tag{1-88}$$

式中　　　$\Delta X=X_B-X_A$；$\Delta Y=Y_B-Y_A$；$\Delta X_t=X_{tB}-X_{tA}$；$\Delta Y_t=Y_{tB}-Y_{tA}$。

若该地面控制点 A 和点 B 在像空间辅助坐标系的模型点坐标为(U_A，V_A，W_A)和(U_B，V_B，W_B)，为了方便进行绝对定向（即把像空间辅助坐标系转换至地面摄影测量坐标系这一过程），地面摄影测量坐标系的 X 轴应与像空间辅助坐标系的 u 轴大致同向，且两坐标系单位长度大致相同。可以这样确定地面摄影测量坐标系的 X，Y 轴系。

令：$\Delta X=\Delta U$，$\Delta Y=\Delta V$，($\Delta U=U_B-U_A$，$\Delta V=V_B-V_A$)，代入式（1-83）并联立求解得

$$\left.\begin{aligned} a &= \frac{\Delta U \cdot \Delta X_t - \Delta V \cdot \Delta Y_t}{\Delta X_t^2 + \Delta Y_t^2} \\ b &= \frac{\Delta U \cdot \Delta Y_t + \Delta V \cdot \Delta X_t}{\Delta X_t^2 + \Delta Y_t^2} \\ \lambda &= \sqrt{a^2 + b^2} = \sqrt{\frac{\Delta U^2 + \Delta V^2}{\Delta X_t^2 + \Delta Y_t^2}} \end{aligned}\right\} \tag{1-89}$$

应用式（1-88）求出系数 a、b 和 λ 后就可根据式（1-87）将控制点地面坐标转换成在地面摄影测量坐标中的坐标值，作为模型绝对定向的依据。

在模型绝对定向完成后，所得的加密点坐标是依附于地面摄影测量坐标系的，最后还应反算到地面测量坐标系中，由于正交矩阵的 $\boldsymbol{R}^{\mathrm{T}} = \boldsymbol{R}^{-1}$，从式（1-86）和式（1-87）可得

$$\begin{pmatrix} X_t \\ Y_t \\ Z_t \end{pmatrix} = \frac{1}{\lambda^2}\begin{pmatrix} a & b & 0 \\ b & -a & 0 \\ 0 & 0 & \lambda \end{pmatrix}\begin{pmatrix} X \\ Y \\ Z \end{pmatrix} + \begin{pmatrix} X_{tD} \\ Y_{tD} \\ 0 \end{pmatrix} \tag{1-90}$$

式（1-87）和式（1-88）中地面摄影测量坐标系原点的坐标(X_{tD}, Y_{tD})，可以是某些整数数值，也可以直接取模型左端的一个控制点在(X_t, Y_t)平面上的坐标，如取 A 点作为原点，则 $X_{tD} = X_{tA}$和 $Y_{tD} = X_{tA}$。

（4）双像解析的相对定向-绝对定向　综上所述，立体像对相对定向-绝对定向法求解模型点的地面坐标，其过程为：

1）用连续像对或单独像对的相对定向元素的误差方程求解相对的相对定位元素。

2）由相对定位元素组成左、右像片的旋转矩阵 $\boldsymbol{R}_1$、$\boldsymbol{R}_2$，并利用前方交会式求出模型点在像空间辅助坐标系中的坐标。

3）根据已知地面控制点的坐标，按绝对定向的误差方程式求解该立体模型的绝对定位元素。

4）按绝对定位公式，将所有待定点的坐标纳入地面摄影测量的坐标中。

1.3.4 光束法

1. 立体像对的光束法

在解析摄影测量中，将外方位元素和模型点坐标的计算放在一个整体内进行，此时称其为光束法。光束法平差是以共线方程式作为数学模型，像点的像平面坐标观测值是未知数的非线性函数，经过线性化后按照最小二乘法原理进行计算。该计算也是在提供一个近似解的基础上，逐次迭代来达到趋近于最佳值的。

（1）方程线性化　将共线方程式线性化，其中外方位元素和模型点坐标均作为未知数，则该方程式的一次项展开式为

$$F_x = F_{x0} + \frac{\partial F_x}{\partial X_S}\mathrm{d}X_S + \frac{\partial F_x}{\partial Y_S}\mathrm{d}Y_S + \frac{\partial F_x}{\partial Z_S}\mathrm{d}Z_S + \frac{\partial F_x}{\partial \varphi}\mathrm{d}\varphi + \frac{\partial F_x}{\partial \omega}\mathrm{d}\omega + \frac{\partial F_x}{\partial \kappa}\mathrm{d}\kappa + \frac{\partial F_x}{\partial X}\mathrm{d}X + \frac{\partial F_x}{\partial Y}\mathrm{d}Y + \frac{\partial F_x}{\partial Z}\mathrm{d}Z$$

$$F_y = F_{y_0} + \frac{\partial F_y}{\partial X_S}dX_S + \frac{\partial F_y}{\partial Y_S}dY_S + \frac{\partial F_y}{\partial Z_S}dZ_S + \frac{\partial F_y}{\partial \varphi}d\varphi + \frac{\partial F_y}{\partial \omega}d\omega + \frac{\partial F_y}{\partial \kappa}d\kappa + \frac{\partial F_y}{\partial X}dX + \frac{\partial F_y}{\partial Y}dY + \frac{\partial F_y}{\partial Z}dZ \tag{1-91}$$

式中 F_{x_0}、F_{y_0}——共线方程函数近似值；

dX_S、dY_S、dZ_S、$d\varphi$、$d\omega$、$d\kappa$——外方位元素改正数；

dX、dY、dZ——待定点的坐标改正数。

在保证共线条件下有

$$\left.\begin{aligned}\frac{\partial F_x}{\partial X} = -\frac{\partial F_x}{\partial X_S},\ \frac{\partial F_x}{\partial Y} = -\frac{\partial F_x}{\partial Y_S},\ \frac{\partial F_x}{\partial Z} = -\frac{\partial F_x}{\partial Z_S}\\ \frac{\partial F_y}{\partial X} = -\frac{\partial F_y}{\partial X_S},\ \frac{\partial F_y}{\partial Y} = -\frac{\partial F_y}{\partial Y_S},\ \frac{\partial F_y}{\partial Z} = -\frac{\partial F_y}{\partial Z_S}\end{aligned}\right\} \tag{1-92}$$

此时，根据共线方程式以及旋转矩阵可得到

$$\left.\begin{aligned}
&a_{11} = \frac{\partial F_x}{\partial X_S} = \frac{1}{z}(a_1 f + a_3 F_x) \quad a_{12} = \frac{\partial F_x}{\partial Y_S} = \frac{1}{z}(b_1 f + b_3 F_x)\\
&a_{13} = \frac{\partial F_x}{\partial Z_S} = \frac{1}{z}(c_1 f + c_3 F_x) \quad a_{21} = \frac{\partial F_y}{\partial X_S} = \frac{1}{z}(a_2 f + a_3 F_y)\\
&a_{22} = \frac{\partial F_y}{\partial Y_S} = \frac{1}{z}(b_2 f + b_3 F_y) \quad a_{23} = \frac{\partial F_y}{\partial Z_S} = \frac{1}{z}(c_2 f + c_3 F_y)\\
&a_{14} = \frac{\partial F_x}{\partial \varphi} = y\sin\omega - \left[\frac{x}{f}(x\cos\kappa - y\sin\kappa) + f\cos\kappa\right]\cos\omega\\
&a_{15} = \frac{\partial F_x}{\partial \omega} = -f\sin\kappa - \frac{x}{f}(x\sin\kappa + y\cos\kappa)\\
&a_{16} = \frac{\partial F_x}{\partial \kappa} = y\\
&a_{24} = \frac{\partial F_y}{\partial \varphi} = -x\sin\omega - \left[\frac{y}{f}(x\cos\kappa - y\sin\kappa) - f\sin\kappa\right]\cos\omega\\
&a_{25} = \frac{\partial F_y}{\partial \omega} = -f\cos\kappa - \frac{y}{f}(x\sin\kappa + y\cos\kappa)\\
&a_{26} = \frac{\partial F_y}{\partial \kappa} = -x
\end{aligned}\right\} \tag{1-93}$$

（2）误差方程式的建立 据此可得到误差方程式为

$$\left.\begin{aligned}V_x = a_{11}dX_S + a_{12}dY_S + a_{13}dZ_S + a_{14}d\varphi + a_{15}d\omega + a_{16}d\kappa - a_{11}dX - a_{12}dY - a_{13}dZ - l_x\\ V_y = a_{21}dX_S + a_{22}dY_S + a_{23}dZ_S + a_{24}d\varphi + a_{25}d\omega + a_{26}d\kappa - a_{21}dX - a_{22}dY - a_{23}dZ - l_y\end{aligned}\right\} \tag{1-94}$$

其中

$$\left.\begin{aligned}l_x = F_x - F_{x0} = x + f\frac{a_1(X - X_S) + b_1(Y - Y_S) + c_1(Z - Z_S)}{a_3(X - X_S) + b_3(Y - Y_S) + c_3(Z - Z_S)}\\ l_y = F_y - F_{y_0} = y + f\frac{a_2(X - X_S) + b_2(Y - Y_S) + c_2(Z - Z_S)}{a_3(X - X_S) + b_3(Y - Y_S) + c_3(Z - Z_S)}\end{aligned}\right\} \tag{1-95}$$

将误差方程式改写成矩阵形式，为

$$\begin{pmatrix} V_x \\ V_y \end{pmatrix} = \begin{pmatrix} a_{11} & a_{12} & a_{13} & a_{14} & a_{15} & a_{16} \\ a_{21} & a_{22} & a_{23} & a_{24} & a_{25} & a_{26} \end{pmatrix} \begin{pmatrix} \mathrm{d}X_S \\ \mathrm{d}Y_S \\ \mathrm{d}Z_S \\ \mathrm{d}\varphi \\ \mathrm{d}\omega \\ \mathrm{d}\kappa \end{pmatrix} + \begin{pmatrix} -a_{11} & -a_{12} & -a_{13} \\ -a_{21} & -a_{22} & -a_{23} \end{pmatrix} \begin{pmatrix} \mathrm{d}X \\ \mathrm{d}Y \\ \mathrm{d}Z \end{pmatrix} - \begin{pmatrix} l_x \\ l_y \end{pmatrix} \tag{1-96}$$

也可简写成

$$\boldsymbol{V} = (\boldsymbol{A} \quad \boldsymbol{B}) \begin{pmatrix} \boldsymbol{X} \\ \boldsymbol{t} \end{pmatrix} - \boldsymbol{L} = \boldsymbol{A}X + \boldsymbol{B}t - \boldsymbol{L} \tag{1-97}$$

在该式中有

$$\left.\begin{aligned} &V = (V_x \quad V_y)^{\mathrm{T}} \\ &A = \begin{pmatrix} a_{11} & a_{12} & a_{13} & a_{14} & a_{15} & a_{16} \\ a_{21} & a_{22} & a_{23} & a_{24} & a_{25} & a_{26} \end{pmatrix} \\ &B = \begin{pmatrix} -a_{11} & -a_{12} & -a_{13} \\ -a_{21} & -a_{22} & -a_{23} \end{pmatrix} \\ &X = (\mathrm{d}X_S \quad \mathrm{d}Y_S \quad \mathrm{d}Z_S \quad \mathrm{d}\varphi \quad \mathrm{d}\omega \quad \mathrm{d}\kappa)^{\mathrm{T}} \\ &t = (\mathrm{d}X \quad \mathrm{d}Y \quad \mathrm{d}Z)^{\mathrm{T}} \\ &L = (l_x \quad l_y)^{\mathrm{T}} \end{aligned}\right\}$$

（3）法方程式的建立　根据平差原理可知其法方程式为

$$\begin{pmatrix} A^{\mathrm{T}}A & A^{\mathrm{T}}B \\ B^{\mathrm{T}}A & B^{\mathrm{T}}B \end{pmatrix} \begin{pmatrix} X \\ t \end{pmatrix} - \begin{pmatrix} A^{\mathrm{T}}L \\ B^{\mathrm{T}}L \end{pmatrix} = 0 \tag{1-98}$$

此时，对于加密点，只需列出误差方程式，权赋 1；对于控制点，列出误差方程式，还要列出虚拟误差方程式，权赋 P。

$$\left.\begin{aligned} V_X &= \Delta X \\ V_Y &= \Delta Y \\ V_Z &= \Delta Z \end{aligned}\right\} \tag{1-99}$$

列出各类点的误差方程式后，按照最小二乘法原理建立法方程式，即按 $\sum PVV$ 为最小建立的法方程式为

$$\begin{pmatrix} A^{\mathrm{T}}PA & A^{\mathrm{T}}PB \\ B^{\mathrm{T}}PA & B^{\mathrm{T}}PB \end{pmatrix} \begin{pmatrix} X \\ t \end{pmatrix} - \begin{pmatrix} A^{\mathrm{T}}PL \\ B^{\mathrm{T}}PL \end{pmatrix} = 0 \tag{1-100}$$

也可简写成

$$\begin{pmatrix} N_{11} & N_{12} \\ N_{12}^{\mathrm{T}} & N_{22} \end{pmatrix} \begin{pmatrix} X \\ t \end{pmatrix} - \begin{pmatrix} L_1 \\ L_2 \end{pmatrix} = 0$$

再根据上式进行展开消元可得改化法方程式为

$$(N_{11}-N_{12}N_{22}^{-1}N_{12}^{\mathrm{T}})X=L_1-N_{12}N_{22}^{-1}L_2 \tag{1-101}$$

或者

$$(N_{22}-N_{12}^{\mathrm{T}}N_{11}^{-1}N_{12})t=L_2-N_{12}^{\mathrm{T}}N_{11}^{-1}L_1 \tag{1-102}$$

根据式（1-101）可以求解出外方位元素的改正值；根据式（1-102）可以求解出点的坐标改正值。

（4）结果判定　将改正数和规定的限差相比较，若小于限差则迭代完成，否则用未知数的新值又作为近似值继续迭代，直至满足条件。

由此可知，开始时提供的初始值越接近最佳值，解的收敛速度就愈快。所以通常的处理方法是先进行空间后方交会，求出像片的外方位元素，将其作为光束法平差时未知数的初始值。

2. 双像摄影测量三种求解方法的比较

双像摄影测量可用三种方法解算：后方交会—前方交会解法、相对定位—绝对定向解法、光束法。这三种方法的比较分析如下：

1）第一种方法前方交会的结果依赖于后方交会的精度，前方交会中没有充分利用多余条件进行平差计算。

2）第二种方法计算公式比较多，最后的点位取决于相对定向和绝对定向的精度，用这种方法的解算结果不能严格表达一幅影像的外方位元素。

3）第三种方法的理论严密，求解精度最高，待定点的坐标是按最小二乘法准则求得的。

基于上述分析，第一种方法在已知像片的外方位元素、需确定少量待定点坐标时采用；第二种方法多在航带法解析空中三角测量中应用；第三种方法在光束法解析空中三角测量中应用。

【单元小结】

本单元是后续课程知识学习的基础。单元重点是解析摄影测量，单元内容的特点是概念多，公式推导烦琐，对高等数学和测量平差的知识要求较高。结合高等职业院校学生的实际情况，着重对基本原理和基本概念做详细讲解，可适当弱化公式推导。

【复习题】

1. 摄影机由哪些重要部件构成？它们的作用各是什么？

2. 量测摄影机有哪些特点？

3. 摄影测量对航空摄影有哪些基本要求？空中摄影的摄影比例尺如何确定？

4. 像幅为 23cm×23cm 以及焦距分别为 70mm、100mm、210mm 的三种航空摄影机摄取同一比例尺像片时，航高有何变化？

5. 画图说明航摄像片上的特殊点、线、面。

6. 摄影测量中常用坐标系有哪些？各坐标系是如何定义的？各有何用途？

7. 摄影测量中为何常常把像空间坐标系变换为像空间辅助坐标系？已知三个角元素及

像点的像空间坐标，如何计算像空间辅助坐标？

8. 什么是共线方程？它在摄影测量中有何应用？

9. 像点位移是由何原因引起的？像点位移有何规律？

10. 航摄像片上有统一比例尺吗？为什么？

11. 人造立体视觉与人眼天然立体视觉有何区别？构建人造立体视觉需要满足哪些条件？

12. 摄影测量中观察立体的方法有哪些？各有何优缺点？

13. 双像解析摄影测量的任务是什么？有哪几种确定地面点坐标的方法？

14. 空间后方交会的目的是什么？求解中有多少未知数？至少需要测求几个地面控制点？为什么？

15. 解析相对定向中哪些是未知数？什么是观测值？其定向是在哪个坐标系中进行的？

16. 简述后方交会—前方交会法与相对定向—绝对定向法解算地面点三维坐标的基本思想有何区别。

17. 为什么光束法平差求解地面点坐标精度最高？

18. 名词解释。

① 摄影机主距、摄影比例尺、摄影航高、航向重叠度、旁向重叠度、航带弯曲度。

② 像片旋偏角、中心投影、正射投影、像主点、主光轴、内方位元素、外方位元素。

③ 像点位移、人造立体视觉、正立体、反立体、零立体、后方交会、前方交会。

④ 相对定向元素、绝对定向元素、上下视差。

单元 2

航测数字地形图测绘

单元概述

摄影测量成图由于其高效率、低成本等优势，已经成为现代测绘数字地形图的最主要方法。航测地形图测绘包括两方面内容：内业测图和外业调绘。本单元从数字摄影测量的基本理论开始，结合数字影像和摄影测量工作的特点，阐述了数字摄影测量的若干知识；结合国产主流的数字摄影测量工作站，阐述了立体测图的基本流程。像片调绘的目的是制作调绘片，为内业测制地形图提供地形要素信息。本单元介绍了在像片调绘过程中，如何建立航摄像片的判读标志以及把航摄像片上的影像所代表的地物识别和辨认出来，并按照规定的图式符号和注记方式绘制调绘片。

学习目标

1. 理解数字摄影测量的基本概念；掌握数字影像获取与重采样、影像匹配与影像相关、内定向与相对定向自动化、核线与核线影像的概念；了解数字影像解译的概念。

2. 了解主流的数字摄影测量工作站的基本组成；掌握主流数字摄影测量工作站的一般流程；能够利用扫描仪完成光学影像的数字化；能够利用主流数字摄影测量工作站进行模型定向工作；能够利用主流数字摄影测量工作站完成立体测图工作。

3. 掌握航摄像片调绘的基本方法和步骤；掌握航摄像片的判读特征；掌握居民地、水系、植被和土质等的调绘方法；了解新增地物补测的方法和调绘片的接边与整饰；能够完成航摄像片的室内判读与室外量测、新增地物补测；能够根据实地判绘的结果在室内根据图式规范着墨整饰；能够进行调绘片的接边。

2.1 全数字摄影测量立体测图

2.1.1 数字摄影测量基本理论

1. 数字摄影测量的概念

目前，世界上对于数字摄影测量的定义，主要有两种观点：

第一种观点认为数字摄影测量是基于数字影像和摄影测量的基本原理，应用计算机技术、数字影像处理、影像匹配、模式识别等多学科的理论与方法，提取所摄对象以数字方式表达的几何与物理信息的摄影测量学的分支学科。美国等国称之为软拷贝摄影测量（Softcopy Photogrammetry），我国王之卓教授称之为全数字摄影测量（Full Digital Photogrammetry）。这种定义认为，在数字摄影测量过程中，不仅产品是数字的，而且中间数据的记录以及处理的原始资料均是数字的。

第二种观点则只强调其中间数据记录及最终产品是数字形式的，即数字摄影测量是基于摄影测量的基本原理，应用计算机技术，从影像（包括硬拷贝，数字影像或数字化影像）提取所摄对象以数字方式表达的几何与物理信息的摄影测量分支学科。这种定义的数字摄影测量，包括计算机辅助测图（常称为数字测图）与影像数字化图。影像数字化测图，是利用计算机对数字影像或数字化影像进行处理，用计算机视觉（其核心是影像匹配与影像识别）代替人眼的立体量测与识别，完成影像几何与物理信息的自动提取。

还有一种类型称为混合数字摄影测量，通常是在解析测图仪上安装一对 CCD 数字相机，对要量测的局部影像进行数字化，由数字相关（匹配）获得点的坐标。

综上所述，数字摄影测量是利用数字灰度信号，采用数字相关技术量测同名像点，在此基础上通过计算解析，进行内定向、相对定向和绝对定向，建立数字立体模型，从而建立数字高程模型，绘制等高线，制作正射影像图以及为地理信息系统提供基础数据等。

实现数字摄影测量自动测图的系统称为数字摄影测量系统（Digital Photogrammetric System，简称 DPS）或数字摄影工作站（Digital Photogrammetric Workstation，简称 DPW）。

随着计算机技术以及数字图像处理、模式识别、人工智能、专家系统以及计算机视觉等学科的不断发展，数字摄影测量的内涵已远远超过了传统摄影测量的范围，现已被公认为摄影测量的第三个发展阶段。数字摄影测量最终是以计算机视觉代替人眼的立体观测，因而它所使用的仪器最终将只是通用计算机及其相应外部设备，特别是工作站的发展，为数字摄影测量的发展提供了广阔的前景，其产品也是数字形式的。

2. 数字影像获取与重采样

（1）数字影像　数字影像是数字摄影测量的基础原始数据。数字影像是以像元（像素 pixel）为单位，以灰度值表示的灰度矩阵。也就是说，在扫描过程中将光学影像抽象为像元的点阵，每个像元范围（一个微小的区域）取灰度的平均值作为灰度值。

在解析摄影测量中，一个目标点向量 X_{ap} 是三维的，即 $X_{ap}=(X,\ Y,\ Z)_t$。数字摄影测量与解析摄影测量及模拟摄影测量的根本区别在于对影像辐射信息的计算机数字化处理。在全数字化摄影测量中，目标点向量 X_{dp} 为四维，即 $X_{dp}=(X,\ Y,\ Z,\ D)_t$，其中 $D=D(X,\ Y)$ 是该点的辐射量—影像的密度或灰度值，集合 $\{D\}$ 就构成了数字影像。

（2）数字影像获取　数字影像可直接从装在飞行器上的传感器产生，记录在磁介质上，也可以利用影像数字化器对摄取的光学影像扫描来获取，即把原来模拟方式的信息转换成数字形式的信息，如图 2-1 所示。在进行摄影测量处理时，前者无需进行内定向，后者需要进行内定向。

通常的航空像片，均须利用高精度的专用扫描仪将其数字化。这种扫描仪一般是由

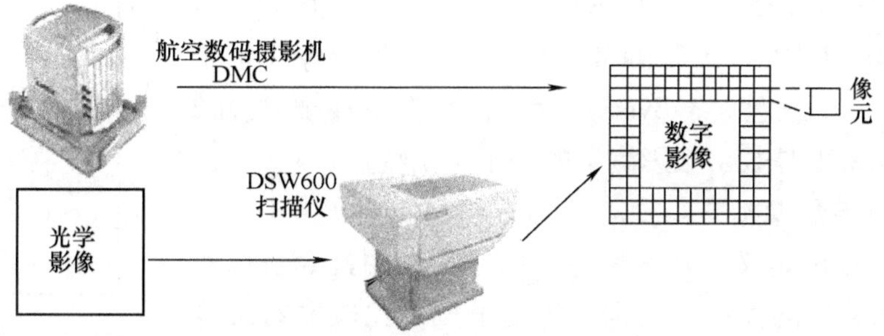

图 2-1　数字影像的两种获取方式

CCD（Charge Coupled Device 电荷耦合元件）阵列传感器组成的，分为线阵列和面阵列两种排列方式。

像片上的像点是连续分布的，但在数字化过程中不可能将每一个连续的像点全部数字化，而只能每隔一个间隔 Δ，读取一个像点的灰度值，这个过程称为采样。其实质是将连续的函数模型离散化，Δ 称为采样间隔。被量测的像素点通常是矩形或正方形的微小影像块，矩形或正方形的尺寸称为像素的大小或尺寸，它通常等于采样间隔。因此，当采样间隔确定后，像素的大小也就确定了。确定采样间隔时应该考虑精度要求和影像分辨率，另外还要考虑数据量和存储设备的容量。

通过采样得到的每个点的灰度值一般不是整数，这对于计算很不方便，应将各点的灰度值取为整数，这一过程称为影像灰度的量化。其方法是将航摄像片上有可能出现的最大灰度范围进行等分，分为若干个“灰度等级”，当采样上的灰度值落在某个灰度级内，则取该灰度级为某个像素的灰度值，每个点的灰度值在其相应的灰度级内，取整的原则是四舍五入。由于计算机中数字采用二进制，因此，灰度等级 i 一般为

$$i = 2^M (M = 1, 2, 3, \cdots, 8) \tag{2-1}$$

当 $M=1$ 时，$i=2$，只有黑、白两个灰度值；当 $M=8$ 时，$i=256$，即有 256 个灰度值，其级数是介于 0 ~ 255 之间的一个整数，0 为黑，255 为白，每个像素的灰度值占 8bit，即一个字节（1 Byte）。

（3）影像重采样　在原采样的基础上再一次采样，即当欲求不位于采样矩阵点的灰度值时，就需要进行内插，称为影像重采样。数字影像是个规则排列，每当对数字影像进行几何处理时，就需要作影像重采样。影像的旋转、核线影像排队以及数字影像纠正均属于影像重采样。

如图 2-2 所示，Δ 为原始像片数字化的采样间隔，待求点 p 的像元灰度值 g 可由其周围四个像元素的灰度值 g_1、g_2、g_3、g_4，经双线性内插求得

$$g = \frac{1}{\Delta^2}[(\Delta - x_1)(\Delta - y_1)g_1 + (\Delta - y_1)x_1g_2 + x_1y_1g_3 + (\Delta - x_1)y_1g_4] \tag{2-2}$$

影像灰度内插方法还可以采用双三次卷积法及最邻近像元法。

（4）影像数据量　影像数据量的大小取决于数字影像的采样间隔与存储方式。比如，一幅 23cm × 23cm 的黑白航空影像，若按像素大小为 20μm 进行扫描（数字化），影像的灰

度等级分为 0 ~ 255，即 1 Byte，这时的数据量为：$[(230\times1000/20)^2]\text{MB}\times10^{-6}\approx132\text{MB}$，对于彩色影像，每个像元分成 R、G、B 三色（3 Bytes）存放，数据量还要增加 2 倍。因此，数据量大是数字摄影测量的一个突出特点。

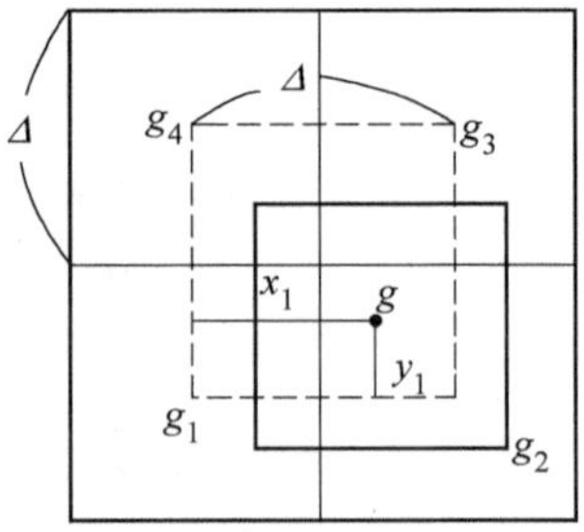

图 2-2　原始灰度格网的双线性内插

3. 影像匹配与影像相关

（1）影像匹配的定义　数字影像匹配是指利用计算机以数值计算方式，按特定的算法，根据一定的准则，比较左右影像的相似性来确定其是否为同名影像块，从而确定相应的同名像点。

传统的模拟立体测图是作业人员通过双眼不断在左右像片上寻找同名像点，进行立体量测；在数字摄影测量中，是以影像匹配代替传统的人工观测，达到自动确定同名像点的目的。

（2）影像相关的定义　影像相关是指利用两个相关函数，评价它们的相似性，以便确定同名点。首先取出以待定点为中心的小区域中的影像信号；然后取出其在另一影像中相应区域的影像信号，计算两者的相关函数，以相应函数最大值对应的相应区域中心点为同名点，即以影像信号分布最相似的区域为同名区域，同名区域的中心点为同名点。这就是自动化立体量测的基本原理。

最初的影像匹配是利用相关技术来实现的，随后发展了多种影像匹配方法，所以影像匹配常常被称为影像相关。

（3）基于灰度的数字影像相关　基于灰度的数字影像相关，主要是基于待求点所在的一个小区域内的影像的灰度。常见的做法是在左片上确定一个待定点，以该点为中心选取 $n\times n$ 个点的灰度矩阵作为目标区，一般 n 为奇数，其中心点即为待定点。常见的有二维影像相关与一维影像相关两种方法。

1）二维影像相关。为了在右片上便于搜索到同名像点，估计出该点同名像点可能出现的范围，以此定出一个 $l\times m$ 的灰度阵列（$m>n$，$l>n$）作为搜索区。在搜索区寻找同名像点时，若搜索工作在 x、y 两个方向进行，这种工作的相关运算是二维的，称为二维影像相关，如图 2-3 所示。

2）一维影像相关。当在搜索区寻找同名像点时，搜索工作只在一个方向进行，这种情况的相关运算是一维的，因而称为一维影像相关。如图 2-4 所示，仍取一个以待定点为中心的 $n\times n$ 个像素点窗口作为目标区，此时，搜索区为 $m\times n$（$m>n$）个像素点的灰度阵列，因而搜索区是在一个方向上进行的。

同名像点位于同名核线上，根据核线的这一特性，同名像点在右影像的搜索区时，就可由面状区域缩小成一个线段——同名右核线，从而可大大提高影像相关的速度。

为了提高匹配精度，最小二乘法匹配是一种重要的方法，它将测量中最常用的数据处理方法（最小二乘法）应用到影像匹配。它不仅仅将影像匹配提高到了子像素级精度（即小于 1 个像素），同时将数字摄影测量纳入到测绘工作者所熟悉的最小二乘法数学模型，将影像匹配变为一般的平差问题。它不仅可用于一般的数字测图生产，而且由最小二乘匹配加入

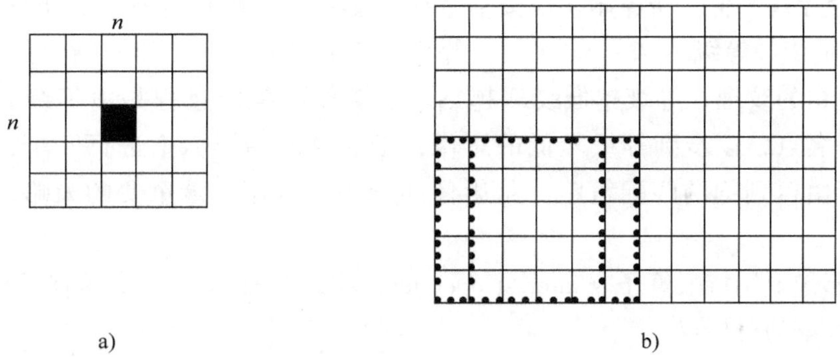

图 2-3　二维影像相关

a）目标区　b）搜索区

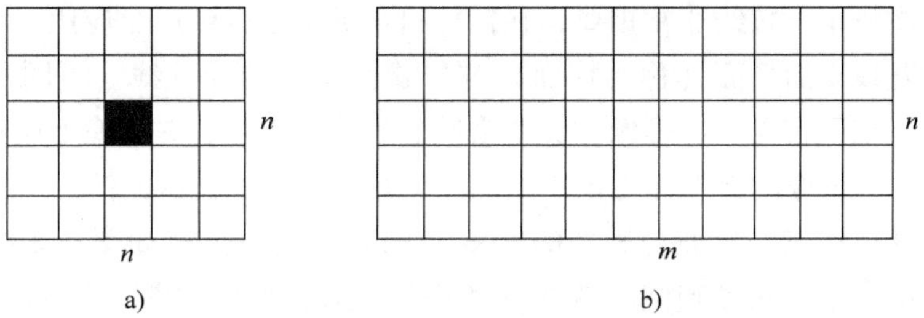

图 2-4　一维影像相关

a）目标区　b）搜索区

“几何约束条件” 可用于工业上的高精度测量。它既能获得稳定的解，又能达到高精度，这也是数字摄影测量与一般的计算机视觉测量方法之间最大的差别。

4. 数字影像的内定向与相对定向自动化

（1）内定向自动化　在摄影测量中，主要是通过以像主点为原点的像平面坐标系建立起像点与地面点的坐标关系式。在像片扫描的数字化过程中，一般来说，像片的扫描坐标与像平面坐标不平行，且坐标原点也不同，因此，同一像点的像平面坐标(x, y)与其扫描坐标($\bar{x}$, $\bar{y}$)不相等，需要加以换算，这种换算称为数字影像内定向。用仿射变换公式进行变换，即

$$\left.\begin{aligned} x &= h_0 + h_1\bar{x} + h_2\bar{y} \\ y &= k_0 + k_1\bar{x} + k_2\bar{y} \end{aligned}\right\} \tag{2-3}$$

式中　h_0、h_1、h_2、k_0、k_1、k_2——内定向参数，其数值由像片上四个框标点的扫描坐标及其相应的像平面坐标（视为理论值）组成误差方程，通过平差运算求得。

内定向自动化的核心是如何自动识别影像的框标。每一种航空摄影机都有它固定的框标，在数字摄影测量工作站（DWP）中，多是将不同摄影机的框标图像制成“模板”，然后用模板匹配确定数字图像上的框标，实现内定向的自动化。

（2）相对定向自动化　相对定向自动化的核心是如何自动识别左、右影像的同名点。数字摄影测量工作站的相对定向的基本步骤为：

1）生成金字塔影像。将原始影像按倍率缩小影像，构成具有不同分辨率的影像等级，如图 2-5 所示的影像等级 1、2、3、4 级。等级越高分辨率越低（粗），在低分辨率的影像上只能判别很粗的纹理；等级越低纹理越细。而影像匹配的过程是由等级高的影像开始匹配，搜索同名点，逐步到等级较低的影像，最后到原始影像上进行匹配，这种利用影像金字塔进行由粗到细的匹配策略，是影像匹配中最常用、最重要的策略，也符合视觉原理。

2）在左影像上用特征算子（interest operator）提取特征点（影像具有明显纹理结构的点），作为待匹配的目标点。

3）在右影像上搜索同名点。

4）计算相对方位元素，同时剔除“同名点”的粗差。

5. 核线与核线影像

在数字摄影测量中，核线非常重要，在计算机视觉中也得到广泛应用（称为“极线”）。其定义为：通过基线 b 的平面（称为核面）与影像的交线称为核线。不同的核面与影像有不同的交线，同一核面与左、右影像的交线为同名核线。在左、右影像上所有的核线分别交于一点，即基线 b 与影像的交点称为核点，如图 2-6 中的 v_2。显然，任意一个地面点 A 的同名像点一定位于通过该点的核面与影像的交线（同名核线）上，如图 2-6 中的 a_1、a_2。由此得到一个重要的结论：在已知同名核线的条件下，影像匹配（搜索同名点）的问题就由二维（平面）匹配转化为一维（核线）匹配。

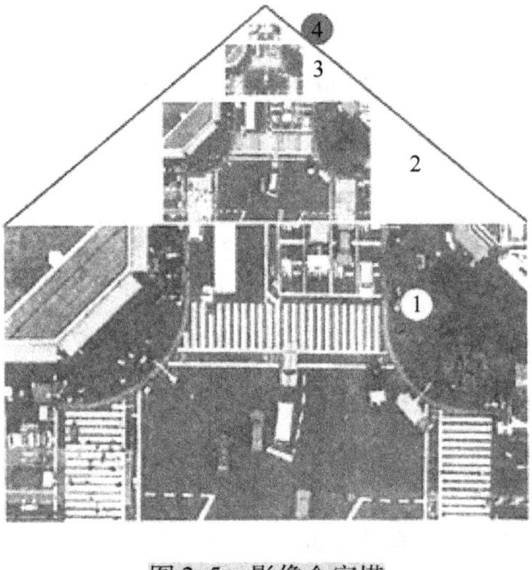

图 2-5 影像金字塔

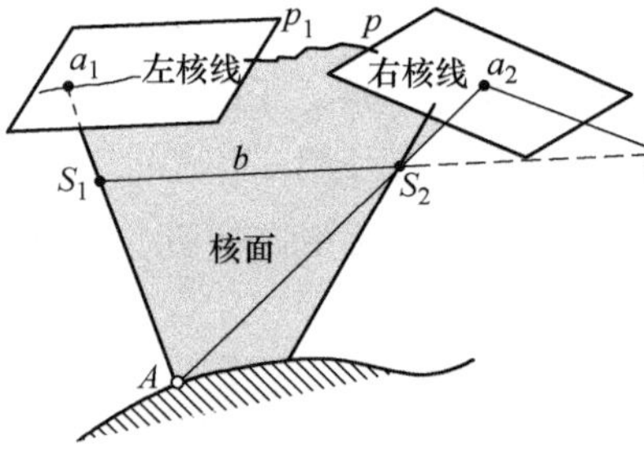

图 2-6 核面、核线与核点

按核线排列所获得的影像称为核线影像。由于在核线影像上没有上下视差，因此在 DPW 中由左核线影像、右核线影像合成在一起的立体像对没有上下视差，便于立体观察。

6. 影像解译

影像解译即地物提取，利用数字摄影测量系统自动提取 DTM 和制作正射影像图，已是成熟的技术。目前，为适应城市、工程等领域大比例尺数字测图地物的识别与提取，研究重点是影像特征的提取。

数字摄影测量中，各种特征提取的算法很多，可分为点特征、线特征与面特征的提取。数字摄影测量中对居民地、道路、河流等地面目标的自动识别与提取，主要是依赖于对影像结构与文理的分析，在该领域已经有了较好的研究成果，如 VirtuoZo NT 数字摄影测量系统在道路和房屋的半自动提取方面，已取得重大突破性进展，达到了生产实用的程度。

2.1.2　全数字摄影测量系统

1. 全数字摄影测量系统的组成

数字摄影测量系统是基于数字影像或数字化影像来完成摄影测量作业的所有软、硬件组成的系统。数字摄影测量工作站主要由以下几部分组成：

（1）硬件组成　数字摄影测量工作站的硬件由计算机及其外部设备组成。

1）计算机：目前可以是个人计算机（PC）或工作站，可配备单屏幕或双屏幕显示屏。

2）外部设备：其外部设备分为立体观测及操作控制设备与输入输出设备。

① 立体观测及操作控制设备。

立体观测设备主要有：红绿眼镜、立体反光镜、闪闭式液晶眼镜、偏振光眼镜。

操作控制设备主要有：手轮、脚盘与普通鼠标，三维鼠标与普通鼠标，普通鼠标。

② 输入输出设备。

输入设备：影像数字化仪（扫描仪）。

输出设备：矢量绘图仪或栅格绘图仪。

（2）软件组成　数字摄影测量工作站的软件由数字影像处理软件、模式识别软件、解析摄影测量软件及辅助功能软件组成。

数字影像处理软件功能主要包括：影像旋转、影像滤波、影像增强、特征提取。

模式识别软件功能主要包括：特征识别定位（包括框标的识别与定位）、影像匹配（同名点、线与面的识别）、目标识别。

解析摄影测量软件功能主要包括：定向参数计算、空中三角测量解算、核线关系解算、坐标计算与变换、数值内插、数字微分纠正、投影变换。

辅助功能软件功能主要包括：数据输入输出、数据格式转换、注记、质量报告、图廓整饰、人机交互。

2. 数字摄影测量系统的主要功能

目前全世界已有数十种商用数字摄影测量系统问世，总体而言，这些系统主要具备以下功能：

（1）影像扫描数字化　利用高精度影像数字化仪（扫描仪）将像片（负片或正片）转化为数字影像。

（2）影像处理　使影像的亮度反差合适、色彩适度、方位正确。

（3）量测

1）单像量测：特征提取与定位（自动单像量测）及交互量测。

2）双像量测：影像匹配（自动双像量测）及交互立体量测。

3）多像量测：多影像间的匹配（自动多像量测）及交互多影像量测。

（4）影像定向

1）内定向。在框标的半自动与自动识别与定位的基础上，利用框标的检校坐标与定位坐标，计算扫描坐标系与像片坐标系间的变换参数。

2）相对定向。提取影像中的特征点，利用二维相关寻找同名点，计算相对定向参数。对非量测像机的影像，不需进行内定向而直接进行相对定向时，需利用相对定向的直接解。金字塔影像数据结构与最小二乘影像匹配方法一般都要用于相对定向的过程，人工辅助量测有时也是需要的。传统的摄影测量一般只在所谓的标准点位量测六对同名点，数字摄影测量基于自动化与可靠性的考虑，通常要匹配数十至数百对同点名。

3）绝对定向。现阶段主要由人工在左（右）影像定位控制点，由影像匹配确定同名点，然后计算绝对定向参数。今后有可能利用影像匹配技术对新老影像进行匹配，实现自动绝对定向。

（5）自动空中三角测量　包括自动内定向、连续像对的自动相对定向、自动选点、自动转点、模型连接、航带构成、构建自由网、自由网平差、粗差剔除、控制点半自动量测与区域网平差解算等。由于数字摄影测量利用影像匹配替代人工转刺等自动化处理，可极大地提高空中三角测量的效率。

传统的空中三角测量一般只在标准点位选点，数字摄影测量的自动空中三角测量在选点时，不仅要选较多的连接点，以利于粗差剔除、提高可靠性，还要保证每一模型的周边有较多的点，以利于后续处理中相邻模型的 DEM 接边及矢量数据的接边。

（6）构成核线影像　按照核线关系，将影像的灰度沿核线方向予以重新排列，构成核线影像对，以便立体观测及将二维影像匹配转化为一维影像匹配。

（7）影像匹配　进行密集点的影像匹配，以便建立数字地面模型。

（8）建立数字地面模型及编辑　建立由密集点影像匹配的结果与定向元素计算同名点的地面坐标（若利用地面元匹配方法，则无需此步），然后内插格网点高程建立矩形格网 DEM 或直接构建 TIN。

（9）自动绘制等高线　主要是基于矩形格网 DEM 或 TIN 跟踪等高线。

（10）制作正射影像　基于矩形格网 DEM 与数字微分纠正原理，制作正射影像，主要有两种途径：一是由立体像对建立 DEM 后制作正射影像；二是由单幅影像与已有的 DEM 制作正射影像，这需要输入该影像的参数或量测若干控制点后用单片后交法解算该影像的参数。

（11）正射影像的镶嵌与修补　根据相邻正射影像重叠部分的差异，对相邻正射影像进行几何与色彩或灰度的调整，以达到无缝镶嵌。对正射影像上遮挡或异常的部分，用邻近的影像块或适当的纹理代替。

（12）数字测图　主要是基于数字影像的机助量测、矢量编辑、符号化的表达与注记。

（13）制作影像地图　矢量数据、等高线与正射影像叠加，制作影像地图。

（14）制作透视图、景观图　根据透视变换原理与 DEM 制作透视图，将正射影像叠加到 DEM 透视图上制作真实三维景观图。

（15）制作立体匹配片　根据 DEM 引入视差，由正射影像制作立体匹配片或者由原始影像制作立体匹配片。由 DEM 与正射影像制作的立体匹配片不能反映地面物体的高度，但由 DEM 与原始影像制作的立体匹配片能够反映地面物体的高度。

2.1.3　全数字摄影测量立体测图

目前国内单位大部分使用的是国产的 VirtuoZo NT 和 JX—4C 数字摄影测量工作站，二者的工作功能和流程大体相同。以下以 VirtuoZo NT 为对象，讲解数字摄影测量的主要功能与立体测图的作业流程及操作步骤。

1. VirtuoZo NT 系统简介

ISPRS 的名誉会员、中国科学院院士、武汉大学（原武汉测绘科技大学）教授王之卓于 1978 年提出了“全数字化自动测图系统（Fully Digital Automatic Mapping System）”研究方案。由武汉大学教授张祖勋主持研究开发，1985 年完成了 WuDAMS（Wuhan Digital Automatic Mapping System）1.0 版本。后与澳大利亚 Geonautics 公司合作，并将 WuDAMS 更名为 VirtuoZo。1998 年由适普公司（Supresoft）推出其计算机 NT 版本。

VirtuoZo NT 是一个功能齐全、高度自动化的现代摄影测量系统，能完成从自动空中三角测量（AAT）到测绘各种比例尺数字线划地图（DLG）、数字高程模型（DEM）、数字正射影像图（DOM）和数字栅格地图（DRG）的生产。VirtuoZo NT 采用最先进的快速匹配算法确定同名点，匹配速度高达 500 ~ 1000 点/秒，可处理航空影像、SPOT 影像、IKONOS 影像和近景影像。VirtuoZo NT 不但能制作各种比例尺的测绘产品，也是三维景观、城市建模和 GIS 空间数据采集等最强有力的操作平台。VirtuoZo NT 改变了我国传统的测绘模式，提高了生产效率，在国民经济建设各部门得到了广泛的应用。

VirtuoZo NT 的工作流程如图 2-7 所示。

2. VirtuoZo NT 系统功能

（1）输入

1）数字影像输入：通过影像数字化设备对航空影像进行数字化，从而得到相应的数字影像。可以接受的数据格式有：TIFF、SGI（RGB）、BMP、TGA、SUNRaster、VIT、JFIF/JPEG、BSF 格式。

2）地形信息输入：已有地形信息（等高线、特征线、点）输入（.DXF——美国 USGS 格式）构成三角网并内插矩形格网。

3）影像外方位元素的输入：已有影像外方位元素，可直接输入。

（2）自动空三测量　主要包括：自动内定向、自动相对定向、自动选点、自动转点、自动量测、模型连接、构网，半自动控制点量测，用区域网平差计算解求全测区加密点大地坐标以及自动建立测区内各立体像对模型的参数。

（3）内定向（自动空三后无需此项处理）　自动识别与定位框标。利用框标检校坐标与定位坐标，计算扫描坐标系与像片坐标系间的变换参数，自动进行内定向。提供人机交互后处理功能。

（4）相对定向（自动空三后无需此项处理）　将左（右）影像分别提取特征点，利用二维相关寻找同名点，计算相对定向参数，自动进行相对定向。提供人机交互后处理功能。

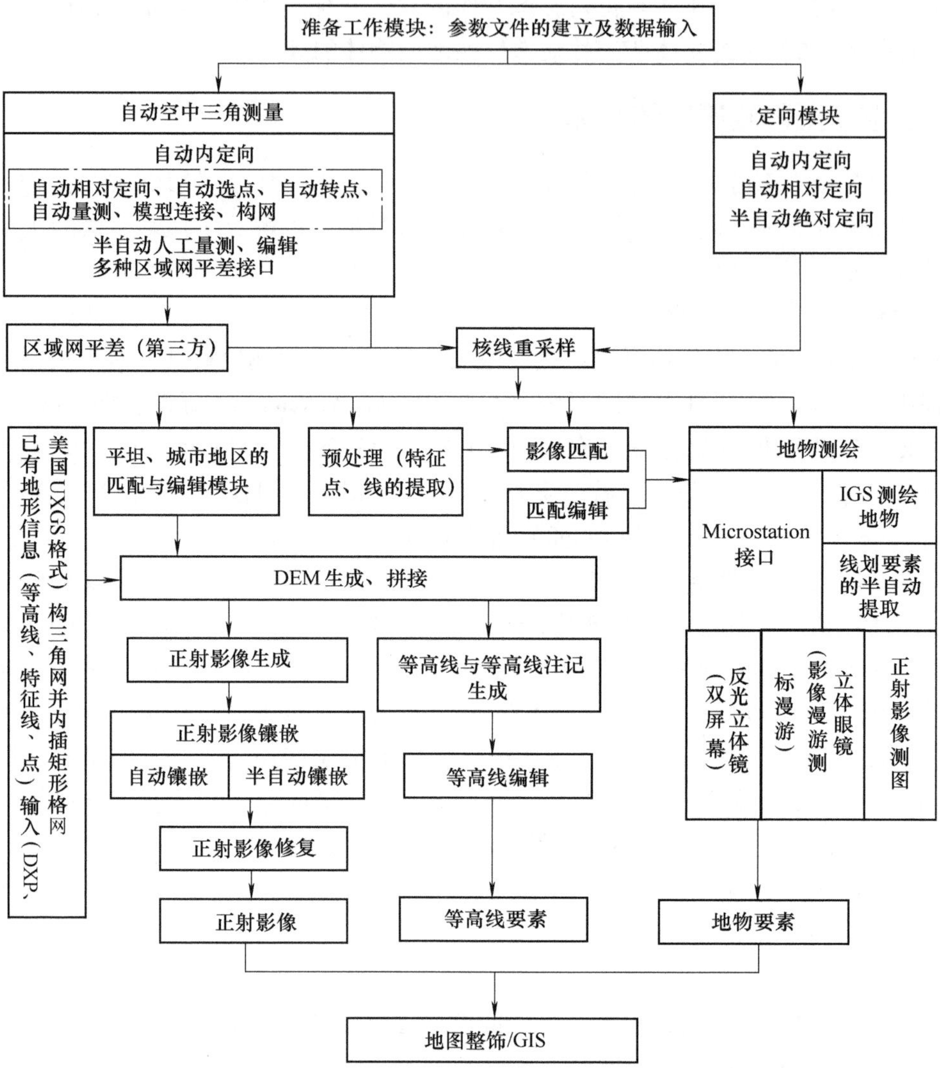

图 2-7　VirtuoZo NT 的工作流程

（5）绝对定向（自动空三后无需此项处理）　现阶段主要由人工在左（右）影像准确定位控制点，由影像匹配确定同名点，计算绝对定向参数，完成绝对定向。

（6）生成核线影像　在用户选定的区域中，按同名核线将影像的灰度予以重新排列，形成按核线方向排列的立体影像。

（7）匹配预处理　在自动影像匹配之前，可在立体模型中量测一部分特征点、特征线、特征面，作为自动影像匹配的控制。

（8）影像匹配　沿核线进行一维影像匹配，确定同名点。采用金字塔影像数据结构，基于跨接法的松弛法整体影像匹配，高速可靠。

（9）匹配结果的显示和编辑（交互编辑）　当自动匹配完成后，可对自动匹配结果进行编辑。在立体模型中可显示视差断面或等视差曲线以便发现粗差，可显示系统认为是不可靠的点。交互式机助编辑有点、线、面等方式。

(10) 建立DTM/DEM　移动曲面拟合内插DTM。自动生成精确的数字地面模型DTM (DEM) 或被测目标的数字表面模型。

(11) 正射影像的自动制作　采用反解法进行数字纠正，比例尺由参数确定，自动制作正射影像图。

(12) 自动生成等高线　由DEM自动生成带有注记的等高线图，等高线间隔由参数设定。

(13) 正射影像和等高线的叠合　将等高线数据叠入正射影像文件中，制作带等高线的正射影像图。

(14) 数字化地物　数字化地物是利用计算机代替解析测图仪，用数字影像代替模拟像片，用数字光标代替光学测标，直接在计算机上对地物进行数字化。

(15) 影像与立体影像显示　可在屏幕上显示当前数字影像是否清晰，其方位是否正确，查看整个数字影像的完整性。在屏幕上直接显示真实三维立体影像。

(16) 景观图或透视图显示　可在屏幕上直接显示景观图或透视图（真实透视，真实三维模型，其影像可无级缩放）。

(17) DEM拼接与正射影像镶嵌　对多个影像模型进行DEM拼接，给出精度信息与误差分布。对正射影像、等高线、等高线叠合正射影像镶嵌。正射影像镶嵌拼接无缝，色调平滑过渡。

(18) 批处理　对多个模型一起进行多项计算处理，由批处理参数选择模型文件名、处理类型（相对定向、核线影像匹配、DTM/DEM、正射影像、等高线、正射+等高线），系统自动进行批处理。

(19) 输出　提供灵活的图形图像输出功能，可用各种计算机外设输出线划图、影像图。可提供的数据格式有以下几种：

VirtuoZo Vector——DXF、Text、ARC/INFO

VirtuoZo DEM——Text、DXF

VirtuoZo Contour——Text、DXF

VirtuoZo Image——TIFF、RGB、BMP、TGA、SUN、JFIF/JPEG

(20) 工具　提供必要的辅助工作。它包含：影像反差与方位的处理，图廓整饰以及质量报告的生成等。

(21) 帮助　关于VirtuoZo NT系统的信息都可以进行查询以了解、学习。

3. 利用VirtuoZo NT系统进行立体测图的作业步骤

(1) 测区参数文件的建立及数据输入

1) 资料分析。包括控制点数据、相机参数、原始影像的分辨率与像片的比例尺等。其具体工作是：检查控制点资料是否完备，检查相机参数是否完备以及查看影像资料情况等。

控制点资料应提供外业控制点成果及相对应的控制点位图；相机参数文件应提供相机主点的理论坐标（x_0，y_0），相机焦距f，框标点坐标或框标距；影像资料应是符合VirtuoZo NT图像格式及成图要求扫描分辨率的扫描影像数据。图像格式一般选TIFF格式，并查看影像排列情况、影像分辨率、像片比例尺。

2）创建测区。在 VirtuoZo NT 系统中，测区（Block）可理解为一个区域，或一个图幅范围内的所有像对，甚至只是一个立体像对。创建测区就是为将要进行测量的区域创建一个工作区目录。创建测区后主要完成录入相机参数、影像格式转换和录入控制点文件三个工作步骤，可不分先后顺序。其主要目的是采用相机参数进行内定向计算。VirtuoZo NT 系统不能直接使用 TIFF 格式的影像，需要将其转换为 VirtuoZo NT 系统专用的 VZ 格式。控制点用以绝对定向计算。

以某班级实习为例，每位同学在 D 盘建立自己的文件夹，以“班级学号”四位数字命名文件夹（如“0324”表示 3 班第 24 位同学），文件夹应包含影像数据文件夹“images”、相机参数文件夹“rc10. cmr”、控制点文件“shixi. ctl”和控制点位图文件夹“control_point_image”。这些数据可以从“数据”文件夹中拷贝。

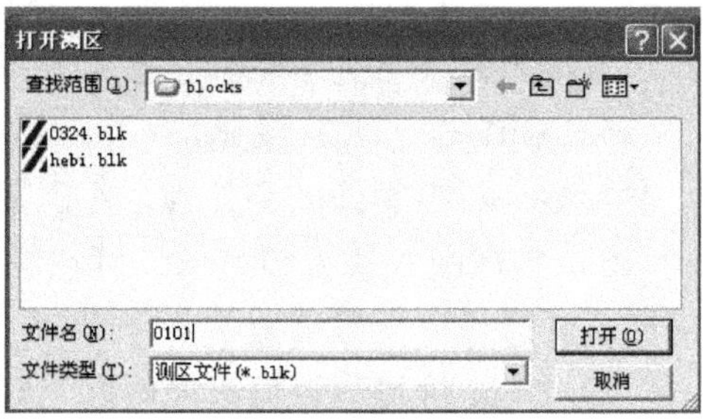

图 2-8　新建测区

单击主界面中的“文件”，选择“打开测区”，系统弹出“打开测区”对话框，输入测区名（以“班级学号”4 位数字命名，现以“0101”为例），如图 2-8 所示。单击“打开”则弹出“设置测区”对话框，如图 2-9 所示。按要求输入参数后，单击“保存”，创建自己的测区文件。以后每次作业时，先单击 VirtuoZo NT 主菜单的“文件”下的“打开测区”，选择自己的测图文件（如 0101. blk），在自己的测区文件下作业。按如下要求输入测区参数：

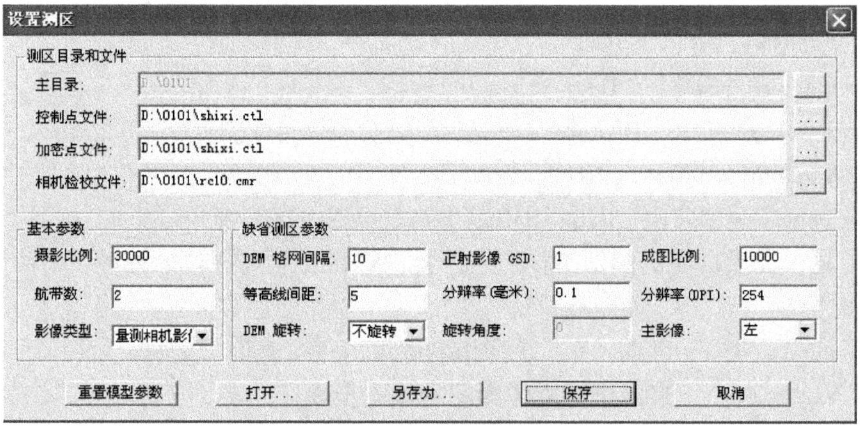

图 2-9　设置测区

① 主目录：输入包含测图资料文件夹的测区路径和测区名，即自己的文件夹，如 0324。

② 控制点文件：输入控制点文件名，或单击右边的查找按钮 ... （后同）选择已建立的当前测区的控制点文件。

③ 加密点文件：输入与②相同。

④ 相机检校文件：输入相机检校文件。

⑤ 基本参数（见图2-9）：摄影比例为摄影比例尺分母“30000”；航带数为“2”；影像类型为“量测相机影像”；DEM 格网间隔为“10”m，等高线间距为“5”m；正射影像GSD（地面分辨率）与成图比例一致，输入“1”m；正射影像的输出分辨率与DPI一致，输入0.1mm。

注意：请确保“测区目录和文件”都位于自己的文件夹中。

3）设置测区参数文件。根据测区实际情况可以进行测区参数的修改。

4）录入相机参数。在 VirtuoZo NT 主菜单中，单击“设置”，选择“相机参数”，弹出“相机文件列表”对话框，选中相机文件名“rc10.cmr”（图2-10），单击“修改参数”，弹出“相机检校参数”对话框（图2-11）。检查像主点坐标、焦距是否正确，根据相机参数略图，输入对应的点号与坐标，可双击“框标参数”的编辑框进行输入或修改。如果相机文件存在，则可单击左下角的“输入”，查找相机文件并输入。参数输入完毕后，单击“确定”退出。

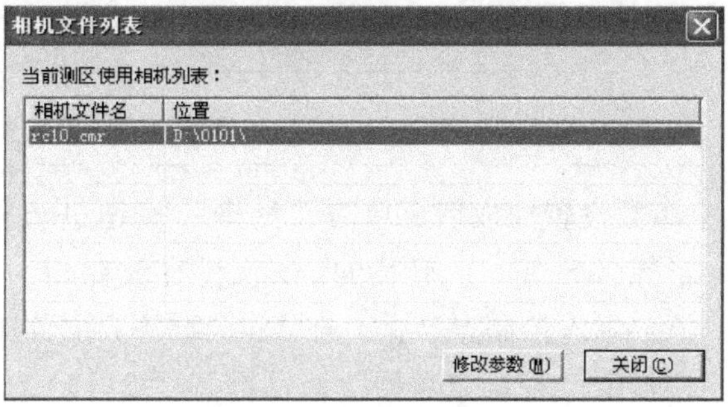

图2-10 “相机文件列表”对话框

5）原始影像格式转换。在 VirtuoZo NT 主菜单中，单击“文件”，选择引入子菜单中的“影像文件”，弹出“输入影像”对话框（图2-12），单击右下角的“增加”按钮，将images文件夹下需要处理的原始影像加载进来。由于飞机是循环飞行航片的，第二条航带的影像的相机需要旋转：首先选中第二条航带的三张像片，单击“选项”按钮，在“转换选项”对话框中选择旋转相机后面的“是”，单击确定后可看到影像前有一个红色标志；然后在像素大小中输入“0.1”mm。

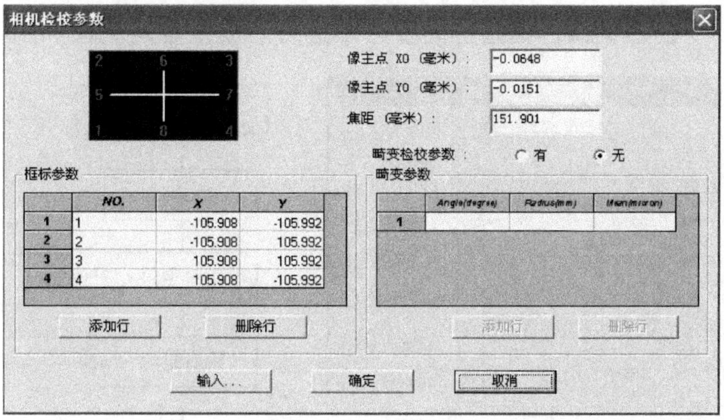

图2-11 “相机检校参数”对话框

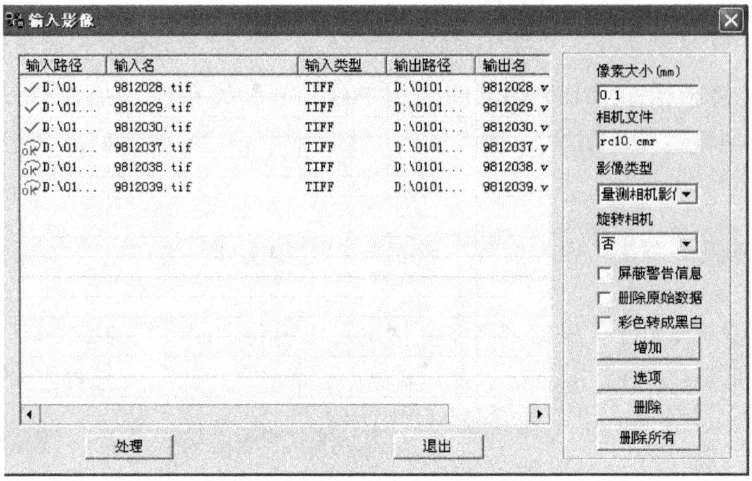

图 2-12 “输入影像”对话框

参数设置完成后，单击“处理”按钮进行格式转换，并自动生成相应的影像参数文件“<影像名>.spt”。转后的.vz文件存放在测区目录下的images文件夹中，单击“退出”。

6）录入控制点数据。在VirtuoZo NT主菜单中，单击“设置”菜单，选择“地面控制点”，弹出“控制点数据”对话框（图2-13），可双击编辑框进行输入或修改，如果控制点文件存在，也可单击“输入”按钮，选择控制点文件输入。参数输入完毕后，单击“确定”退出。

（2）模型定向与生成核线影像　其主要步骤为创建立体模型，进行模型的内定向、相对定向和绝对定向，在满足基本精度情况下生成核线影像。

一个测区由多个模型组成，模型定向要逐个进行。模型定向流程如图2-14所示。

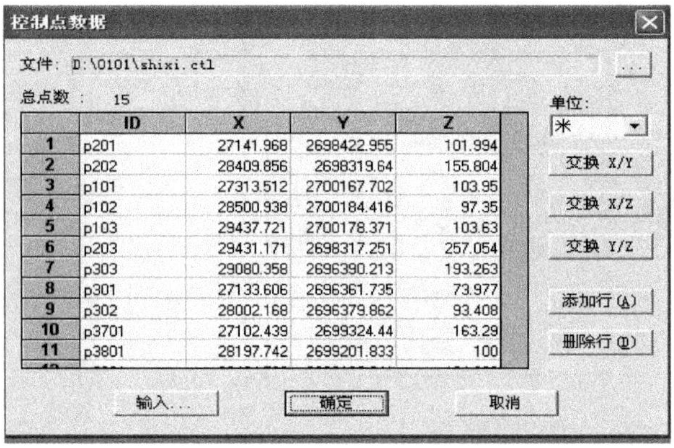

图 2-13 “控制点数据”对话框

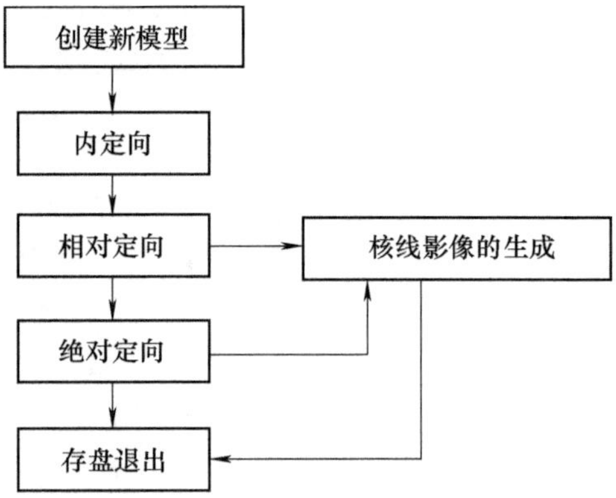

图 2-14 模型定向流程

1）创建立体模型。第一次创建模型时，在VirtuoZo NT主界面中，单击“文件”菜单，选择“打开模型”，弹出“打开或创建一个模型”对话框，按航片编号输入模型名称，如“37—38”，表示左片为37和右片为38，单击“打开”，进入“设置模型参数”界面（图2-15）。学生只需引入格式为“.vz”的左右影像名，即可单击“保存”退出。

当模型创建后，可以点击 VirtuoZo NT 主界面中的“设置”，选择“模型参数”来修改模型参数。当下次需要对该模型进行处理时，只需点击 VirtuoZo NT 主界面中的“文件”，选择“打开模型”，在对话框中选择已存在的模型文件，打开即可，这时在 VirtuoZo NT 主界面的底部将会显示已经打开的测区和模型。

图 2-15 “设置模型参数”界面

按照同样的步骤，可以创建测区的其他模型，如“38—39”“30—29”“29—28”等。

2）自动内定向。先打开需要定向的模型，进入定向模块，系统先建立框标模板；然后分别进行左右影像内定向；最后退出内定向模块。

当模型打开后，在 VirtuoZo NT 主界面中，单击“处理”菜单，选择模型定向子菜单中的内定向，系统读入左影像，屏幕显示建立框标模板界面（图 2-16）。左边的“内定向/近似值”窗口中显示了当前模型的左影像，右边的“基准窗口”显示了某框标的放大影像。若影像的四角的每个框标都有小白框围住，则框标近似定位成功，否则需要人工干预：移动鼠标光标到框标中心，单击左键，使小白框为主框标，选择“接受”进入左影像内定向界面（图 2-17）。界面显示了框标自动定位后的状况。单击左窗口中间的每个按钮面板数字，在右边的放大窗口中则会显示对应的框标影像，观察十字丝是否对准框标中心，若不满意可进行调整。

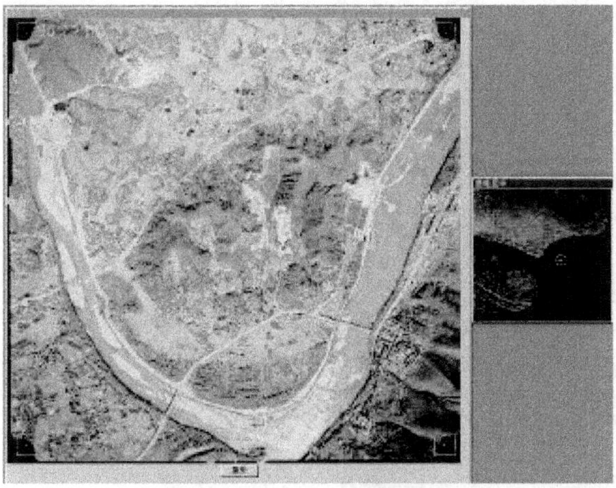

图 2-16 建立框标模板界面

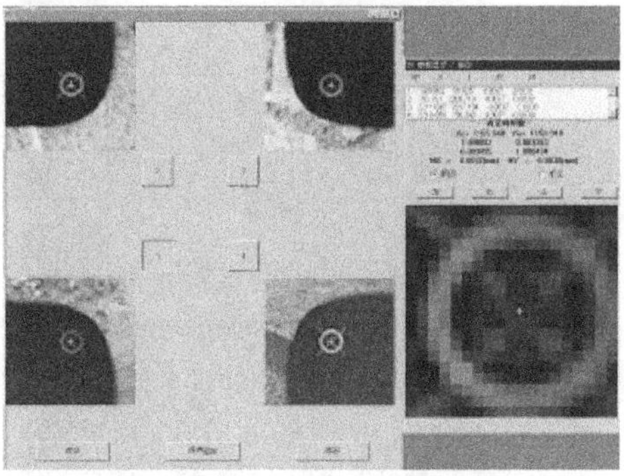

图 2-17 左影像内定向界面

框标调整有自动和人工两种方式。先选择自动方式，用鼠标在左窗口的当前框标中心点附近单击，十字丝则会自动精确对准框标中心。若自动方式失败，选择人工方式，移动鼠标在左窗口中的当前框标中心点附近单击鼠标左键，再分别选择“向上”“向下”“向左”“向右”按钮，微调小十字丝，使之精确对准框标中心。当精度达到要求时，单击“保存”退出，程序读入右影像，进入右影像内定向界面，然后按同样的方法进行右影像定向。

对于已做过内定向的模型，当选择内定向菜单时，系统会弹出上次内定向的结果，并询问是否重新内定向，如图 2-18 所示。若对此结果满意则单击“否”，不满意则单击“是”，重新内定向。

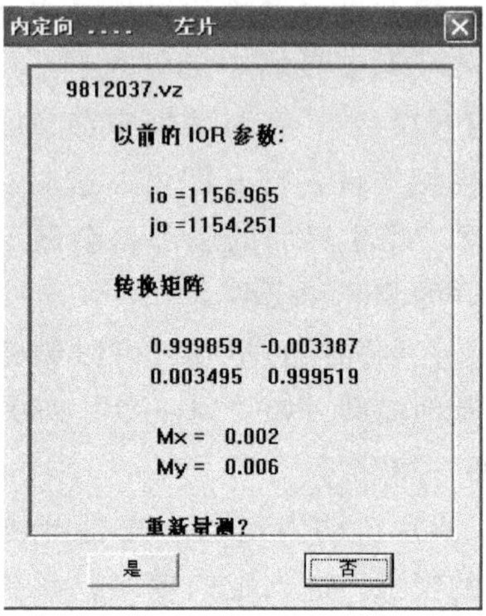

图 2-18　内定向重新量测

3）自动相对定向。首先进入相对定向界面，接着自动相对定向，然后检查和调整定向点。

在 VirtuoZo NT 主界面中，单击“处理”菜单，选择定向中的相对定向，系统读入当前模型的左右影像数据，显示“相对定向”界面（图 2-19），单击鼠标右键选择影像，在弹出的菜单中分别选择“全局显示”和“自动相对定向”，程序开始自动搜索同名点，进行相对定向。相对定向结果显示在“定向结果”窗口中。“定向结果”窗口中显示了同名点点号和上下视差（单位为 mm），“定向结果”窗口底部显示了相对定向的中误差（RMS）和定向点总数。如果某点的上下视差过大，可进行微调或删除：

① 删除点：选中要删除的点（高亮显示），单击“删除点”按钮。

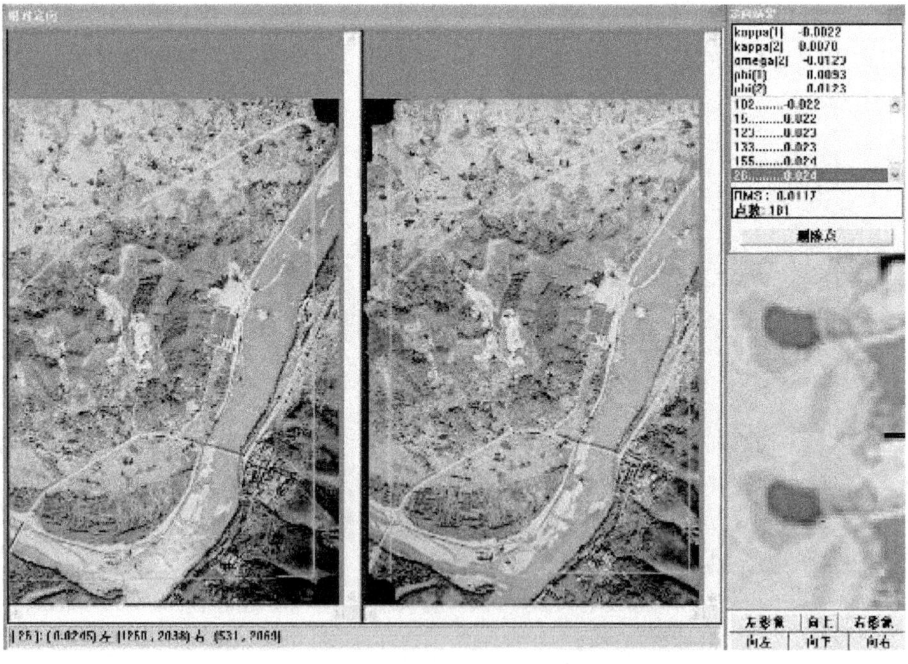

图 2-19　“相对定向”界面

② 微调点：选中要微调的点，选择界面下方的左影像或右影像，对照同名点放大窗口，参照中误差，分别单击“向左”“向右”“向上”“向下”按钮进行微调，使左右十字丝切准同一影像点。

当精度达到要求后，选择右键菜单中的“保存”并退出。

4）绝对定向。在相对定向完成后并不退出定向界面，继续量测控制点，进行模型的绝对定向计算，并进行检查与调整。

在相对定向界面中，参照测区目录中的控制点点位影像，按控制点的真实地面位置量测地面控制点，并输入控制点点号（图 2-20）。首先移动鼠标光标到控制点点位，单击左键弹出该点位的放大影像窗口，再将光标对准放大窗口的点位单击，程序自动匹配到右窗口的同名点，并弹出该点位的右影像放大窗口及微调窗口。在微调窗口中，可分别选择左影像或右影像，然后单击“向上”“向下”“向左”“向右”按钮，精确调整点位，并输入当前控制点点号，单击“确定”，则该控制点量测完毕，以蓝十字丝显示。

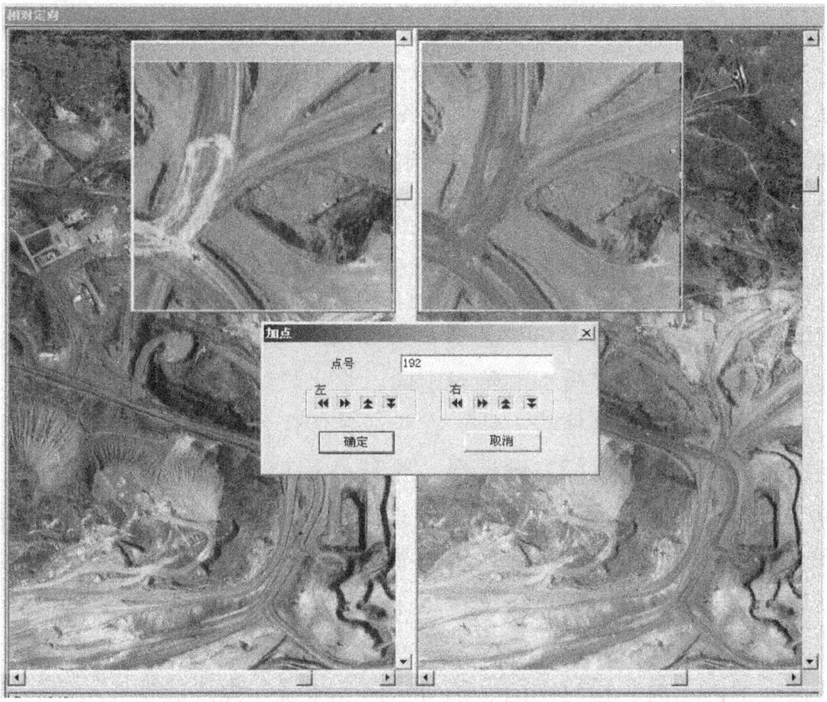

图 2-20　量测绝对定向点

按以上步骤量测不在同一直线上的三个点后，单击鼠标右键，选择预测控制点，就可以进行预测了。预测的控制点以蓝色小圈显示，以表示待测控制点的近似位置。然后继续量测蓝圈所示的待测控制点。

当量测完当前模型的所有控制点后，就可以进行绝对定向计算。单击鼠标右键，选择绝对定向下的“普通方式”，系统开始绝对定向计算，弹出“调准控制”窗口和“定向结果”窗口（图 2-21）。

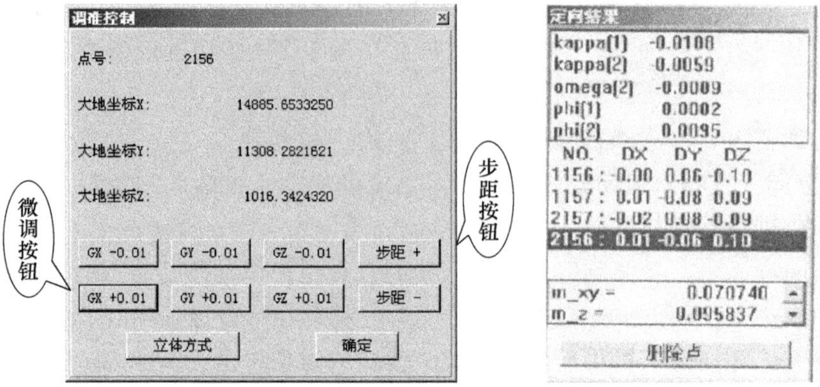

a)　　b)

图 2-21　绝对定向的调准控制和定向结果

a）调准控制　b）定向结果

“定向结果”窗口显示了点号、平面和高程的残差以及中误差。若绝对定向点不满足精度要求，则可进行微调。单击选中需要微调的绝对定向点，在“调准控制”对话框中先查看大地坐标是否输错，如有，则删除再重新量测；然后选择合适的步距，进行微调。进行微调时，应参照同名点点位和查看定向误差。所需调整的点均完成后，单击“控制点微调”窗口中的“确定”按钮，程序返回相对定向界面，绝对定向完成。

5）生成核线影像。绝对定向完成后，可不退出定向模块，返回相对定向界面，继续生成核线影像。完成相对定向后可生成非水平核线影像，非水平核线影像基于模型相对定向结果，遵循核线原理对左右原始影像沿核线方向保持 X 不变，在 Y 方向进行核线重采样。要生成水平核线影像，必须先完成模型的绝对定向，水平核线重采样使用绝对定向结果，将核线置平。同一测区应使用同一种核线方式。在生成核线影像前，需要确定核线影像的范围。

在相对定向界面中，单击鼠标右键选择“全局显示”，界面则显示模型的全局影像，再弹出右键菜单，选择“自定义最大作业区”，或选择“定义作业区”，按住鼠标左键拖动，选择核线范围。定义好的核线范围用绿色边框显示。单击鼠标右键，选择生成核线影像中的非水平核线，程序依次对左右影像进行核线重采样，生成模型的核线影像。单击鼠标右键，选择“保存”和“退出”。

至此，该模型的内定向、相对定向、绝对定向及核线影像生成均完成。同样，可以对其他模型进行处理。当每个模型的核线影像生成后，可进行影像匹配。

注意：只有进行绝对定向后才能生成水平核线影像，若只作相对定向，则只能生成非水平核线影像。

（3）数字影像测图　数字影像测图是利用计算机代替解析测图仪、用数字影像代替模拟影像、用数字光标代替模拟光标，直接在计算机上进行数字化测图。

数字化测图模块（交互式数字影像测图系统 IGS）主要用于地物量测，用户可在立体影像或正射影像上进行地物数据采集及编辑，生成数字测图文件（. xyz），并按标准的制图符号将之输出为矢量地形图。

其基本步骤为：进入 IGS 测图模块后，新建或打开矢量文件（. xyz），装置立体模型或正射影像后就可以提取矢量信息了。这时，激活立体模型或正射影像，选择相应的地物符号，并切换到符号化地物绘制状态，用测标切准地物进行地物点的采集。地物量测完成后，还可以进行地物的编辑。

1）进入测图界面。在 VirtuoZo NT 主界面中，单击“测图”，选择“IGS 数字化测图”，进入测图模块。

2）新建或打开测图文件。在 IGS 主界面中，单击“文件”，选择“新建 xyz 文件”，在弹出的对话框中设置测图文件名后，弹出“地图参数”对话框，如图 2-22 所示。

设置地图比例尺（分母）：10000，其他（高程的十进制小数位数、徒手操作容差、地图坐标框）按默认值，单击“保存”后，系统创建一个新的测图文件，弹出一个矢量图像窗口，并用红色框标识其图廓范围，如图 2-23 所示。如果测图文件存在，可直接打开。

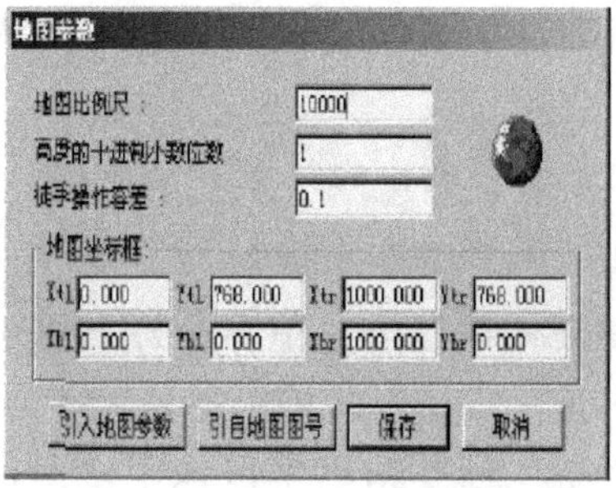

图 2-22　“地图参数”对话框

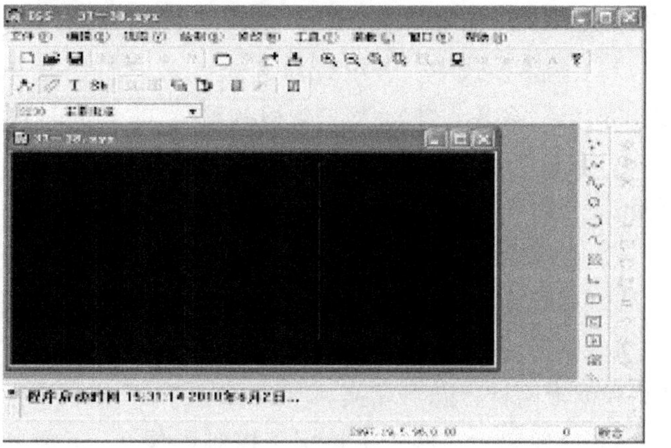

图 2-23　新建矢量窗口

3）装载立体模型。打开测图文件后才能装载立体模型或正射影像。在 IGS 主界面中，单击“装载”，选择立体模型，选择一个立体模型（. mdl），系统弹出影像窗口，显示立体影像。

激活 IGS 主界面中立体模型或正射影像中的“文件”，选择“设置模型边界”，单击“保存”，用模型的边界来定义测图文件的范围。

4）设置作业环境。

① 当前工作窗口：当前工作窗口是指用户可以进行操作的窗口，这里有影像窗口和矢量图形窗口，在窗口顶部的标题栏单击，使标题栏显示为蓝色，该窗口即为当前窗口。

② 影像与矢量图形的移动与缩放。

③ 选项设置：在 IGS 主界面中单击“工具”，选择“选项”，在弹出的对话框中进行相关设置。

④ 矢量层叠加：按下工具栏图标Vior，可将测量的矢量层显示在立体影像上。

⑤ 层控制：在 IGS 测图中，不同的地物分属于不同的层，每一层都有一个特征码。单

击工具栏图标打开层控制对话框，就可以对层进行操作了。层锁定后，不能对该层地物进行编辑，只能显示和新增该类地物；层冻结后，不能对层作任何操作，包括显示、新增和编辑；层打开后可以显示，关闭后，该层隐藏；还可以设置层颜色和删除层。

⑥ 模式设置：当前窗口为立体模型时才会出现“模式”主菜单。在“模式”主菜单中可进行如下设置：显示立体影像——可在左右影像分屏显示和立体显示之间切换；人工调整测标——在数据采集时可调整测标获取地面高程。

测标有两个，分别位于左右影像上，系统提供了两种方式调整测标：自动调整和人工调整。

a）自动调整。在去掉人工调整条件下，按下工具栏图标，测标在地物上自动解算高程，此时测标可随地面起伏自动调整，实时切准地面。

b）人工调整。在非自动调整模型中（图标没按下时），在影像窗口中，按住鼠标中间左右移动鼠标，或按住键盘上的<Shift>键，左右移动鼠标，或使用键盘上的<PageUp>、<PageDown>，都可调整测标使之切准地面。若用手轮脚盘，还可转动脚盘调整测标。

人工调整模式中，若没有勾选“人工调整”菜单，测标为“视差调整模式”。若勾选“人工调整”菜单，测标为“高程调整模式”，此时自动调整按钮无效。

⑦ 鼠标与手轮脚盘功能。在IGS测图时，鼠标与手轮脚盘由系统自动切换，不需人工干预。

a）鼠标左键。在测量过程中用于确认点位。单击鼠标左键，即记录了某点的坐标。

b）鼠标中键。在量测过程中，用于调整测标的高程（或测标的左右视差）。

c）鼠标右键。在量测过程中，用于结束当前操作。在量测状态下，单击鼠标右键可在量测和编辑两种状态下切换。

d）手轮脚盘。两个手轮用于控制影像X、Y方向的移动，脚盘相当于鼠标中键。可在“设备设置”中设置移动步距。

e）脚踏开关。左右开关分别相当于鼠标左右键。

5）地物量测。量测工作主要包括地物量测、地物编辑和文字注记。在数字测图系统中，地物量测就是对目标进行数据采集，获取目标三维坐标X、Y、Z，并将之保存在测图文件.xyz文件中。地物量测时，先输入或选择地物特征码，进入量测状态，根据需要选择线型或辅助测图功能，根据需要启动或关闭地物咬合功能，对地物进行量测。

① 输入地物特征码：若用户熟记了特征码，可直接在IGS主界面状态栏的特征码显示框中输入待测地物的特征码；也可单击工具栏图标，在弹出的对话框中选择地物特征码。

② 进入量测状态：可按下工具栏图标，进入量测状态；也可单击鼠标右键，在编辑状态和量测状态之间切换。

③ 选择线型：选择了一种地物特征码后，系统会自动为该特征码所对应符号设置相应的线型，表现为“绘制”工具栏相应的线型图标被按下，同时该符号可以采用的线型图标被激活。量测前，用户可选择任意一种线型开始量测，在量测过程中，还可以通过工具栏切换来改变线型，以便用各种线型来表示一个地物。

④ 选择辅助测图功能：为更加方便地量测地物，系统提供的辅助测图功能有“矩形”“自动闭合”“自动对角化与补点”“自动高程注记”。可通过“绘制”菜单或绘制工具栏图标来启动或关闭辅助测图功能。

⑤ 基本量测方法：在影像窗口中，立体观察量测地物，用鼠标或手轮脚盘切准地物后，单击鼠标左键或踩左脚踏开关记录当前点，跟踪地物量测到最后一个点时，单击鼠标右键或踩右脚踏开关结束量测。测图过程中，可随时选择其他线型或测图辅助功能，可按 < Esc > 键取消当前测图命令，如果量错了某点，可按键盘上的 < BackSpace > 键删除该点，将前一点作为当前点。

⑥ 不同线型的量测。

a）单点。单击鼠标左键或踩下左脚踏开关记录单点。

b）单线（折线）。单击鼠标左键或踩下左脚踏开关记录所有节点，单击鼠标右键结束。当折线符号一侧有短齿线等附加线划时，一般附加线划沿量测前进方向绘于折线右侧。

曲线：单击鼠标左键记录所有曲率变化点，单击鼠标右键结束。

c）平行线。对于具有固定宽度的地物，量测完地物一侧的基线（单线）后，单击鼠标右键，系统根据该符号的固有宽度，自动完成另一侧的量测。有时需要人工量测地物的平行宽度，即先量测地物的一侧基线（单线），然后在地物另一侧任意量测一点，即可确定平行线宽度，系统根据此宽度自动绘出平行线。

d）底线。对于有底线的地物（如斜坡），如图 2-24 所示，需要量测底线来确定地物范围。首先量测基线，然后量测底线，底线一般绘于基线前进方向的左侧。在量测底线前，可选隐藏线型量测，底线将不会显示处理。

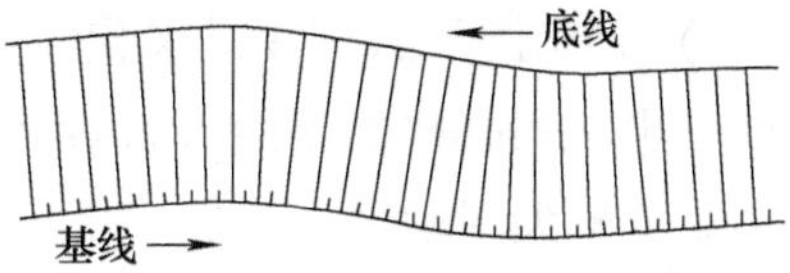

图 2-24　底线

e）圆和圆弧。量测圆形地物时，单击“圆”图标，然后按顺序量测圆弧的起点、圆弧上一点和圆弧的终点，单击鼠标右键结束。

f）高程锁定量测。有些地物的量测需要在同一高程面上进行（如等高线），这时可用高程锁定功能。单击状态栏上的“坐标显示”文本框，系统弹出“设置曲线坐标”对话框，在“Z”文本框中输入一高程值，确定后，再按下状态栏上的锁定按钮，就可以量测地物了。注意：只有使“模型”菜单中的“人工调整”选择才能启动高程锁定功能。

6）地物量测举例。

① 道路量测。单击图标 Sh，在弹出的对话框中选择道路的特征码，单击量测图标进入量测状态，根据实际情况选择线型，如曲线或手划线，进行道路量测。

a）单线道路的量测。沿着道路中线量测完后，单击鼠标右键结束。

b）双线道路的半自动量测。沿道路的一边量测完后，单击鼠标右键结束。在弹出的对话框提示中输入道路宽度，或直接将测标移动到道路的另一边，单击鼠标左键，系统自动计算路宽，并在路的另一边显示出平行线。

② 房屋量测。单击图标，选择房屋特征码，进入量测状态，选择线型和辅助测图功能，开始量测房屋。

a）平顶直角房屋的量测。鼠标切准房屋某顶点，单击鼠标左键采集第一点，沿着房屋采集第二、第三顶点，单击右键结束，程序自动进行直角化和闭合。

b）人字型房屋的量测。切准房屋顶点，采集第一点，沿着屋脊方向采集第二顶点，沿着垂直屋脊方向采集第三点，单击鼠标右键结束。程序会自动匹配房屋其他角点及屋脊线上的点。

c）有天井的特殊房屋量测。关闭自动闭合功能，沿房屋的外边缘采集顶点，最后回到第一个顶点处单击鼠标左键，用鼠标选择工具栏图标隐藏线型，然后移动到房屋内边缘，采集第一个点，选择折线，沿内边缘采集所有点，回到第一个内边缘点，单击鼠标左键，最后结束。

d）共墙但高度不同的房屋的量测。先量测完较高房屋，在“工具”→“选项”菜单中选择“二维咬合”和“最近”选项，然后量测较矮房屋，当测标移动到共墙的顶点处时，若计算机发出蜂鸣声，则表示咬合成功，否则需要重新量测该点。

e）带屋檐的房屋的量测。先量测房顶的外边缘，进入编辑状态，选择该房屋，单击菜单栏的“修改”，选择屋檐改正，在弹出的对话框中选择需要修正的房屋边，输入修改值，确定后，当前房屋的房檐被修正。

③ 高程点的采集。选择高程点特征码，进入量测状态，切准地貌后，每隔一定距离采集一次高程点。

④ 等高线采集量测。

a）大比例尺的等高线采集。大比例尺的等高线精度要求较高，且一个模型内的等高线数量较少，等高线的测绘可直接在立体测图中全手工采集。采集时，先选择等高线特征码，激活立体模型显示窗，选择“模式”菜单中的“人工调整”，单击修改菜单中的高程步距，输入相应的高程步距，单击 IGS 主界面状态栏的坐标显示文本框，在对话框中输入等高线高程值，按下状态栏的锁定按钮，进入量测状态，切准模型点开始跟踪等高线，单击鼠标右键或踩右脚踏开关结束采集。要量测另一条等高线，可按下键盘上的 <Ctrl> + < ↑ > 或 <Ctrl> + < ↓ >，再开始量测。

b）中小比例尺的等高线采集。对于山形地区的立体模型数据，一般匹配效果较好，可使用自动生成等高线功能，直接生成等高线矢量文件，然后在 IGS 测图中引入，进行少量的等高线修测即可。对于城区地貌或混合地貌的模型数据，可先进行编辑，生成较高精度的 DEM，然后引入并修测即可。

c）等高线高程注记。等高线上的高程注记一般注记在计曲线上，注记的方向和位置均有规定标准，且要求等高线在注记处自动断开。先激活矢量窗口，单击“视图”，选择“等高线注记设置”，在弹出的对话框中进行相关设置。按下载入 DEM 图标，在弹出的对话框中选择与该模型对应的 DEM 文件，激活矢量窗口，进入编辑状态，选择需要注记的等高线，按下半自动添加等高线注记图标，在需要添加等高线注记的地方单击鼠标左键，系统则会自动添加等高线注记，并隐藏与注记重叠的等高线影像（须在“等高线注记设置”对话框中选中“隐藏压盖段”），且该处的等高线注记字头自动朝向高处。

7）地物编辑。地物编辑是对已量测的地物进行修测或修改。首先进入编辑状态，选择需要编辑的地物或其节点，选择所需的编辑命令进行修测或修改。

① 进入编辑状态。有两种方法可进入编辑状态：可以单击工具栏图标进入编辑状态，或者单击鼠标右键，在量测状态和编辑状态之间切换。

② 选择地物或其节点。单击某地物，该地物被选中后，地物上的所有节点都将显示为蓝色小方框。选中某地物后，在其某个节点上单击鼠标左键，该点被选中，该点的小方框变为红色。可用鼠标左键拉框，选择多个地物。在没有选择节点的地方单击鼠标右键，可取消当前选择的地物。

③ 编辑命令的使用。所有编辑命令都是针对当前地物或节点的，在使用编辑命令前，需要选择地物或节点。可以使用编辑工具条、修改菜单，或右键菜单来调用编辑命令。

a）对当前地物的编辑：移动地物、删除地物、打断地物、地物反向、地物闭合、地物直角化、屋檐改正、改变特征码等。

b）对当前点的编辑：移动当前点、删除当前点、插入点等。

8）文字注记。文字注记的设置与输出必须在注记状态下进行，按下主工具条上的图标进入注记状态，系统弹出“注记”对话框（图 2-25），用户在其中输入相应的内容和参数，然后在影像或图像工作窗口内单击鼠标左键，即可在当前位置插入所定义的文本注记。

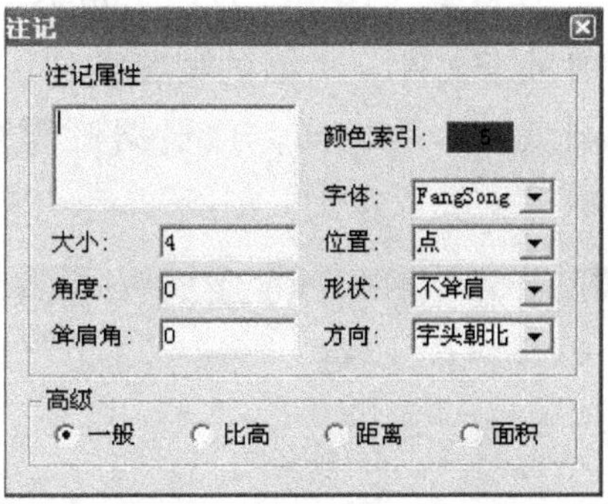

图 2-25　“注记”对话框

（4）产品数据格式输出　VirtuoZo NT 的影像数据格式可在多种影像数据格式间相互转换，矢量数据文件可转换成. txt、. DXF 等数据文件格式。单击“产品”，在“输出”项中选择 DEM、等高线等选项，在系统弹出的对话框中指定源文件和目标文件，单击“转换”，系统则会进行相应数据文件格式的转换。

（5）图廓整饰　根据国家标准地形图内业规范要求，图廓整饰是对当前生成的图幅，加上内外图廓线、公里格网、标注公里数或经纬度、结合图表、图幅名称、图号、图廓注记、比例尺和各种文字说明等。

模块定义的图廓参数文件格式为 . mf，对数字地形图和正射影像图进行图廓整饰、影像裁切以及矢量与影像的叠合处理，生成栅格图幅产品文件（. map）或图廓矢量文件（. dxf）。

图廓整饰时，先打开一个影像，新建或打开一个图廓参数文件，然后进行可视化的图廓整饰处理。图廓整饰的主要作业步骤是：进入图廓整饰主界面，打开要使用的数字影像文件，选择要生成的图幅文件类型并填写图廓参数，确定输出参数，然后生成、显示图幅文件。

1）进入图廓整饰主界面。在 VirtuoZo NT 界面中，单击“工具”菜单，选择“图廓整饰”，弹出图廓整饰主界面“New Map—图廓整饰”，如图 2-26 所示。

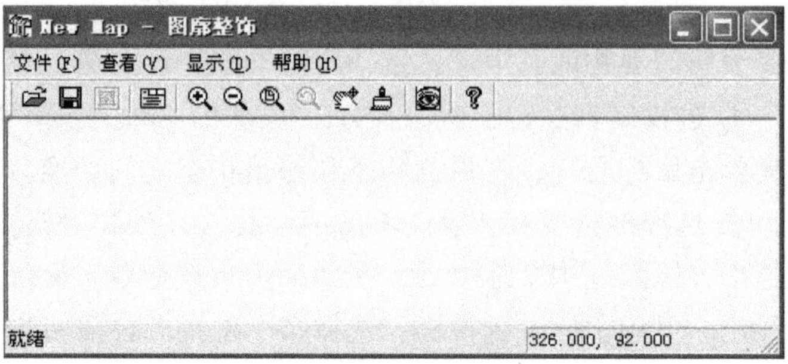

图 2-26　图廓整饰

2）选择要整饰的影像文件。在“New Map—图廓整饰”界面中单击“文件”，选择“打开”，在弹出的对话框中选择需要整饰的影像文件，如“正射影像 . orl”，或已经存在的整饰结果文件“结果 . map”，系统将打开所选影像，并弹出“属性”对话框。“属性”对话框共有九个标签：影像、图廓、矢量、图框、注记、格网、图表、标识和输出。用户在此对话框中设置图廓参数。

3）建立图廓参数文件。

① 设置“影像”标签。在“属性”对话框中，单击“影像”标签，单击“影像文件名”的浏览按钮，选择要整饰的正射影像，单击“刷新显示”，系统读入影像的基本信息，如图 2-27 所示。

② 设置“图廓”标签。单击“图廓”标签，在出现的“图廓”标签中，点击“图廓参数种子文件”后面的浏览按钮，新建或打开图廓参数文件（. mf），内图廓的坐标系与控制点坐标系相同，且根据影像信息，自动填写内图廓的四个角点坐标，如图 2-28 所示。

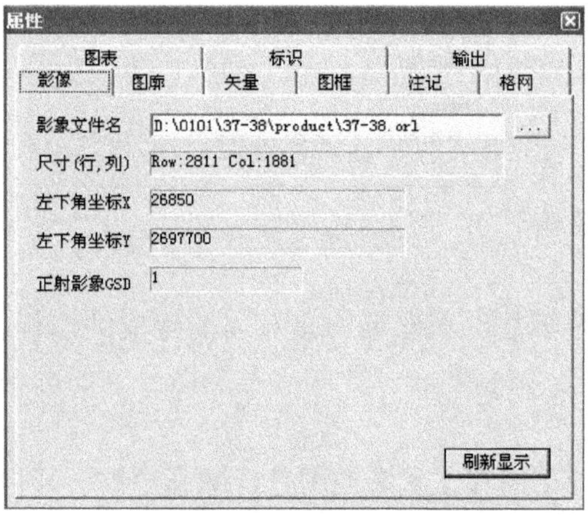

图 2-27　“影像”标签

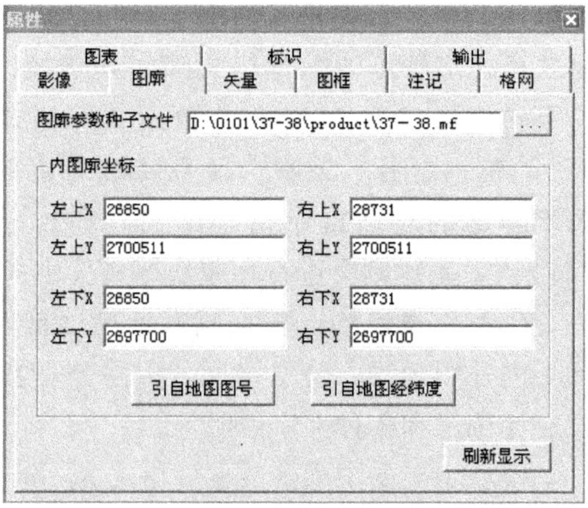

图 2-28　“图廓”标签

③ 设置“矢量”标签。单击“矢量”标签，在“矢量”标签中，单击“矢量文件名”后面的浏览按钮，选择需要引入的矢量文件，就在下面的文本框中显示了该矢量文件的基本信息，如图 2-29 所示。

④ 设置“图框”标签。单击“图框”标签，在“图框”标签中，选择“内图框”的形式和线宽。“外框偏移量”指内图廓到外图廓的距离，如图 2-30 所示。

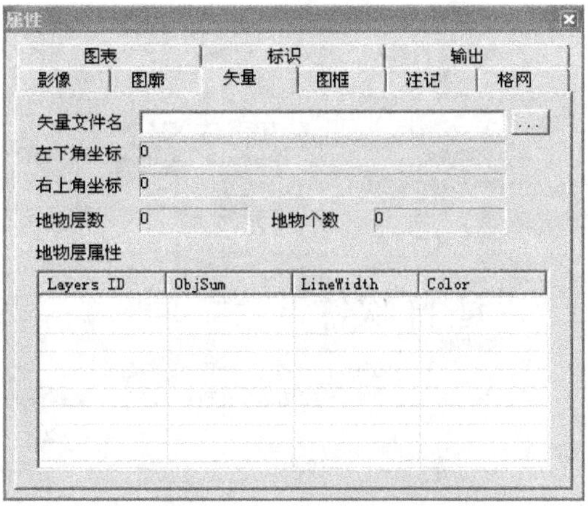

图 2-29 “矢量”标签

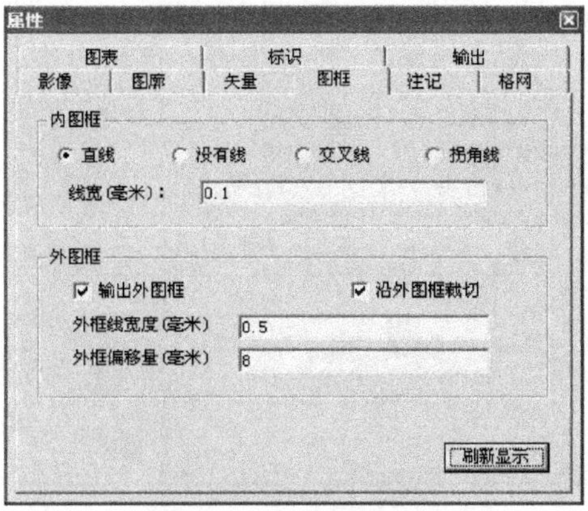

图 2-30 “图框”标签

⑤ 设置“注记”标签。单击“注记”标签，在“注记”标签中（图 2-31），设置“坐标注记位置”等。“小字字高”指坐标注记字百公里以上部分的字高，“大字字高”指坐标注记字百公里以下部分的字高。

⑥ 设置“格网”标签。单击“格网”标签，在“格网”标签中设置格网类型，如图 2-32 所示。

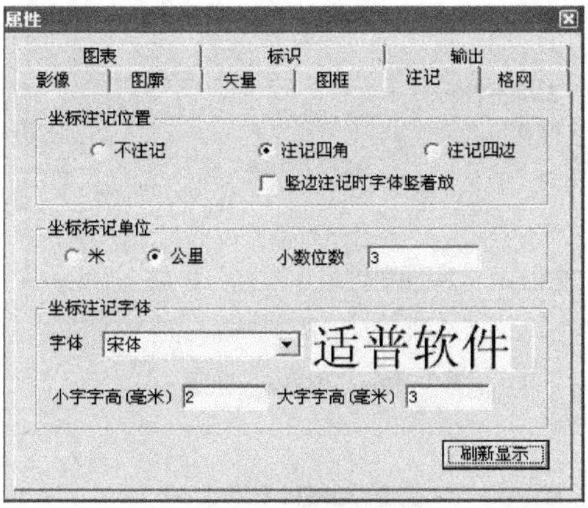

图 2-31 “注记”标签

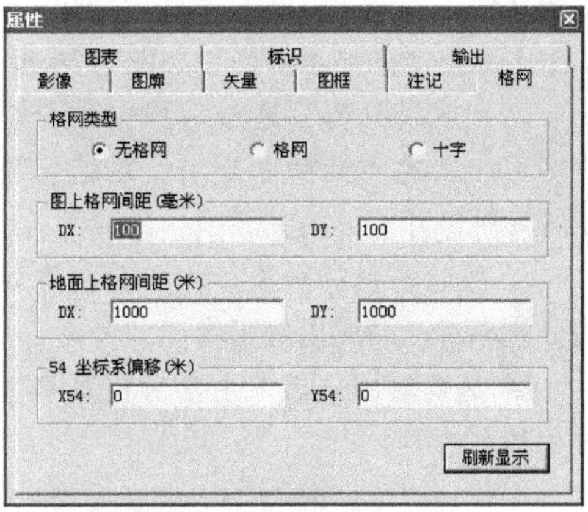

图 2-32 “格网”标签

⑦ 设置“图表”标签。单击“图表”标签，设置与本图幅邻接的图幅编号。单击“结合图表”或“无图表”，确定是否在输出图件上绘制结合图表。“偏移量”指结合图表的底线到内图廓的距离，对话框下面的九个文本框中，中间的表示当前文本框，在周围八个中输入邻接图幅编号，如图 2-33 所示。

⑧ 设置“标识”标签。单击“标识”标签，在“标识字符串”输入标识字符串的内容，在“标识项名称”中输入当前标识字符串一个标识名称，单击“新增”，在“现有标识项”中选中一个标识项，输入“标识偏移量”（当前标识与内图廓的距离），设定“标识相对位置”，单击“刷新显示”。在这里可以设置图幅名称和比例尺等，如图 2-34 所示。

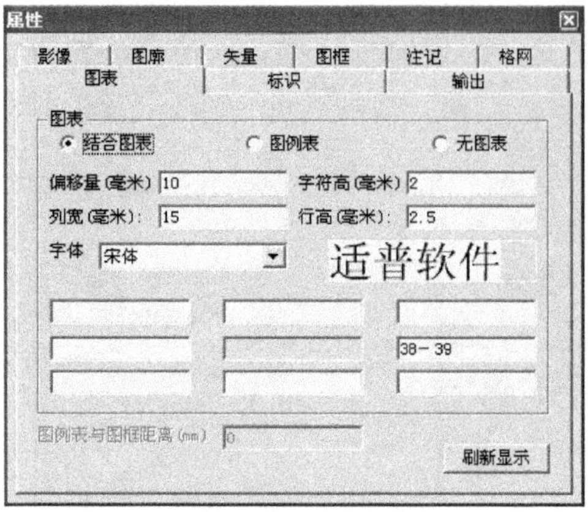

图2-33 “图表”标签

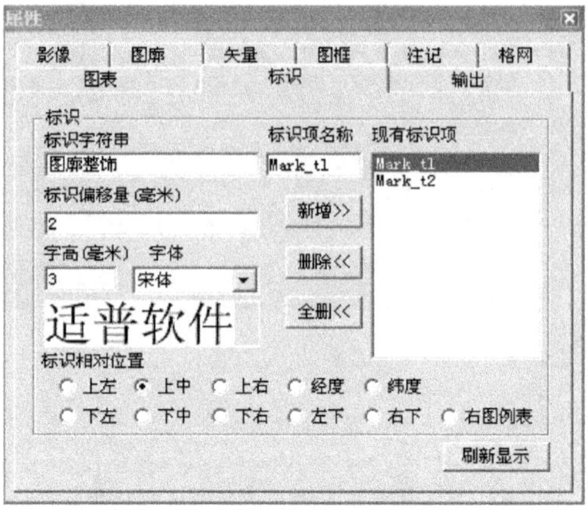

图2-34 “标识”标签

⑨ 设置“输出”标签。单击“输出”标签，在“输出栅格文件名”设定图幅文件(.map)，如图2-35所示。

在设置完图廓参数后，在属性对话框中单击“保存图廓设置”，系统将保存图廓参数文件（.mf）。单击“执行输出”，系统将生成图幅文件（.map）。单击“显示结果”，系统弹出图廓整饰的显示界面，如图2-36所示。

(6) 成果分析　通过对成果的分析，了解实习产品的质量精度要求，总结作业中出现的问题，并能分析其原因。

① 原始资料的分析。主要分析原始影像的分辨率对产品成果的影像。

② 基本数据分析。主要分析基本参数设置和基本精度。

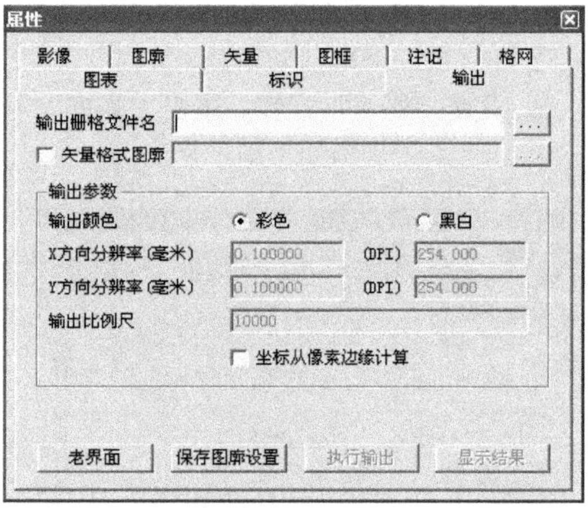

图2-35 “输出”标签

图2-36 影像结果

a）生成质量报告。在 VirtuoZo NT 主界面中，单击“工具”，选择“质量报告”，再分别选择“定向”“匹配”“DEM”等项，就可生成质量报告了。

b）基本参数的分析。主要分析匹配窗口、DEM 格网间隔的大小，正射影像的分辨率，成图比例尺等参数设置是否合理。

c）基本精度分析。主要分析单模型定向精度、DEM 的精度，多模型的拼接精度是否达到了所要求的精度。

③ 成果的图形图像分析。主要分析 DEM 和正射影像。

a）显示 DEM 透视图，观察是否有错误或变形，例如：有多余的尖峰、河流中凸凹不平、多模型拼接处有裂缝或错位等。

b）显示正射影像，观察是否有黑洞或变形，例如：有黑块或黑条、房屋和桥梁扭曲、多影像接边处有错位等。

2.2 像片调绘

2.2.1 像片判读

航摄像片以影像的表现形式提供了丰富的地面信息，根据像片所显示的各种规律，借助相应的仪器设备及有关资料，采用一定的方法对像片影像进行分析判断，从而确认影像所表示的地面物体的属性、特征，为测制地形图或为其他专业部门提供必要的地形要素，这一作业过程称为像片判读或像片解译。

航摄像片调绘是以像片判读为基础进行的，因为航摄像片虽然有地物、地貌的影像，但按照影像把它们描绘下来并不是地形图信息（这是由于地形图上表示的地形要经过综合取舍，并按照一定的符号表示）。并且，地形图还必须标注地形，地物的名称、数量、质量和说明注记等，因此，要达到地形图的要求，还必须进行实地调查，并将调查的结果描绘注记在像片上。

1. 像片判读的分类

像片判读是进行像片控制选点和像片调绘的基础，即进行这些工作必须首先掌握根据影像对相应地物的辨认定性和定位的能力。因此，影像判读是进行像片控制选点和像片调绘工作的一项基本技术。

（1）根据判读的目的分类　根据判读目的的不同，将像片判读分为地形判读和专业判读。地形判读主要是指航空摄影测量在测制地形图过程中所进行的判读，其判读目的是通过像片影像的判读获取所需要的各类地形要素。专业判读是为解决某些专业部门需要所进行的带有选择性的判读，其判读目的是通过像片判读获取本专业所需要的各类要素。

（2）根据判读的方法分类　根据判读方法不同，像片判读可分为目视判读和电子计算机判读。

1）目视判读。目视判读是指判读人员主要依靠自身的知识和经验及所掌握的其他资料与观察设备，在室内或室外与实地对照去识别像片影像的过程。目视判读可进一步分为野外判读与室内判读。

① 野外判读是把像片带到所摄地区，主要根据实地地形的分布状况和各种特征，与像片影像对照进行识别的方法。这种方法的优点是判读简单，易于掌握，判读效果稳定可靠，在很长时间内航测成图中的像片调绘都是采用这种判读方法。但其缺点是野外工作量大，效率低。在目前的条件下，野外判读在生产中仍占有重要的地位。

② 室内判读主要是根据物体在像片上的成像规律和可供判读的各种影像特征，以及可能收集到的各种信息资料，采用平面、立体观察和影像放大、图像处理等技术，并与野外调绘的“典型样片”比较，以推理分析等方法，脱离实地所进行的判读。室内判读的优点是能充分利用像片影像信息，发挥已有的各种判读图件资料、仪器设备的作用，减少野外工作量，改善工作环境，提高工作效率。但室内判读对判读人员自身的综合素质要求较高，目前判读的准确率有待提高。因此，常将野外判读与室内判读有机结合起来，称为室内外综合判读法。

2）电子计算机判读。电子计算机判读称为电子计算机模式识别。模式识别是借助电子计算机，根据识别对象的某些特征，对识别对象进行自动分类和判定。

2. 像片的判读特征

众所周知，航摄像片是由空中沿着与地面近似垂直的方向进行摄影所取得的。像片上的影像与对应的目标在形状、大小、色调、阴影、纹理图案、布局位置和活动特征等方面有着密切的关系。人们就是根据这些特征去识别目标和解译某些现象。这些特征称为判读特征。因为像片的各种类型，像片倾斜和地面起伏等因素会使判读特征有很大差异。因此，掌握判读特征以及各种因素对它们的影响，对像片判读有着重要的意义。

（1）形状特征　形状特征是指物体的一般形状或轮廓在像片上的反应。各种物体都有一定的形状和特有的辐射特性。同种物体在像片上有相同的灰度特征。物体的形状与像片上的影像基本保持相似的关系，因此，物体的形状可作为主要的解译特征。但有些形状相同的影像，物体本身的形状可能完全不同，如旱地和苗圃、水渠和小路等。另外，受到投影差及阴影的影响，物体的影像也会产生不同程度的变形，如烟囱、通信电杆、里程碑等，此时，形状就不能作为主要的解译特征。根据地物空间的平面形态，地面对象可分为点状体、线状体、面状体，如图 2-37 所示。

（2）大小特征　大小特征是指地物在像片上的影像尺寸，如图 2-38 所示。物体成像的

a)　b)　c)

图 2-37　不同地物的形状特征

a）建筑物　b）飞机　c）盘山公路

大小取决于像片比例尺的大小，用像片比例尺分母乘以影像的尺寸，可以大致确定物体的实际大小。在航空摄影像片上，平坦地区各地物影像的比例尺基本一致，实际大的地物反映了像片上的影像尺寸也越大，反之则小。但有些物体由于亮度、地形起伏等因素影响，成像大小往往超过了应有的大小，如坚实的谷场、草地上发白的小路等，由于反光的影响，成像会变得大一些。根据日常所熟悉的某些物体的大小，用对比法可以对某些物体加以区分或确定。

a)　　　　b)　　　　c)

图 2-38　地物的大小特征

a）小轿车　b）火车　c）建筑物

（3）色调特征　地物的亮度和颜色反映到像片上，是灰度不同的影像，这些影像颜色的深浅程度称为色调，如图 2-39 所示。像片影像的色调主要取决于感光材料（航摄底片）的感光特性、地物表面的照度和地物表面的反射能力。

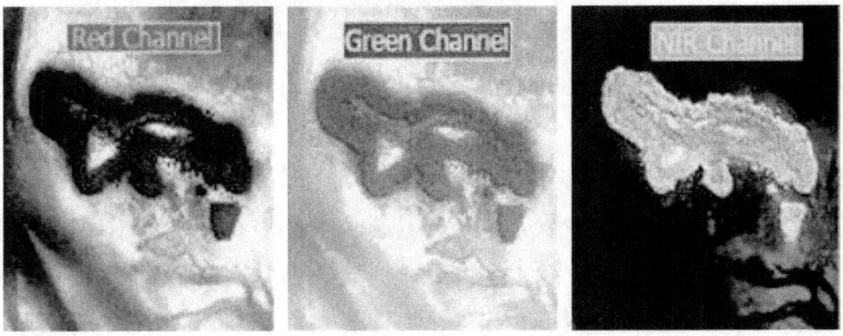

图 2-39　相同地物的不同色调

在全色摄影像片上的影像色调主要取决于地物表面亮度，而地物表面亮度与地面表面照度、地物亮度系数、地物表面粗糙度有关。

（4）阴影特征　阴影是指地面物体在阳光照射下投影落在地面上的影子。阴影可分为本影和落影两部分：地物未被阳光直接照射的阴暗部分在像片上的影像，称为本影；地物影子在像片上的影像，称为落影，如图 2-40 所示。

阴影对判断高出地面的物体有重要作用。本影有利于判别物体的形状和获得立体感，如冲沟等地貌形状可以明显观察出来。而落影则可给人们以高度感，根据落影可以判读出高楼、烟囱、高压线杆和陡坎等，如图 2-41 所示。

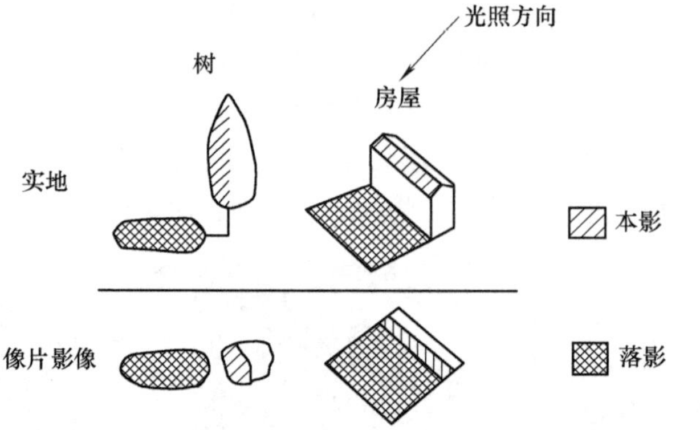

图 2-40　本影与落影

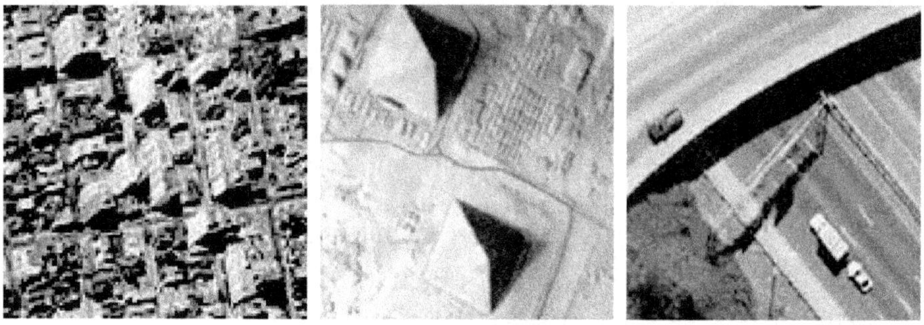

图 2-41　典型地位的阴影特征

但是，阴影也可能造成判断上的错觉，所以利用阴影进行判读时，一定要进行立体观察。

（5）纹理图案特征　细小物体在像片上有规律地重复组成纹理图案的影像称为纹理图案特征。纹理图案是地物形状、大小、阴影、色调、空间方向和分布的综合表现，反映了色调变化的频率。纹理图案的形式很多，有点、斑、纹、格、垅和栅等。在这些形式的基础上根据粗细、疏密、宽窄、长短、直斜和显隐等条件还可以再细分为更多的图案。

每种类型的地物在像片上都有本身的纹理图案特征，如平原耕地为平板状，森林为颗粒状，河流具有带状点的图案等。因此，可以从影像的这一特征识别相应地物如图 2-42 和图 2-43 所示。

（6）位置布局特征　位置布局特征是指地物的环境位置以及地物间空间位置的配置关系在像片上的反映，也称相关位置特征，是最重要的间接判读标志。

在地面上与像片上，各种地物之间都保持着一定的相互关系，称为它们的相关位置。将物体之间的距离、关系、分布等情况联系起来分析，有利于解译。尤其是解译像片上不清楚的地物，根据实地地物的相对位置，就可以解译出不清楚的影像。比如，水电站要求设置在江、河边，不会设置在没有水域的地方；火电站有燃料场、主厂房、烟囱、供水设备等组成；锯木厂应有操作厂房和堆放的木头，如图 2-44 所示。

a) b) c)

图 2-42 不同植被的纹理特征

a）道路和树林 b）森林 c）堆积的木头

a) b) c)

图 2-43 不同植被的图案特征

a）飞机场 b）稻田 c）河滩

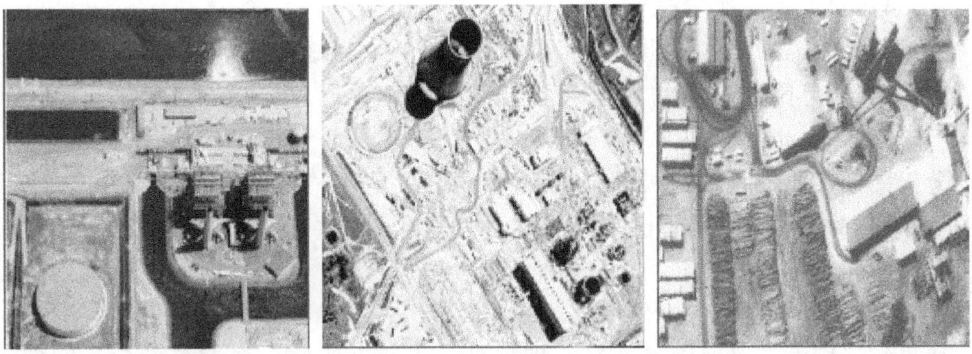

a) b) c)

图 2-44 地物的位置布局特征

a）水电站 b）火电站 c）锯木厂和周围堆积的木头

（7）活动特征 活动特征是指目标的活动所形成的征候在像片上的考虑。如坦克活动后留下的履带痕迹、舰船行驶时激起的浪花、工厂生产时烟囱的排烟等，这些都是目标活动的征候，是判读的重要依据。

上述七个判读特征，在应用时要综合分析、综合考虑，单凭某一特征来判读，通常是不完全可靠的。对于目视判读特征的应用，必须通过不断学习和实践，不断总结经验，才能较好地掌握。

3. 目视判读的一般方法

像片判读方法中，不论是室内判读、野外判读或综合判读，普遍采用的都是目视判读方法。一般情况下，判读可以从整个地区的分析开始，然后再对细部进行认真地判读分析。判读者要按照顺序编排像片，有条不紊地进行工作，从一般细部到个别细部，从已知特征到未知特征，从局部特征到整个区域特征的判读特征，循序渐进地工作。

按照分析推理的观点，一般有如下几种解译方法：

1）直接判读法：依据判读标志，直接识别地物属性。

2）对比分析法：与该地区已知的资料对比，或与实地对比而识别地物属性，或通过对遥感图像不同波段、不同时相的对比分析，识别地物的性质和发展变化规律。

3）逻辑推理法：根据地学规律，分析地物之间的内在必然分布规律，由某种地物推断出另一种地物的存在及属性。如由植被类型可推断出土壤的类型，根据建筑密度可判断人口规模等。

4）信息复合法：利用透明专题图或透明地形图与遥感图像复合，根据专题图或者地形图提供的多种辅助信息，识别遥感图像上的目标地物。

5）地理相关分析法：根据地理环境中各种地理要素之间的相互依存和相互制约的关系，借助专业知识，分析推断某种地理要素的性质、类型、状况与分布。

6）历史比较法：这是做动态研究时所采用的最好办法，如研究滑坡、土体的厚度、滑坡速度和方向等。

4. 目视判读的步骤

（1）目视解译准备工作阶段

1）了解影像的辅助信息：即熟悉获取影像的平台、遥感器、成像方式、成像日期、季节，所包括的地区范围，影像的比例尺，空间分辨率，彩色合成方案等；了解可解译的程度。

2）分析已知专业资料：目视解译的最基本方法是从“已知”到“未知”，所谓“已知”就是已有相关资料或解译者已掌握的地面实况，将这些地面实况资料与影像对应分析，以确认二者之间的关系。

（2）初步解译与判读区的野外考察

1）建立解译标志：根据影像特征，即形状、大小、阴影、色调、颜色、纹理、图案、位置和布局建立起影像和实地目标物之间的对应关系。

2）预解译：运用相关分析的方法，根据解译标志对影像进行解译，勾绘类型界线，标注地物类别，形成预解译图。

3）地面实况调查：在室内预解译的图件中，不可避免地存在错误或者难以确定其类型，这就需要野外实地调查与检证，包括地面路线勘察，采集样品（例如岩石标本，植被样方，土壤剖面，水质分析等），着重解决未知地区的解译成果是否正确。

（3）室内详细判读　根据野外实地调查结果，修正预解译图中的错误，确定未知类型，细化预解译图，形成正式的解译原图。

（4）野外验证与补判

1）野外验证：检验专题解译中图斑的内容是否正确，检验解译标志。

2）疑难问题的补判：对室内判读中遗留的疑难问题进行再次解译。

（5）目视解译成果的转绘与制图　将解译原图上的类型界线转绘到地理底图上，根据需要，可以对各种类型着色，进行图面整饰，形成正式的专题地图。

2.2.2 图式符号的运用

1. 图式符号的意义

航摄像片虽然摄取了地物、地貌的影像，但是这些影像都是用深浅不一的色调表示的，如果直接将航摄像片作为地形图使用，很不方便，也不准确。因此，地形图必须采用不同的点、线和图形等图式符号，以表示地面物体的位置、形状和大小，并且反应物体的数量，质量特征及相互关系。

（1）概念明确　地形图上每一种图示符号都有明确的含义，只要理解了含义，就能根据相应符号判别地物的形状、大小、性质、位置、质量、数量以及分布情况等内容。像片上尽管给出了各种地形元素的影像，但这些影像所代表的内容，不经仔细判读，一般是不知道的，而且有时还会出现这些影像相同而实际所代表的地物完全不一致的情况，从而使用图者得出错误的结果。

（2）清晰易读　符号的符号简单，外轮廓线准确清楚；符号之间的关系有合理明确的规定；符号没有色调层次，在图面上的视觉反差较大；符号有统一规定的形状、尺寸、色彩，容易识别。因此，用图示符号表示的地形图比用色调表示的像片更具有清晰易读的优点。

（3）能突出表示重要的地形元素　地面上某些物体虽然较小，但具有十分重要的作用，如独立树、烟囱、宝塔、电力线、管道等，它们都是地形图的重要内容，但这些物体体积较小，在比例尺小的航摄像片上往往较难辨认，甚至消失在影像上，当用图式符号表示时就能突出它们的重要性，使图面主次分明。

（4）能表示无形元素　无形元素是指地面上看不见而地形图上必须表示的元素，如境界、地理名称及像片上未能成影像的林间小道等。无形元素在航摄像片上没有相应的影像，而采用图示可有效表示它们的作用。

由此可见，图式符号是绘制地形图和使用地形图的重要工具，也是测绘工作者和用户之间地形信息交换的图形语言。

2. 图式符号的制定原则

了解图式符号的制定原则，有助于正确运用图式符号去表达地形图所需要的内容。制定图式符号的基本原则如下：

1）图式符号应能保证满足地形图必须的精度，即图式符号的中心点、中心线或外部轮廓的转折点都应有准确的可供判读的位置特征。

2）图式符号应选用合适的尺寸，使符号既能表达较小的物体，又不致因为图形过分夸大而影响图面清晰。

3）图式符号的图形必须尽可能的简单并与实际地物之间有某种相似之处，使人一看符号就能联想到实际地物，方便认识、记忆与描绘。

4）符号与符号之间应有明显的区别。

5）符号的数量不宜过多，以减少识图和绘图的困难。因此，同形状或性质的地物往往采用相同的符号，但必须加以注记说明。

6）选取与地物相近的颜色绘制地物，这样可以增强符号的表达能力和可识别性。图上的文字与数字不是注记，但都是地形图必要的要素。使用文字与数字注记，是为了补充描述符号的意义。

7）符号应具有统一性。同一要素在不同比例尺地形图上尽量采用同样的色彩和类似的符号，随比例缩小的图形可略微简化，符号尺寸也适当缩小，但应保持外形的一致。

3. 符号的一般规定

（1）符号的分类

1）依比例符号：地物依比例尺缩小后，其长度和宽度能依比例尺表示的符号。

2）半依比例尺符号：地物依比例尺缩小后，其长度能依比例尺而宽度不能依比例尺表示的地物符号，在图示中符号只注记宽度尺寸值。

3）不依比例尺符号：地物依比例尺缩小后，其长度和宽度不能依比例尺表示。在图示旁注符号长、宽尺寸值。

（2）符号的尺寸

1）符号旁以数字标注的尺寸值，均以毫米（mm）为单位。

2）符号旁只注记一个尺寸值的，表示圆或外接圆的直径、等边三角形或正方形的边长；两个尺寸值并列的，第一个数字表示符号主要部分的高度，第二个数字表示符号主要部分的宽度；线状符号一端的数字，单线是指其粗度，两平行线是指含线划粗的宽度，符号上需要特别标注的尺寸值，则用点线引示。

3）符号线划的粗细、线段的长短和交叉线段的夹角等，没有表明的均以图示的符号为准，一般情况下，线划粗为 0.15mm，点的直径为 0.3mm，符号非主要部分的线划长为 0.5mm，非垂直交叉线段的夹角为 45°或 60°。

4. 图示符号的定位

图示符号的定位是确定地形图图示符号与实际地物之间的位置，即要明确规定符号的哪一点代表实地相应物体的中心点，哪一条线是代表实地相应地物的中心线或外部轮廓线。只有这样才能准确知道实地物体在地形图上的位置。

图式符号的定位有以下规定：

1）依比例尺表示的符号的轮廓线表示实地相对应物体的真实位置。

2）圆形、正方形、长方形等独立的几何图形符号：其几何图形的中心点代表实地相应物体的中心位置，如三角点、导线点、路灯等。

3）宽底图形符号：底线中心位置为地物的中心位置，如蒙古包、纪念碑、水塔、烟囱等。

4）底部为直角的符号：直角的顶点为地物的中心位置，如独立树、风车、路标等。

5）几种几何图形组合成的符号：下方图形的中点或交叉点代表地物的中心位置，如跳伞塔、教堂、气象站等。

6）下方没有底线的符号：下方两端点的中点代表地物的中心位置，如窑、彩门、山洞等。

7）半比例的线状符号：如道路、围墙、境界线等，符号的中心线代表实地地物的中心轴线位置。

8）不依比例尺表示的其他符号（如岩溶漏斗）定位点在其符号的中心点。

9）符号图形中有一个点的该点为地物的实地中心位置。

5. 符号的方向与配置

（1）符号的方向　在图上描绘符号时，《国家基本比例尺地图图式》（GB/T 20257—2007）对符号的方向作出了某些规定，一般分为真方向、固定方向和依从方向描绘等三种符号。

1）真方向符号。真方向符号描绘的方向要求与实地地物的方向一致，如独立房屋、窑洞、山洞、泉、水闸河流、道路等。

2）固定方向符号。固定方向符号是指符号始终按垂直于南北图廓线的方向描绘，而不考虑地物的实际方位，符号上方指北。绝大部分独立地物符号属于固定方向符号，如水塔、烟囱、独立树等。另一种是西南—东北方向与南图廓线成45°角，如石灰岩溶斗、超高层房屋晕线等。

3）依从方向符号

依从方向符号是指符号的方向依风向、光照和相关地物而变化。例如，新月形沙漠和风蚀残丘符号与所形成的主要风向一致，陡石山和有关文字、数字注记方向依从西北方向照射的光线法则（假设日光从西北方向进来，表示对象的向阳面绘虚线或细线，背阳面绘实线或加粗线）处理。城墙、围墙符号的外突出部分一般向城外、墙外绘制，但与重要地物的表示矛盾时也可向内描绘。

城门、城楼、钟楼、鼓楼、古关塞等符号要求垂直于城墙方向，向城墙外描绘，与街道或道路方向一致，但不能倒置。

清绘时一定要事先从图式中查明符号的方向有无具体要求，否则会因为符号方向的错误使别人无法理解或得出错误的结论。

（2）符号的配置　对于植被和土质等面状符号，配置是指所用符号为说明性符号，不具有定位意义，根据其排列形式有三种情况：

1）整列式。按一定行列配置，如苗圃、草地、经济林等。

2）散列式。不按一定行列配置，如小草丘地、灌木林和石地等。

3）相应式。按照实地的疏密或位置表示符号，如疏林、零星树等。表示符号时要注意显示其分布特征。

整列式排列一般是按照图示表示的间隔配置符号，面积较大时，符号间隔可放大1～3

倍。在能表示清楚的原则下，可采用注记的方式表示。

在地物分布范围内，散列式或整列式布列符号用于表示面状地物符号。

6. 符号的使用方法与要求

1）图式符号除特殊注记外，一般实线表示建筑物、构筑物的外部轮廓线与地面的交线（桥梁、水坝、水闸、架空管线除外）；虚线表示地面部分或架空部分在地面上的投影；点线表示地类范围线、地物分界线。

2）依比例尺表示的地物有以下几种情况：

① 地物轮廓线依比例尺表示，在其轮廓线内加以不同的颜色，如河流等，或在其轮廓内适中位置配置不依比例尺符号作为说明，如水井等。

② 面状符号其分布范围内的建筑物按相应符号表示，在其范围内配置说明性符号或注记，如经济林或垃圾场。

③ 面状符号其分布范围内的建筑物按相应符号表示，在其范围内适中位置配置名称注记，若图内注记不下注记名称，可在式中位置或主要建筑物上配置不依比例尺符号，如学校等，也可在其范围线内配置说明注记简注，如饲养场等。

④ 分布界线不明显的地物，其范围线可不表示，但在其范围内配置说明性符号，如盐碱地等。

⑤ 相同的地物毗连成群分布，其范围线依比例尺表示，可在其范围线内适中位置配置不依比例尺符号，如露天设备等。

3）两地物相重叠时，按投影原则下层被上层遮盖的部分应断开，上层应保持完整。

4）图示中各种符号尺寸是按地形图内容为中等密度规定的。为了使地形图清晰易读，除允许符号交叉和结合表示之外，各符号之间的间隔（包括轮廓线与所配置的不依比例尺符号之间的间隔）一般不应小于0.3mm。如果某些地区地物的密度过大，图上不能容纳时，允许将符号尺寸略为缩小（缩小率不大于0.8）或移动次要符号。双线表示的线状地物其符号相距很近时，可采用共线表示。

5）实地有些建筑物、构筑物，图式中未规定符号，又不便归类的，可表示该物体的轮廓图形或范围，并加注说明。地物轮廓图形线用0.15mm实线表示，地物分布范围线、地类界线用地类界符号表示。

6）在土质和植被符号中，点线框表示应以地类界符号表示实地范围线；实线框不表示范围线，只在范围线内配置符号。

7）符号的宽度、深度、比高等数字注记，小于3m的注记至0.1m，大于3m的注记至整米。

2.2.3 像片调绘的综合取舍

地面上的地物分类众多，要将全部地物都表示在地形图上是一件非常困难的事情。从广义角度看，可以说整个地面都被地物覆盖着，因此，航摄像片上的地物都是按比例尺缩小得到的。那么，有些地物由于自身尺寸较小，要扩大后才能在图面上表示出来，加上图面上的各种注记也要占据一定的面积，这样就会造成表示内容所需要的图幅面积超出了图幅所承受的能力，也就是说，地形图在表示地面物体时不能超出自己的承受能力，必须对地面物体有选择性地表示。

1. 综合取舍的概念

所谓综合，就是指根据一定的原则，在保持原有地物的性质、结构、密度和分布状况等主要特征的情况下，对某些地物分不同情况进行形状和数量上的概括。所谓取舍，就是根据测绘地形图的需要，在进行调绘过程中，选取某些地物、地貌元素进行表示，而舍去另一些地物、地貌元素不表达。因此，综合取舍的过程就是不断对地面物体进行选择和概括的过程。

在航摄像片调绘过程中，还应掌握综合的另外两个含义：一是将许多性质相同而又连接在一起的某些地物，如房屋、稻田、旱地、树林等聚集在一起，不再表示它们的单个特征，而是合并表示它们总的形状和数量；二是在许多同性质的地物中，还存在某些别的地物，如稻田中的小块旱地，毗连成片的房屋中还有小块空地等，这些地物如果被舍去，则意味着已经将它们合并在周围的多数地物中，改变了他们原有的性质，这也是综合。

因此，综合与取舍的概念是联系在一起的，综合中有取舍，取舍中也有综合，两者不能孤立地看待。

2. 综合取舍的目的

综合取舍的目的是通过综合和取舍使地面物体在地形图上得以合理地表示，并具有主次分明的特点，以保证重要地区的准确表达和突出显示，反映地区的真实形态，从而使地形图更有效地为经济建设服务。

3. 综合取舍的原则

综合取舍是调绘过程中比较复杂、比较难掌握的一项技术。有的地物可以综合，如连成片的房屋、稻田、树木；有的地物不能综合，如道路、河流、桥梁。同一地物在某些情况下可以综合，如房屋连成片；但在另一种情况下又不能综合，如房屋分散。同一地物在有些地区应该表示，如小路在道路稀少的地区应尽量表示，而在另一种地区，如在道路密集的地区则可以舍去或选择表示。因此，这就要求调绘人员认真理解综合取舍的精神和有关规定，而且只有通过长期实践，不断总结经验，才能较好地掌握这项技术。

运用综合取舍进行调绘，还应遵循以下重要原则。

（1）根据地形元素在国民经济建设中的重要作用决定综合取舍　地形图主要是服务于国民经济建设，因此地形图所表现的内容也应服从这一主题，凡是在国民经济建设中有着重要作用的地形元素，均是调绘时选择的主要对象。如铁路、公路、居民区、桥梁、水准点、电力线、较大面积的树林，以及在地图判读、定位，在设计、施工中进行量算具有重要作用的各种突出于地面的独立建筑物，如塔、烟囱、独立树等在国民经济建设中都有各种不同的作用，是在调绘中应着重表示的地形元素。

（2）根据地形元素分布的密度进行综合取舍　一般情况下，某一地物分布较多，综合取舍幅度可大一些，即可适当多舍去一些质量较次的地物，反之，综合取舍幅度就应小些，尽量少舍去或进行较小的综合。如人口稠密的小路很多，则可选择主要的进行标示；在水网地区，舍去少量的小水塘也很常见；同样是散木，如生长在数目较多的地区，可以少表示或不表示；但是如果这些地物出现在人烟稀少的地区、干旱地区、很少生长植物的沙漠地区就必须表示，否则是重大的遗漏。

（3）根据地区的特征决定综合取舍　在根据地形元素分布密度进行综合取舍的同时又要注意反映实地地物的特征，否则就会使地形图表现的情况与实地不符，面貌失真，降低地形图的使用价值。如小路很多的地区，若进行大量舍去，结果就会使得图面上的小路分布情况与人烟稀少地区分布差不多，这就失去了这一地区小路分布密集的特征。也就是说，在综合取舍过程中，也要注意地形元素的相对密度，即实地密度大，在图上表现的密度也大；实地密度小，图上所反映的密度也小，这才符合客观分布规律。综合取舍中，必须辩证地处理两者之间的关系。

（4）根据成图比例尺大小进行综合取舍　成图比例尺越大，图面表示的地物越详细，图面的承受能力也越大，用图部门对图面表示内容的要求也越高，因此在调绘中，综合的幅度就应小些，即多取少舍少综合；反之，成图比例尺也小，综合取舍的幅度就可以大些，即可以相对地多舍、多综合一些地形元素。

（5）根据用图部门对地形图的不同要求进行综合取舍　不同专业部门对地形图所表示的内容以及表示的详尽程度也有不同要求，如水利部门要求详细表示水系分布、水工建筑、地貌形态、居民地分布、交通条件等内容；林业部门要求详细表示森林分布状况、生长情况、树种名称，还有密度、森林采伐情况、林中的空地、通行情况等。总之，这些具有专用性质的地形图都各具侧重，调绘时可根据不同的要求决定综合取舍的内容与程度。

正确运用以上原则，还必须结合规范、图式的有关规定和实际情况，绝不能照搬，采取统一的模式。

总之，取与舍、合并与保留是对立又统一的，有取就有舍，有舍就有取，地面上繁多的地物，必然有主要和次要之分，即使是同一地物，也要进行取舍，其原则是：取突出明显的，舍不突出不明显的；取主要的，舍次要的；取大的，舍小的；取永久性的，舍临时性的；与用图者直接有关的优先表示，一般的酌情化简。

4. 综合取舍应处理好的几个关系

（1）准确与相似的关系　准确是指重要地物的位置要准确表示，次要地物可以移位、综合和舍去。相似是指次要地物移位、综合和舍去后要保持相关位置与实地一致，不失去总貌和轮廓特征。例如工矿企业的烟囱、水塔、主厂房等是主要地物，一定要准确表示，而其近旁的次要地物，不能按其真实位置表示的，可以舍去或移位，但移位后必须使相关位置与实地一致。又如小路旁的独立房屋是按真实位置表示；河流、小路并行，且紧靠陡坎时，河流要保持真实位置，小路与河流不能重叠，陡坎可适当移位。

（2）主要特征与次要特征的关系　综合取舍时，一定要保持地物、地貌的主要特征，综合和舍去次要特征。例如，铁路通过居民地时，不得缩小其符号尺寸，也不得移动其位置。当然，重要的、明显的独立地区紧靠铁路时，则铁路符号可中断，独立地物应按其真实位置表示。

（3）同一地区的地物取舍多与少的关系　同一地区的某种地物基本是一致的。因此，同一地区或同一幅地图中，对某一种地物取舍的多少应保持一致，或者说在同地区的每一张调绘片对某一种地物的取舍多少应保持一致，以反映该地区地物的分布和密度特点，如对大面积梯田的每张调绘片不能在有些像片上取的很多，而在有些像片上舍的很多。

总之，综合取舍是一个比较复杂且又重要的问题，必须用对立统一的观点，辩证唯物的方法，经过实地调查和具体分析，才能取舍得当，同时也需外业作业人员不断总结经验教训，使调绘成果能反映实际，满足用途要求。

2.2.4 地物地貌的调绘

1. 像片调绘的作业程序

1）准备工作。包括划分面积，准备调绘工具，做好调绘计划等内容。

2）像片判读。应用像片对照实地判读来确定地形要素的性质以及它们在像片上的形状、大小、准确位置和分布情况，以便在像片上描绘。

3）综合取舍。在像片判读的基础上，对地形元素进行合理的概括和选择。这是调绘过程的重要手段。

4）着铅。在综合取舍的原则下，用铅笔将需要表示的地形元素准确、细致地描绘在像片或透明纸上，这是着墨的重要依据。

5）询问、调查。主要是指向当地群众询问地名和其他相关情况，调查各级政区界线的位置和可能没被发现的地形元素，同时应将所得的结果准确记录在像片或透明纸上。

6）量测。量测陡坎、冲沟、植被等需要量测的比高，并做出相应记录。

7）补测新增地物。新增地物是指摄影后地面新出现的地物。因像片上没有其影像信息，按照规范要求必须表示的元素，就需要在实地补绘。个别新增地物可根据与其相邻地物影像的相对位置补绘。但大面积的新增地物可采取其他方法补绘。

8）清绘。根据实地判绘的结果，在室内着墨整饰。这时应按照图式规定的各种符号和规范的有关要求认真、仔细地描绘。

9）复查。清绘中若发现不清楚的地方以及其他问题，应再到实地查实补绘。

10）接边。调绘面积线处与邻片或邻幅的内容是否衔接。如本片调绘的道路通过调绘边线进入相邻像片，相邻像片也必定有同一等级的道路与之相接，而且相接位置应吻合，如有某一地区接不上，则必须查实、修改，直至全部衔接。

2. 像片调绘的准备工作

（1）调绘像片的准备　首先应对调绘像片进行编号，然后选择最清晰的像片作为调绘像片，同时再对像片的质量进行一次仔细的检查。主要检查像片影像的质量是否符合调绘的一般要求，有无云影、阴影、雪影、航摄漏洞等情况；检查像片比例尺是否能保证调绘质量，最好的办法是看各种比例尺表示的地物是否能清晰地在像片上描绘，如果像片比例尺太小，可申请放大。

由于航摄像片比较光滑，调绘时不易着铅，清绘时不易着墨，因此调绘前应对像片进行适当处理，一般方法是用沙橡皮（即硬橡皮）在像片正面适当用力来回擦，直到能着铅为止，但应注意不要擦坏影像。

（2）工具准备　调绘工具的选用应考虑周全。除调绘像片外，还应带上配立体的像片、像片夹、老图、立体镜、铅笔、小刀、橡皮、钢笔、草稿纸、皮尺或其他方便携带的量测工具、刺电针，以及其他必要的安全防护用品等。另外，每一张调绘像片都要贴一张透明纸，透明纸的一边贴在像片背面边缘，透明纸的大小以翻折以后能盖住像片正面为原则，它的主要作用是在调绘时用作记录和描绘。

通常，软硬铅笔的一般使用方法为 2H 画底稿，HB 加深底稿，H 写字，在聚脂薄膜上绘图则应用 4H ~ 6H 的。

（3）制定调绘计划　在进行像片调绘前，事先应制定一个小计划。所谓小计划，就是通过对像片进行立体观察，结合老图和其他有关资料，对调绘地区进行初步分析，并在分析的基础上，安排某一阶段调绘的范围、调绘的路线、重点，以及调绘中应注意解决的问题。

初步分析主要是指掌握调绘区域的地形特征，如居民地的分布及类型特征、水系、道路、植被、地貌、境界以及地理名称的分布情况，初步掌握这些情况后，就可以估计调绘的困难程度，调绘的重点应放在哪里，调绘的路线应如何安排，调绘可能出现哪些问题，有了这样的思想准备和打算，往往会取得较好的调绘效果。

（4）选择调绘路线　调绘路线要根据地形情况和调绘重点进行选择。

1）平地：居民地多，应沿着连接居民地的主要道路进行调绘，调绘路线可采用 S 形或梅花形，但沙漠、草原、沼泽等人烟稀少的平坦地区，应沿着主要道路进行调绘。

2）丘陵地：居民地一般多在山沟内，调绘时主要沿着山沟转。但有时为了走近路或调绘山脊上某些地物，也要穿过某些山脊。因为丘陵地区山都不高，调绘时有更多的灵活性。

3）山地：一般采用分层调绘的方法，即先沿沟底再上山坡，一层调绘完毕后再上更高一层，直到一条大沟调绘完毕后，再转到另一条大沟。

调绘范围内如果有铁路、公路和较大的河流，一般应作为调绘路线，沿线调绘，这样便于详尽地表示其附属建筑物。

调绘是比较复杂的工作，事先必须把问题想得多一些，计划安排得周到些，这样才会取得好的调绘效果。

（5）调绘面积的划分　调绘面积是指每一张调绘像片进行调绘的有效工作范围。因为一幅图包括若干航摄像片，而且像片之间又有一定的重叠度，这就一定会产生调绘像片之间的接边问题，必然要划分工作范围。这是调绘之前必须进行的工作，也是一件很重要的工作。

划分调绘面积有以下要求：

1）调绘面积以调绘面积线标定，为了充分利用像片，减少接边工作量，在正常情况下，要求采用隔号像片作为调绘片描绘调绘面积线。

2）调绘面积线应绘在隔号像片的航向和旁向重叠中线附近，这样可以充分利用像片上影像比较清晰、变形较小的部分进行调绘。

3）要求调绘面积线离开像片边缘 1cm 以上，但压平线可以不考虑。

4）当采用全野外布点时，调绘面积的四个角顶应在四角的像片控制点附近，且尽可能一致，偏离控制点连线不应大于 1cm，因为内业不能超出控制点连线 1cm 以外测图，势必一部分内容要转到另一个立体像对才能测绘，这样，会给内业带来某些不便。

5）调绘面积线在平坦地区一般绘成直线或折线；丘陵地和山地则要求像片的东边、南边绘成直线或折线。相邻像片的西边、北边根据相应的直线或折线在立体下转绘成曲线，这是因为地形起伏所产生的投影差，使像片上的直线在相邻像片上变成了曲线，如果在相邻像片上都是通过相应端点连成直线，则必然产生调绘面积的重叠或漏洞。

6）划分调绘面积不允许有漏洞或重叠。所谓漏洞就是一部分地面不在任何调绘范围之内；所谓重叠就是一部分地面同时出现在相邻的两张调绘像片的调绘面积内，显然前一种情况使一部分地区成为空白，内业无法测图；后一种情况则增加了调绘的工作量。

7）调绘面积线应避免分割居民地和重要地物，并不得与线状地物相重合，为此可将调绘面积线描绘成折线。否则，调绘面积线两边的地物，由于调绘面积线的误差影响，容易产生扩大、缩小或者遗漏，还应注意不要破坏刺点目标的影像。

8）图幅边缘的调绘面积线，如为同期作业图幅接边，则可不考虑图廓线的位置，仍按上述方法绘出，以不产生漏洞为原则；如为自由图边，则在以老图绘出调绘像片上的图廓线后，实际调绘时应调出图廓线 1cm 以外，以保证图幅满幅和接边不出现问题。

9）图幅之间的调绘面积线用红色，图幅内部用蓝色，并以相应颜色在调绘面积线外注明与邻幅或邻片接边的图号、片号。这样做主要是为了便于区分和查找像片。

10）旁向重叠或航向重叠过小而需分别布点时，调绘面积线应绘在两控制点之间，距任一控制点的距离均不应大于 1cm。

3. 像片调绘注意事项

（1）注意采用远看近判的调绘方法　所谓远看，就是调绘时不但要调绘站立点附近的地物，而且要随时观察远处的情况。因为有些地物，如烟囱、独立树、高大的楼房，从远处观察十分明显突出；到近处时，往往由于地形或其他地物的阻挡，反而看不清或者感觉不出它们的作用。另外有些地物，如面积较大的树林、稻田、旱地、水库等，从远处观察，容易看清它们的总貌、轮廓，便于勾绘；到近处时，由于现场狭窄，只能看到局部，描绘时反而感到困难。但是，有些地物在远处还不能判定准确位置，如独立物体，这时就必须在近处仔细判读它们的位置。因此，调绘独立地物往往采用远看近判相结合的调绘方法。

（2）应注意以线带面的调绘方法　以线带面就是调绘时以调绘路线为骨干，沿调绘路线两侧一定范围内的地物，都要同时凋绘。做到“走过一条线，调绘一大片”，这样可以加快调绘速度。

（3）着铅要仔细、准确、清楚　着铅是调绘过程中最重要的记忆方式。它是在准确判读和进行综合取舍后记录在像片或透明纸上的野外调绘测绘成果，是室内清绘的主要依据。因此，必须仔细、准确、清楚。

除像片上影像明显和易记的地物，如铁路、公路、河流、水库、稻田、树林等可以不着铅外，一般调绘的地物都要仔细着铅，即在像片或透明纸上用铅笔详细勾绘出地物影像的轮廓，并且要求位置准确、线条清晰，以便在室内清绘时能准确区分。对于独立地物，必要时要准确判断出其中心位置。

着铅既不能过于简单，也不能太详细。因为太详细会使得像片和透明纸画过分繁杂，反而不清晰了。因此，调绘者还必须逐渐培养职业记忆能力，让所有的调绘内容牢牢记在自己头脑中，这样可加快清绘速度。

（4）调绘中要养成“四清”“四到”的良好习惯　“四清”是指站站清、天天清、片片清、幅幅清。站站清就是调绘一处就把此处的问题全部搞清楚。天天清就是头一天的调绘内容第二天全部清绘完毕，一般不允许隔天清绘，更不允许隔几天才清绘。因为一天的清绘内容很多，隔的时间长了，记不清，容易绘错。片片清是调绘完一片，就要及时清绘一片。幅幅清是指一幅图彻底搞清楚后，再进行下一幅图的工作。尤其是收尾工作，如接边、复查、检查验收、修改、填写图历表等，一定要抓紧做完，不留尾巴。

“四到”是指跑到、看到、问到、画到。“四到”的总目标还是看清、画准。因此，只要看清画准就能保证成图质量。

（5）注意依靠群众，多询问多分析　调绘过程中有许多情况必须向当地群众询问、调查，以获得可靠信息。如地名、政区界线、地物的季节性变化、某些植物的名称、隐蔽地物的位置等，都必须向当地群众调查才知道。因此，依靠群众、尊重群众是每个测量工作人员应有的态度和重要的工作方法之一。

有时由于语言不通、工作性质的差异、文化水平低、表达能力不强等各方面的原因，在询问过程中往往出现问不清楚或者说错的现象。因此，对了解的情况要综合分析以确保结论的准确性。

（6）注意发挥翻译向导的作用　在少数民族或方言较重的地区，一般应有翻译或向导协助调绘工作。翻译、向导应聘当地人，他们懂当地语言，有一定的文化，熟悉当地情况，称得上“活地图”，充分发挥他们的作用会给调绘工作带来很多方便，在生活上也会得到很多的帮助。

调绘方法有很多地方是灵活的，必须在实际工作中不断总结经验充实自己，以提高自己的作业水平。

4. 调绘对军事设施和国家保密单位的表示规定

（1）表示原则

1）军事设施和国家保密单位的调绘工作，应事先与有关单位联系，经同意后方可进入内部进行实地调绘；若不同意进入内部进行实地调绘，则调绘人员可采用航摄像片内判技术在室内直接判读的方法解决。

2）调绘人员在工作过程中所看到的军事禁地和国家保密单位的情况，不得转告无关人员，严防口头泄密。

3）不便表示的军事设施，须用与周围地形相适应的符号进行伪装（如稻田、旱地、房屋、沙漠等），不能看出破绽。

4）除规定中某些地物提出的表达方法外，其他均应反映地面的地物状况。

5）凡属保密单位，图上一般不注记真实名称。

6）利用自然地形走掩体的洞库（如武器库、炸药库、飞机库等）以及地下的设施，均不得表示。

（2）面向表示对象的规定

1）各种实验基地。导弹发射基地、原子弹、氢弹试验基地、火箭发射基地、卫星发射基地、炮兵基地、坦克基地等，均按以下规定表示：

① 具体发射、试验位置均不表示，但要用周围的相应植物进行伪装。

② 通往基地的专用道路。单线道路可如实表示；双线道路绘至附近的较大村庄，从村庄至基地的双线道路均降为机耕路表示。铁路绘至最近的城镇为止。

若双线道路和铁路并非专用道路，而是经过各种试验基地又通过其他城镇时，则道路在图上应如实表示。

③ 试验基地内的地面观测站、办公室、生活区等用普通房屋符号表示。

④ 试验基地内的油库、仓库（包括洞内的油库、仓库进出口）、气象站、雷达天线、指示灯塔等，有房屋的用普通房屋符号表示，否则一律不表示。

⑤ 图上名称可用公开名称进行注记。

2）飞机场。

① 飞机场均需表示，在范围内绘一飞机符号。

② 通往机场的道路均如实表示，内部道路择要表示。

③ 显示机场总范围的铁丝网、围墙等垣栅，图上如实表示。

④ 机场内的生活区以及其他类似的房屋，均用一般居民地符号描绘。

⑤ 机场内的机窝（机库）、油库、气象站、管线、指示灯、雷达天线、指挥塔以及其他机场性质的设施，有房屋的用普通房屋符号表示，没有房屋的一律不表示。

⑥ 民用机场的名称均以真实名称注记。军用和军民合用的机场不注记名称，可用附近较大的城镇名称作为机场名称进行注记。

3）港口。

① 军港不表示码头。

② 通往港口的道路真实表示，内部道路择要表示。

③ 港口内的办公区、生活区均用一般居民地符号描绘。

④ 军港内的船坞、油库、气象站、雷达站以及其他反映港口性质的设施，图上均不用符号表示，有房屋的用普通房屋符号表示，没有房屋的一律不表示。

⑤ 图上港口名称和商港均用真实名称注记，军港用自然名称注记。

4）军队营房、兵工厂、对外保密的国家机关。

① 位于城镇居民地内部或周围时，图上用一般居民地符号表示。远离城镇单独构成一个建筑群时，图上可表示出其范围线，内部建筑进行较大综合，外围的铁丝网、围墙等均用相应符号表示。

② 外部道路如实表示，内部道路择要表示。

③ 图上名称，位于城镇内部或周围的，一般不注记；远离城镇点的可用公开名称注记。

5）军用仓库。武器库、弹药库、用品仓库、油库等均按照下面规定执行：

① 洞库、地下库（包括洞库地下库的进出口），图上均不表示。

② 地面上的武器库、弹药库、油库等，有房屋的用普通房屋符号表示，没有房屋的一律不表示。仓库周围的围墙等垣栅用相应的符号表示。

③ 通往仓库的道路如实表示。

④ 图上不注记任何名称。

6）靶场。

① 靶场、炮位、掩体等图上不表示。

② 图上用公开名称注记。

③ 靶场内其他地物均如实表示。

7）监狱、劳改机构。

① 位于城镇内部或周围的监狱、劳改机构，用一般居民地符号表示。远离城镇单独构成建筑群的，一般应如实表示，内部进行较大综合。

② 外部道路如实表示，内部道路择要表示。

③ 调绘时用公开名称进行注记。

8）军用通信设备。

① 军事专用的通信线和通信电缆，图上均不表示。

② 军事专用的微波通信站只表示普通房屋，天线位置在图上不表示。

③ 军事专用的无线电发射天线，图上不表示。

9）稀有金属矿。稀有金属主要指地壳中储藏量少、矿体分散或提炼较困难的金属，如钛、锂电、铗等。

① 图上不表示矿井出入口。

② 露天采掘的矿场用乱掘地符号表示。

③ 图上不注明任何名称。

④ 其他地物均如实表示。

10）兵要地志。

① 地图上一般不表示直接与军队行动相关的兵要地志内容。

② 取消“制高点”名称，改为“地形特征点”，主要指山顶、鞍部等位置。

③ 岗楼、旧碉堡，图上如实表示。基地或阵地的岗楼、碉堡、地垒等，图上不表示。

5. 主要地物的调绘

（1）永久性测量控制点的调绘　永久性测量控制点是指实地设有永久性固定标志的测量控制点，如三角点、GPS 点、小三角点、水准点、独立天文点及埋石的高级地形控制点。这些控制点是测制地形图和各种工程测量施工放样的主要依据。对于标志完整的控制点，航测成图必须以相应的符号精确表示，还应注记控制点的点名和高程（以分数形式表示，分子为点名，分母为高程）。一般注记在符号的右侧（有比高时，比高注记在符号左侧）。测量控制点的高程凡经等外水准以上精度联测的高程注记至 0.01m，其他注记至 0.1m，其可供内业加密、测图以及作为重要地物描绘之用。

永久性测量控制点虽然属于需调绘的内容之一，但从表示精度和工作方便出发，一般均在航外控制测量过程中刺点并加以相应符号整饰在控制像片上，再由内业按坐标展绘出。因此，调绘时一般不调绘这些控制点。

位于居民地内的测量控制点，如果影响居民地的表示，其点名和高程均可省略。用烟囱、水塔等独立地物作为控制点时，图上除表示相应的地物符号以及注出地物比高、点名和高程外，还应注出测量控制点的类别，如三角点。当无法注记时，可在图外说明。

（2）独立地物的调绘

1）独立地物。独立地物大多高于地面，在像片上一般是根据其投影和阴影的影像进行识别并确定独立地物的准确位置。当地物较小，像片的分辨率不高，其影像不能反映独立地物的基本形态时，必须采用野外调绘的方法确定其性质和在像片上的位置。

独立地物类型很多，但是，现行的图式中除了在其他地形要素中列出了独立符号外，单独列出的独立地物符号只有 30 多个，还有很多独立地物没有专门设置符号。另外，有些地物有类似的性质和作用，但具有不同的外形。因此，独立地物调绘的主要问题是正确判断独立地物的性质和灵活运用独立地物符号。

调绘独立地物必须做到位置准确、取舍得当。

独立地物是判定选择方法、确定位置、指示目标的重要标志，故首先要求独立地物的位置必须准确。不依比例尺表示的独立地物，一般要求用刺点针刺出中心点位置，且描绘时刺点中心应与符号中心点严格一致；依比例尺表示的独立地物则要求准确绘出轮廓线位置，像片上无法精确判定位置的重要地物，必要时应采用实测的方法确定。

独立地物的区分是相对的，因此在众多的地物中必须进行选择，优先表示出最突出的独立地物，从普通中选特殊。如工业区烟囱众多，此时可舍去部分次要的烟囱，选取高大突出的烟囱表示；而在地物稀少的地区，有些地物也许并不高大，如一棵普通的小树或者一个小水坑，却因为周围地物极少而显得突出，必须表示。这就是选择独立地物的方法。

2）独立地物符号的运用。图式虽然绘出了很多符号来表示独立地物，但毕竟有限，与地面上实际的地物种类相差甚远。随着社会的发展，新的地物不断出现，在调绘过程中常常遇到某些独立地物找不到恰当的符号进行表示，尤其是调绘现代工厂、矿山，情况更为复杂，因此要求调绘人员充分理解图式精神，尽量用图式给出的符号去表示各种各样的地物，解决实际存在的丰富多彩的地物表示问题。

符号种类不够用的情况主要是表现在独立地物方面，因此独立地物符号的运用应从以下几个方面考虑。

① 根据独立地物的外形特征选用符号。图式中许多独立地物的符号反映了地物的外形特征，如烟囱、水塔、牌坊、独立树等。将外形特征相似的独立地物概括成同一符号表示，如钟楼、鼓楼、城楼、古关塞用同一符号表示，彩门、牌坊也用同一种符号表示。根据这一方法，在实际调绘中，当遇到某些独立地物在图式中找不到相应的符号进行表示时，首先应分析地物形状。地物形状如果接近后者相似于某一图式符号表示的独立地物时，就可以选用这种符号来表示，并加注性质说明。

② 根据独立地物的作用和意义选用符号。有些地物具有类似的作用，但外形不同，如油库、煤气库、岸水库，既有球形的也有圆柱形的；另外也有些地物外形不同但意义相近，如纪念碑、纪念像、纪念塔等；还有外形不同但意义和作用都相同的独立地物，如无线电杆和无线电塔及其他无线电发射或接收设备，这些独立地物也是用同一符号表示。因此，在实际调绘中既要根据独立地物的外形也要根据独立地物的意义和作用选择相应的图式符号。是侧重于外形还是侧重于意义和作用，必须由独立地物的实际情况决定。

③ 根据其他具体情况选择符号。现代工业有许多不同性质、不同形状、不同作用的专用建筑和设备，无论有多少选择符号的原则也很难全部概括，因此在实际调绘中还必须根据其他具体情况选择较合理的图式符号进行表示。如塔形建筑物，图式上规定散热塔、跳伞塔、蒸馏塔、瞭望塔等均用塔形建筑物符号进行表示，实际上这些建筑物既没有相近的作用和意义，而且形状的差别也较大，更没有一个所谓的标准的塔形建筑物进行比较，要以上述原则去理解是困难的。因此，有些符号的选择是很近似的，必须在概括的基础上再概括，也就是在不同基础上还要去寻找相同的条件，这样才能灵活地运用给定的符号去解决作业中的问题。

④ 注意独立地物符号的描绘方向。独立地物符号绝大部分要求按照垂直于南北图廓线的方向绘制，但也有个别符号要求按真方向或与南图廓线斜交45°角进行描绘。按真方向描绘的有山洞、泉、打谷场、球场、桥、探槽等；石灰岩溶斗符号要求与南图廓线斜交45°角进行描绘。

⑤ 注意独立地物符号描绘的位置。图式对个别地物符号的描绘作了特殊规定：气象站（台）符号应绘在风向标的中心位置；厂房面积较小的发电站（厂）符号绘在主要厂房的位置；面积较大的庙宇符号应绘在大殿位置；加油站符号应绘在实地油箱位置或储油的房屋上。这些规定主要是从实际情况出发，便于从图上确定独立地物的准确位置。

⑥ 注意图式符号的版本和比例尺。随着国家建设和本学科的发展，一定时期以后的图式、规范都需要进行修改和补充，不同比例尺成图内容的详尽程度、成图精度都不一样，相应的图式符号的内容以及表示方法也有区别。因此，必须注意使用现行的相应比例尺的图式版本进行描绘。

⑦ 注意独立地物符号与其他地物符号在描绘时的避让关系。独立地物与其他地物不能同时准确、完整地表示时，处理避让关系的基本原则是：中断其他地物符号，或者将其他地物符号移位，保证独立地物符号能完整、准确地描绘，符号之间应留出0.2mm的间距。如果两个独立地物紧靠在一起，符号不能按照真实位置同时绘出时，应选择其中主要的保持真实位置准确绘出，另一个应进行相对移位。

（3）居民地的调绘　我国是一个幅员辽阔、地理复杂、历史悠久、人口众多和多民族的国家。不同的地理条件、不同的历史时期和不同的风俗习惯形成了不同类型的居民地。由于用途不同，对居民地的分类标准和表示方法的要求也不一样。有的按行政等级分类；有的按人口数量的多少分类；有的以建筑形式和结构特点分类；有的根据分布特点和平面图形分类。对于测制国家基本比例尺地形图而言，居民地的分类必须从满足国家经济建设和国防建设的全局出发，同时兼顾特殊部门的需要。我国广大地区的居民地形式众多，如黄土覆盖地区有窑洞建筑居民地。草原和荒漠地区有蒙古包和帐篷等建筑形式居民地。测制国家基本比例尺地形图通常将居民地分为街区式居民地、散列式居民地、窑洞式居民地和其他类型居民地等四类。

1）调绘居民地应着重表示的特征。

① 外围轮廓特征：指村头村旁的独立房屋、凸凹拐角、外围墙、主要道路进出口。

② 结构类型特征：指房屋的分布特点、排列特点、组合特点。有街区式、散列式、集

团式等类型。

③ 通行情况特征：指区分出主要街道、次要街道、小巷，表达清楚的道路的分布和连接。

④ 方位意义特征：指居民地内具有方位作用的突出建筑。例如建筑物高大，或颜色明显，或造型别致。

⑤ 地貌形态特征：指居民地内外的冲沟、陡坎、坑穴、土堆等。

⑥ 相关位置特征：指居民地与水系、道路、垣栅之间的位置表示和避让关系。

2）调绘居民地的具体表示方法。任何一个房屋式居民地，不外乎由独立房屋、街区、街道三个基本图形和固定名称组成，但不同类型的居民地，组成情况不同。

① 独立房屋。独立房屋指单幢房屋，有三种表示方式：独立房屋的图上尺寸小于 0.7mm×1.0mm 时，用 0.7mm×1.0mm 的黑色方块表示，称不依比例尺表示；独立房屋的图上尺寸宽小于 0.7mm，长大于 1.0mm 时，用宽 0.7mm、长为实际长的黑色方块表示，称为半依比例尺表示；独立房屋的图上尺寸大于 0.7mm×1.0mm 时，用图上的实际尺寸内加晕线表示，称为依比例尺表示。当独立房屋分布密集不能逐个表示时，可外围全部选取，内部适当取舍，一般不宜综合。位于河边、路旁、村口处的独立房屋，具有判定方位的作用，要特别注意地给予表示。独立房屋的围墙篱笆，能依比例尺表示时取，否则舍去。

② 街区式居民地。街区式居民地指房屋毗连构成街道景观的居民地。要注意表示好街区的外形特征：如街区外沿凸凹部分达图上 1mm 以上时均应表示；位于街区边缘或道路进出口处的独立房屋不能舍去或合并；街区外围的河渠、冲沟、土堤、竹篱等要详细表示。要注意做好街区内部的综合取舍：如街区内房屋间距小于图上 1.5mm 时可合并，较大的空地应区分表示。但工矿、机关、学校、新住宅区的房屋，不能视为街区，应对房屋进行逐个表示。街道的表示应反映出通行特征：主要街道、次要街道应分明，巷道取舍应适当，十字街口、丁字街口、街道与巷道的交叉口位置要准确。具有方位意义的房屋，要用突出房屋的符号表示。

③ 散列式居民地。房屋间距较大，排列分散，无法形成街道的居民地称为散列式居民地。散列式居民地的特点是房屋依天然地势沿山坡、河渠、道路、堤岸构筑。房屋之间不相毗连，有的均匀分布，有的三五成团，有的整齐排列，有的零散分布，没有明显的街道和外轮廓，相邻居民地之间也无明显的界限，因此散列式居民地的判读比街区式居民地困难。但是散列式居民地周围一般有茂盛的树木或竹丛，房前有空地，而植被和空地与居民地的背景有明显的反差，有利于发现散列式居民地并正确判读。

工矿、机关、学校、新住宅区的房屋也属散列式居民地。其综合取舍的原则是：对三五成团连接紧密的房屋可以综合，但综合不能过大，其余房屋应逐个表示，尤其对于外围的独立房屋更应注意表示，以不失散列分布的特点为原则。

散列式居民地表示的关键是独立房屋的取舍问题。很多散列式居民地中，独立房屋分布密度较大，不能逐个表示，而必须进行取舍，通常是取道路交叉处、道路旁、河渠边、山顶、鞍部等处有方位意义的房屋，或坚固稳定的房屋，舍去矮小、破旧、无方位意义的房屋。经取舍后表示在像片上的独立房屋符号的疏密状况应与实地特点一致。对于房屋相对集中的散列式居民地应注意选取村庄外围的房屋表示，以反映村庄的范围；而对于范围不明显的散列式居民地，则应注意舍去村庄间相邻处无方位意义的独立房屋，以利于用图者判断村庄的界限。

在散列式居民地中，当局部范围房屋分布较密时，应按规范要求综合成街区符号或小居住区符号表示，不应采用缩小符号的尺寸和间隔的方法逐个用独立房屋符号表示。

④ 窑洞式居民地。窑洞式居民地是我国黄土覆盖地区农村的主要居住建筑形式之一，分布在河南、山西、陕西和甘肃等省。窑洞的分布位置与地形和水源条件关系密切，多建筑在黄土塬的坡壁及冲沟的沟壁上，影像为黑色小块，窑洞前空地影像呈白色，这是其构像特点。窑洞影像易被阴影遮盖，给判读带来困难，应在立体观察下判读为好。窑洞要按真方位表示，符号绘在洞口位置，方向一般应与等高线大致垂直。窑洞的调绘，要注意反映出其分布特征，窑洞应逐个表示，表示不下时，可以适当舍去，不能综合。窑洞有地面上窑洞和地面下窑洞两种。地面上窑洞是指直接在坡壁上挖成的窑洞；地面下窑洞是指先向地下挖一大坑，形成四面坑壁，再由坑壁掏成窑洞。我国大部分地区为地上窑洞，有少数地区以地下窑洞分布为主，还有的地上窑洞地区夹杂有地下窑洞。地上窑洞与地下窑洞在地形图上的符号不同，判绘时用其相应的符号表示。

地下窑洞最重要的特征是从地面向下挖掘的方坑，方坑的四周坡壁有窑洞。在实际作业中会遇到有些窑洞建在陡坎棱线边缘附近，以很短的隧道或豁口与坎下的道路相通，它们与典型的地上窑洞和地下窑洞不同。不管方坑与陡坎棱线边缘之间的黄土层多宽，是否掏有窑洞，应按地下窑洞符号表示。

地上窑洞有散列、成排和成排多层几种分布形式。

散列式窑洞多分布在冲沟谷地，依谷地自然形态散列配置，其特点是零乱、松散，方向互不一致。表示时，除需注意定位准确，符号方向与实际方向一致外，还要反映一个居民地窑洞分布的范围和内部分布的疏密情况。

成排分布的窑洞是在同一坡壁上按同一高度以大致相等的距离挖掘的窑洞，当判绘中不能逐个表示时，在保持两端位置准确的前提下，其间用两个以上的窑洞符号并联表示。

多层成排的窑洞不能逐层表示时，则选择其中方位意义大的一层按真实位置绘出，另一层移位表示。

⑤ 蒙古包、牧区帐篷和棚房。蒙古包、帐篷是我国牧区少数民族居住的主要形式，主要分布在西北地区。棚房是指有顶棚而四周无墙或仅有简陋墙壁的建筑物，如有些工厂的工棚、看管田园和森林的草棚及季节性居住的渔村等。

蒙古包是我国蒙古族传统的居住形式，其特点是搭拆方便、避暑防寒、宜于游牧，蒙古包一般不是常年固定在一个草场，属季节性建筑物。

蒙古包一般都是单个零散分布，也有密集分布的。在航摄像片上，蒙古包呈白色圆点影像，与草地影像有较大的反差。蒙古包不管其分布形式如何，只在蒙古包影像中心或牲口圈痕迹附近用单个蒙古包符号表示，并加注居住的月份，有名称的还应注记名称。居住月份的注记除参考老图，向当地群众调查外，还可以根据摄影时间以及蒙古包所处的地形位置进行判断。

帐篷是牧区放牧的临时居住地，多见于西藏、青海等地区的草场。帐篷有黑色和白色两种，判读和表示方法与蒙古包相同。但是帐篷的流动性更大，虽然也属季节性的，但是每年的位置并不固定，因此对帐篷符号的定位不必严格要求。

在航摄像片上，棚房不易与其他房屋区分，一般只有通过实地调查，或参考大比例尺地形图识别。城郊和农村人工种植经济作物和蔬菜的暖房，在大比例尺图式上有专门的符号，而在中、小比例尺地形图图式上没有专门符号，也可用棚房符号表示，并加注“温”。

（4）道路的调绘　道路起着连接居民地和担负交通运输的作用，是重要的地形要素，分为铁路、公路、大车路、乡村路、小路五个等级。

道路调绘要着重表示以下几点：

1）等级分明。大车路与乡村路，乡村路与小路的等级区分要正确，以正确地反映道路的通行能力。

2）位置准确。符号中心线即实地道路中心线，道路的交叉口、转弯、附属建筑不得移位。

3）取舍得当。主要表现在对小路的取舍。道路稀少的山丘地区要多取，道路密集的平坦地区要少取。在取舍中要注意反映各地区道路网分布的特点和保持相对密度，道路应走得通，连接合理，去向分明，形成网络。

4）注记清楚。按道路的路面材料和宽度注记，以及对电气铁路、窄轨铁路、轻便铁路的注记要与实际情况相符。

5）交接清楚。道路与道路、道路与居民地、道路与堤、道路与地貌、道路与其附属设施等的关系要交接清楚，表达正确。

道路的调绘主要包括以下几方面的内容：

1）铁路。标准轨铁路与窄轨铁路、单线铁路和复线铁路、电气化铁路和非电气化铁路等在运输能力上各有不同，因此，在地形图上的表示也有区别。

在现行图式中铁路用黑实线符号表示；标准轨铁路与窄轨铁路用不同宽度的实线加以区分；双线铁路加绘两短线与单线铁路区分；电气化铁路加注“电气”二字与非电气铁路区分。

铁路线路表示时还应注意以下问题：

① 双线铁路中途分岔为两条路基或两条铁路在某一地段并行，不能同时准确表示时，应选取其中一条用双线铁路符号准确表示；当能分别表示时，应分别用两条单线铁路符号表示。

② 建筑中的标准轨铁路、窄轨铁路用相应符号表示，但不加注记，其路堤、路堑不表示。

③ 站线符号的表示要根据具体情况而定，当正线符号已全部压盖了站线位置时，站线不表示；当正线符号不能压盖全部站线位置时，准确绘出外侧站线，并于中间内插站线符号。内插的站线符号是示意性质的，既不代表站线的真实位置，也不能反映站线实际条数的多少。

2）公路。公路是各城镇、乡村和工矿之间主要供汽车行驶的道路，它是城乡之间联系的纽带。像片调绘时必须将地面的公路全部表示在像片或地形图上，并注意区分不同技术等级和沿线设施的表示。

① 公路等级。公路部门根据交通量及其使用任务和性质将公路分为五个等级。

公路由路基、路面、桥涵和沿线设施组成。不同等级的公路，所组成的技术标准是不同的。在现行地形图图式上，公路分别用高速公路和普通公路符号表示，即高速公路用高速公路符号表示，不加注记，一、二、三、四级公路用普通公路符号加注记表示。

20 世纪 80 年代高速公路在我国才开始修建，因此在像片判读中易与普通公路区分。高速公路与其他通道相交时全为立体交叉，交叉形式除在控制出入的地点为互通式立体交叉外。其他均为简单立体交叉；高速公路路基很宽，而且有宽大于 4.5m 的中间带。

普通公路中，一、二、三、四级公路的通行情况和运输能力各不相同，在地形图上表示时用注记的方法相区分。除一级公路外，在像片上区分二级与三级，三级与四级是困难的。一方面由于像片比例尺的限制，不可能精确测定出路基和车行道宽；另一方面，我国 1981 年以前修建公路的技术标准与现行标准并不完全一致，有些公路的实际技术指标并不与现行标准的同一级公路相对应。因此，在像片判绘中确定公路技术等级比较困难，通常采用实地调查或参阅有关公路资料确定。

② 公路注记。普通公路注记包含路面宽度、铺面宽度和路面材料性质注记三项。

a）路面宽就是路基宽，即路面两侧路肩外缘的间距。对于某些在路肩上栽有行树，影响汽车通行的旧公路，路面宽注记应以行树间的距离为准。

b）铺面宽是铺筑路面材料部分的宽度，即车行部的宽度。

c）地形图上路面材料采用简注的形式。凡是有沥青的，不管是沥青混凝土、厂拌沥青碎石，还是沥青贯入式碎石、沥青表面处理等，都注记“沥”字；水泥混凝土路面注记“水泥”；石块、条石路面注记“石”字；碎石、砾石路面分别注记“碎”和“砾”字。所谓粒料加固土路面，是用砾石、料礁石、碎石、碎砖瓦、炉渣等材料与黏土掺和铺成的路面。这种路面材料根据粒料的性质相应注记“砾”“碎”“渣”等。当地材料加固或改善的土路面一般为当地砂土和黏土按一定比例掺和筑成，其路面注记应根据具体情况注记路面宽，不注铺面材料和铺面宽度。凡是路面未经粒料加固或当地材料改善的不能用公路符号表示。

公路注记资料在像片上不易正确判读出，一般都应现场调查量注，或参考公路部门的近期普查资料和公路竣工图进行注记。

③ 路堤、路堑及沿线设施。

a）路堤。铁路、公路通过低洼地段时，为保持线路平直，用土或其他材料填筑的高于地面的路基叫路堤。公路路堤比较复杂，除填筑形式外，还有半填半挖式、台口式等。废弃公路上的路堤，根据其实际情况用堤或岸垄符号表示。

b）路堑。路堑是铁路和公路通过高地，为保持线路平直，向下挖掘形成路基，两侧或一侧低于地面的地段。

路堑的上沿棱线和坡壁一般比较整齐。在黄土地区，沿自然冲沟的沟壁简单修整形成的路堑也用路堑符号表示，当上沿棱线或坡壁不齐时用陡崖符号表示。

路堤和路堑的表示，对于反映道路的通行情况很有意义，在地物稀少地区对于判定方位也有作用。因此，在像片判绘时要注意表示。有明显方位作用的路堤和路堑，其长度虽没有达到规定要求表示的长度，在不影响其他地物表示的情况下，也可适当放长表示。

c）路标。公路标志也是公路沿线设施之一，主要包括交通标志和指路标志。交通标志又分为指示标志（如弯道、陡坡标志）、警告标志（如危险路段、急弯鸣号标志）、禁令标志（如限速、限通行车类别标志）。指路标志有指向牌、指路牌和里程碑。指向牌一般在岔路口前 100 ~ 200m 处，指路牌设置在岔路口处。

指向牌和指路牌在地形图上用路标符号表示，交通标志一般不表示。里程碑是夜间沿道路行进的方位物，一般情况下每隔一段距离准确表示一个，并注记千米数。有的里程碑两面有不同的里程数字，注记时只取较小的里程数注记。

d）行树。行树是指沿道路一侧或两侧栽植成行的乔木。公路部门要求凡宜林路段都应绿化，以稳定路基、美化路容和增加行车安全，但路肩上不得植树。在地形图上，行树用相应符号表示。

当道路一侧或两侧栽植灌木时，则图上以狭长灌木符号表示。

3）其他道路。这里主要介绍简易公路、乡村路和小路。

① 简易公路。简易公路是指经过简易修筑或直接由载重汽车、大型拖拉机长期碾压形成的路面，全年或除雨季外均能通行载重汽车的道路。

确定简易公路的标准是能通行载重汽车，即路面宽度大于 4m，而又达不到国家等级标准的道路。它的路面质量一般比普通公路路面质量差，沿路的护路、路标等设施不全或没有，雨季不一定能通车。

简易公路对于沟通城乡联系有重要意义，像片判绘时应注意表示，特别是连接公路的简易公路一般不得舍去，也不得降级表示。我国北方农村大车路较密集，其中很多都能通载重汽车。这些能通载重汽车的大车路若是连接大居民地、公路或通向山地、河边、矿采掘场等地者，均用简易公路符号表示，不得舍去和降级；若仅通向耕地，则可舍去不表示。南方规划区、农场的机耕路可以用简易公路符号表示，而路面宽 4m 以下仅能通行吉普车、手扶拖拉机和运输竹木的双轮车道，不能用简易公路符号表示。

② 乡村路和小路。乡村路是农村不能通行载重汽车的主要通道，而小路是农村的次要道路或仅适于单人单骑行走的小径。它们的区别不取决于路面的宽窄，而根据重要性决定，判绘时要注意区分。

4）桥涵、渡口、徒涉场。桥涵、渡口、徒涉场是跨越河渠等障碍物的设施和场地，对交通运输有重要影响。判绘时必须正确区分桥梁与涵洞、车行桥与人行桥、车渡与人渡，准确注记各种数据和性质，以正确反映这些地区的通行情况和运输能力。

① 桥梁与涵洞的区分。桥梁与涵洞是道路跨越水流、山谷、线路等障碍的建筑物。但它们的方位作用、建筑规模和对通行的影响程度各不相同，所以在地形图上桥梁与涵洞分别用不同符号表示。

桥梁与涵洞一般易于区分，但在实际工作中，一些小桥与涵洞的界限却难以掌握。

铁路部门认为，凡结构上没有梁，填料（土、石）厚度（铁轨底至泄水建筑物顶）1m 以上者为涵，其他为桥。公路部门规定：对于孔形泄水建筑，当单孔跨径 5m 以下，多孔跨径 8m 以下者为涵洞；对于圆管形及箱形泄水建筑，不论管径、跨径大小及数量多少，均为涵洞。显然铁路与公路部门区分桥涵的标准不尽一致。为便于地形图的使用，像片判绘时对桥涵的区分主要从建筑形式和跨径两个方面判定，即跨径 5m 以下，路面又无桥栏或者填土厚 1m 以上者用涵洞符号表示；跨径 5m 以上，或者跨径虽小于 5m，但填土厚度在 1m 以下，且有梁、有栏杆者为桥梁。

② 车行桥。凡是能通行火车或载重汽车的桥称为车行桥。凡是能通行载重汽车的桥梁，不论其建筑材料、长度、承重形式如何，在地形图上均用车行桥符号表示。建筑特点和通行能力，以加注桥长、桥宽、载重量和上部承重结构建筑材料性质的方式表示。

a）桥长量注。桥长是指桥梁主体的总长。有桥台的桥长为两岸桥台的侧墙或八字墙尾间的距离；无桥台的桥长为行车道长度。

值得注意的是，桥梁的悬空部分长度并不一定等于桥梁总长，所以不能把悬空部分长作为桥长注记。另外，桥头的引桥、引道不能作为正桥表示和注记。弯曲桥的桥长以桥面中心线长为准量注；斜面桥以水平距离长为准注记。

b）桥宽量注。桥宽就是桥面的净宽，即行车道宽度。按相关规定，桥宽应与公路的技术等级相适应，并对各级公路的桥面净宽有明确要求。另外，有些旧公路的线路经改造提高了等级，但桥梁并未加宽，与公路线路等级不相适应。在利用参考资料注记时应予注意。

在量注公路桥面宽时，当人行道、自行车道与车行道不在一个平面上时，仅量注车行道宽，而不应包含人行道和自行车道宽；当人行道、自行车道与行车道在一个平面上时，不管有无分开标志，则以桥面两侧的缘石内侧的垂直距离作为桥面宽量注。

桥面长、宽只注记到整米。当桥梁实际宽不为整米数时，则不作凑整处理，而舍去小数部分，如 4.6m 注记为 4m，以确保车辆有效通过，而不给用图者造成错误判断。

c）桥梁载重量调查注记。重型汽车沿公路行进时，必须了解桥梁的载重量，以判断能否安全通过。因此，地形图上要注记桥梁载重量。桥梁的荷载在实地测量判定是比较麻烦的，精度也不高，一般是根据公路部门提供的资料或桥头载重限制标志所示的吨数注记。

d）桥梁性质注记。桥梁性质是指桥梁主要承重结构中建筑材料的性质。不同类型的桥梁承重结构不同。梁式桥、拱桥和桁桥的主要承重结构分别为主梁、拱圈和主桁架，所以桥梁的性质由主梁、拱圈和主桁架的材料决定。如承重结构为木、砖、石块、钢材、水泥混凝土或钢筋混凝土，则桥梁性质分别简注为“木”“砖”“石”“钢”“水泥”。

桥梁的长、宽、载重量和建筑材料的注记对于反映通行情况是重要的，但所占面积较大，影响图面清晰。因此，铁路上的桥梁、简易公路、乡村路和小路上能通行载重汽车的桥梁，以及废弃公路上仍能通行载重汽车的桥梁，均用车行桥符号表示，但不加注记。

③ 人行桥。不能通行载重汽车的桥统称人行桥。它包括能通行轻型汽车、拖拉机和马车的桥梁，以及供单人单骑通行的小桥。这些桥在地形图上都用人行桥符号表示。

因为人行桥包括的范围很广，所以它的建筑形式很多。特殊形式的人行桥，如铁索桥、溜索桥、竹索桥、藤桥、级面桥和亭桥等，除用人行桥符号表示外，还应按建筑形式的不同，分别加注“铁索”“溜索”“竹索”“藤”“级”“亭”等。

铁索桥无桥墩，主要由固定在河流两岸的数条悬空铁索组成。铁索上铺木板供人、马通行。溜索桥是用铁索（或绳索）倾斜固定在河流两岸，供人在铁索上滑溜通过的桥梁。藤桥、竹索桥是主要以藤、竹编制的藤索、竹索固定在河两岸而构成的桥梁。级面桥多为高于地面的拱桥，为了方便行人，桥面修有多级台阶。亭桥是在桥面上修造亭式建筑物，供行人休息或游客观光的桥梁。时令桥是枯水季节架设，洪水季节拆除的简易桥梁，也用人行桥符号表示，并注明通行月份。当桥梁拆除后有人渡，而且人渡时间比架桥时间长时，则不表示桥，而表示人渡。

在河渠和道路密集的地区，人行小桥较多，如全部表示影响图面清晰时，可以选取有方位意义或结构较好的小桥表示，舍去可徒涉河渠上结构简单的小桥，但当河渠不能徒涉时，不论桥梁结构是否简单，均应表示。

④ 涵洞。涵洞按结构分为箱涵（盖板涵）、拱涵和圆涵。在地形图上，它们都用涵洞符号表示，描绘时应注意，涵洞符号为两个“人”字分别相交于道路符号的两边，而不应绘成交叉。

乡村路和小路上的涵洞一般不表示；公路、铁路上既无方位作用又没河、渠，或路从洞下通过的涵洞也可以不表示，但当洞下有河渠或道路通过时应准确表示。

⑤ 渡口、徒涉场和跳墩。

a）渡口是用船或筏将人、畜、车辆和物资运送过水域的场所。渡口分车渡和人渡两种。车渡是指渡船能运载汽车或列车渡过水域的场所；人渡是指不能运载重汽车的渡口。车渡和人渡表示的符号相同，但前者需要加注“车渡”和渡船最大载重吨数；而后者仅注记“人渡”两字。

b）徒涉场是人、畜、车辆涉水过河的场所。在地形图上，当徒涉场位于单线表示的河渠上，绘图时道路符号压盖河渠符号绘出；当位于用双线表示的河流上时，则用渡口符号表示。

为反映徒涉场情况，凡水深在0.5m以上，不论是用单线表示，还是用双线表示的河流，均以黑色加注徒涉场的河宽、水深及河底性质，而与河流的绿色注记相区别。徒涉场注记要准确，因为人、畜、车辆的徒涉能力与流速、水深及河底性质有关。

c）跳墩是在浅水河中供人跨跳过河的一列固定石墩或大石块，又称墩桥。石墩、石块由人工按能够跨越的距离整齐排列安置，高于常水位水面。非人工设置的跨步过河的石块不表示。

5）道路与其他地物关系的处理。

① 道路与独立地物。由于独立地物大多有方位意义，因此判绘时，当道路遇独立地物而不能分别表示时，一般是独立地物按其真实位置准确表示，道路符号断开，或部分断开表示。但铁路和公路旁的房屋可按相关位置移位表示，而不间断铁路和公路符号。

② 道路与水系。铁路、公路与河渠平行，不能同时准确绘出各自符号时，在不使水系与地貌关系发生重大矛盾的情况下，一般以铁路、公路为主，按真实位置表示，河渠移位表示。但是，当简易公路、乡村路和小路的表示与河渠的表示发生矛盾时，以河渠为主，道路移位表示。

当铁路和公路在堤上通过时，以铁路、公路为主，堤以路堤符号表示；当铁路和公路在堤脚通过时，堤移位表示。当简易公路、乡村路和小路在堤上或堤脚通过时，则省略道路符号或道路符号移位表示。但当道路断续与堤岸相接时，其与堤岸重合路段可省略道路符号；非重合路段，则必须绘出，不能省略道路符号，以保证道路有明确走向。

③ 道路与地貌。道路与地貌符号发生矛盾时，以表示道路为主，即准确表示道路，地貌符号移位表示或舍去不表示。例如，道路与用双线表示的冲沟重合时，道路按真实位置描绘，冲沟可适当放宽以陡崖符号表示；道路与单线表示的冲沟重合时，道路按真实位置描绘，若单线冲沟明显，则放大为双线表示，否则舍去不绘。

乡村路、小路通过陡崖，如果陡崖不高，道路符号可直接压盖陡崖符号表示；如果道路从陡崖的断开处通过，则陡崖符号应断开。

描绘山区小路，一般应在立体观察下进行，注意道路与山形的关系，合理地表示道路通过山谷和鞍部的情况，防止小路“飞越山涧”，使道路架空移位。

（5）管线、垣栅和境界的调绘

1）管道。输管道主要用于输送水、石油、天然气和煤气等液态及气态物质，有重要的经济意义和军事价值。管道有的露在地面，有的埋在地下，还有的架空跨越河渠。

地面上有方位作用的管道一般均应表示，地下管道一般不表示。管道架空跨越河流、道路、冲沟等，符号不中断，压盖这些地物绘出。若从这些地物下面通过，则管道符号绘至这些地物符号两侧断开。当输水管道与水渠相互接替时，各自按相应符号表示。比较短的管道可以不表示。长的管道还应注记其运输物质的性质。

管道的调绘应注意以下两点：

① 管道的转折点应准确判出，架空的和地表的管道以实线表示，地下管道以虚线表示，图上长度不足1cm的不表示，居民地内的管道不表示。管道应加注输送物名称。

② 管道通过河流、冲沟、土堤及架空通过双线路时，管道符号均不中断。

2）电力线和通信线的调绘。电力线的调绘应注意以下问题：

① 要准确判读出转折点，以确定其位置，以相应符号表示。对具有方位意义的杆架一定要判好刺准。电力线、通信线遇居民地应中断。

② 电力线与通信线共杆，电力线与通信线平行，电力线与电力线平行，图上间距在2mm以内时，只择其高一级按真实位置绘一条，到转折分岔处再分别表示。电力线、通信线平行公路、铁路，且距路中心距离在5mm以内时不必绘出，到转折分岔处再分别表示。

③ 电力线要以“kV”为单位注记电压高低。

④ 接边准确。判绘高压线，一般只判读出两拐折点，连一直线。但是，由于投影误差的影响，在丘陵地和山地，两拐折点的连线并不一定通过直线上的所有电线杆、塔。也就是说，实地在一直线上的电线杆、塔，由于所处高程不同，在像片上的影像不一定在一条直线上。因此，在判绘面积的边缘处不管有无拐折点，均应在判绘工作边内、外各刺出一根电线杆、塔的位置；若线路上相邻两个拐折点在相邻两张判绘像片上都能刺出时，则在两张像片上全部绘出，以便于邻片接边和避免内业造成人为转折。

⑤ 高压线与其他地物的关系。高压线通过独立地物和居民地上空时，高压线符号断开，与独立地物符号空0.2mm，与街区边缘不空。高压线通过其他大面积地物（植被、水域）

和线状地物（道路、河渠、管道、垣栅）均不断开，压盖绘出。

有线通信线由通信线杆和导线（架空明线、电缆）组成。它是利用电信号在导线上的传输传送声音、文字、数据和图像，以达到有线通信的目的。

有线通信线在地形图上用通信线符号表示。表示的方法与电力线基本相同。但是，有线通信线只在地物稀少地区才表示，一般地区不表示。在地形图上表示的有线通信线中途与地下通信电缆相接时，地下电缆不表示，只在交接处绘一弧线，以示意转为地下。

3）垣栅的调绘。垣泛指墙，这里主要指园场周围的障壁，栅即栅栏。垣栅是各种障壁与栅栏的合称。在地形图上表示的垣栅主要有长城、城墙、土围、垒石围、围墙、铁丝网、篱笆及其他栅栏等。

长城用砖石城墙符号表示，并注记名称和比高。损坏的部分用相应符号表示。长城上的城门、城楼、古关塞等用相应符号表示，并注意符号的方向及符号间的配合表示。

城墙是旧时在都邑四周用作防御的墙垣。因此，凡是能依比例尺表示其长度的城墙均应表示。城墙的建筑材料有砖石和土质两种。砖石城墙用砖石城墙符号表示，并注记比高；土质城墙用围墙符号表示。

围墙、栅栏与双线表示的道路重合时，可断开道路的一条边线来表示；紧靠单线表示的道路又绘不下两个符号时，可将道路略移位，离垣栅0.2m绘出。

4）境界的调绘。境界又称边界或疆界。在地形图上表示的有：与邻国的境界（国界）；国内行政区管辖的界线（国内境界）。

判绘国界是关系到国家主权和国际关系的重大问题，必须认真对待。通常根据国家正式签订的边界条约或边界议定书及附图，并会同边防人员实地踏勘，按图式和规范的要求精确绘出。

地形图上表示的国内境界有：省、自治区、中央直辖市界；自治州、盟、省辖市界；县、自治县、旗界；特种地区界等。

判绘国内境界虽然没有国界那样严格，但仍有很强的政治意义和行政管理意义。如果判绘有错，会给用图者造成错觉和引起行政管理上的麻烦，甚至引起不必要的纠纷。因此，也要认真对待，并应注意以下几点：

① 应以国务院最新公布的行政区划为准，参考旧地形图、行政区划图和询问当地政府机关、群众确定境界线。

② 国内境界上的界碑、界桩或其他界标，要用相应符号准确绘出。当境界通过山顶、山脊时，要立体描绘。

③ 走向明确的境界一般应准确绘出。当境界与较大的用双线表示的河流重合时，境界符号在主航道位置或河流中心线位置上间断地绘出，并清楚地表示岛屿、沙洲的隶属关系。当境界与其他线状地物重合时，可沿该地物符号的两侧每隔3~5cm交错绘出3~4节符号，但转折、交接点、判绘工作边和图廓线处必须绘出符号，以反映真实走向和便于接边；当境界不与线状地物重合时，符号应不间断地绘出。

④ 无明显界线的境界，可根据当地政府和群众所指的走向，依地形特征线（山脊、山谷、干河床、道路、河流）绘出，但必须正确表示居民地的隶属关系，并不得将明显属于

一个行政区管辖的一片果园、一个湖泊分割开。

⑤ 飞地界线以相应行政区划境界符号绘出。所谓飞地是指属于某一行政区管辖，但不与本区毗连的土地。图上面积小于 $10cm^2$，其内不能注记出行政区划名称的飞地可不单独表示。

⑥ 在调绘像片的边缘、图廓线外的境界线两侧，应注出所属市、县、旗的名称。当两级以上行政区划境界重合时，只绘出高一级境界符号，但在判绘像片上应同时注出两级名称。

6. 水系、地貌、土质和植被的调绘

水系在地理学中也称“河系”，是流域内各种水体构成脉络相通系统的总称。而测绘部门所指的水系实际上是指在地图上表示的海洋、江河、湖泊、水库、池塘、水渠、井、泉、沼泽和盐田等各种自然和人工形成的水体的总称。

水系对于农田灌溉、水力资源利用、航运和矿产开发均有重要意义。

水系判绘的内容很多，主要是指河流、湖泊、水渠的位置、形状、大小和分布；河流的宽度、深度、流向、流速和河底性质；水库的容量和拦水坝的性质；海岸线和潮浸地带的性质；井、泉、沼泽和盐田；水上运输设施等。

（1）河流、湖泊、水库

1）常年有水的河、湖和池塘。

① 河流分级表示。一般来说，河流的长和宽能反映其经济价值和对军事行动影响的程度。因此，正确确定和准确表示岸线是判绘河流的基本要求。但是，由于测图比例尺的限制，地形图上不可能依比例尺表示所有的河流宽度，必须根据实际宽度进行分级，分别用依比例尺双线或用由细渐变为粗的单实线符号表示。

河流分级的原则是：凡在图上宽度等于或大于 0.4mm 的河流，依比例用双线符号表示；在图上宽度小于 0.4mm 的河流，用 0.1 ~ 0.4mm 的渐变单实线符号表示。河流在不依例尺地形图上的划分标准见表 2-1。

表 2-1　河流的分级标准

图上宽度	比例尺		
	1:25000	1:50000	1:100000
	实地宽度		
0.1 ~ 0.4mm	<10m	<20m	<40m
双线	≥10m	≥20m	≥40m

同一条河流根据实际情况可以用单实线和双线符号交替表示。一般情况下是上游宽度小，下游宽度大，而且是逐渐变化的。

② 河流注记。仅表示了河流的岸线并不能完全反映河流的性质和特点，还必须沿流向按一定间隔注记河宽、水深、河底性质、流速和流向。这些注记数据一般通过实地量测取得，或参考水文资料注记。必须注意的是，判绘像片上单双线符号变换处的注记数字与河流分级符号宽度应协调一致。有的河流水深大于 3m，深度测量不方便，又没有可靠资料利用，

可只注记河宽，不注记水深。

流速大于 0.3m/s 时，对徒涉有影响。因此，凡流速大于 0.3m/s 的河流都要注记。流有固定流向的水渠也要表示流向。

河流的宽和深应注记在量测标志位置附近。在双线河符号内能清晰注出时，就注在河内，否则与单线河符号一样，绘注在河流符号的一侧。

③ 湖泊、池塘。湖泊和池塘以常水位岸线表示其范围，一般不表示高水位岸线。但对于水位随季节变化很大的湖泊，如白洋淀、文安洼等，高水位岸线明显时，也应表示。非淡水湖泊还要加注水质，如“咸”“苦”等。例如青藏高原上的 100 多个大盐湖，含有 40 多种盐类矿物，最高矿化度达 526g/L，均为非淡水湖泊。

池塘大多有挡水堤坝。这些堤坝一般不表示，只有当坝长大于图上 5mm 和坝高大于 2m 时，才按实地情况用堤岸或堤的符号表示，并量注比高。有的地区池塘很多，可以适当地取舍。

2）时令河、湖。时令河、湖除用时令水位岸线符号表示其范围外，还应注记有水月份。时令河的分级标准与常年有水河相同。

判绘时除了要注意摄影的季节，还要与常年有水河、干河床区分。值得注意的是，有的河床上游修建了大型水库，人工控制水流，水库放水时，河床有水；不放水时，为干河床。这种河流可按时令河表示，但不注记流水月份。

3）消失河段、地下河段。消失河段是河流流经沼泽、砂砾地、沙地时，河床不明显或表面水流消失的地段。消失河段用点线符号表示。点的大小与岸线符号和单线河符号线划一致，颜色一致。

地下河流是河流流经地下或穿过山洞的地段，也称“暗河”或“伏流”。地下河是在进水口和出水口位置用圆弧线符号表示，并在进口处绘一水流方向符号。地下水渠的表示与地下河段相同。以 U 形断面通过道路、河流、谷地、居民地的地下渠道称为倒虹吸管，也以地下河段符号表示，但不绘流水方向符号。水渠以地上管道通过谷底，当管道较短，不能用管道符号表示时，也用地下河段符号表示。

4）水库。凡能拦蓄一定水量，起径流调节作用的蓄水区域，统称为水库。一般指在河流上用人工建筑拦河坝（闸）后形成的水库。水库主要由库区、拦水坝、闸和溢洪道等组成。

① 水库岸线与库容量。

a）水库岸线。水库的水位除受降水影响外，还受人工控制，在地形图上只表示常水位岸线，不表示高水界。一般根据摄影时的水涯线影像描绘。当摄影期间水涯线比常水位线低很多时，通常是在水涯线附近刺出一些常水位通过的明显地物点，并量取至水涯线的比高，作为内业立体测绘常水位岸线的依据。因为大型水库的上游水位与拦水坝附近水位并不一定等高，有的相差几米，所以在立体镜下根据明显地物点描绘大型、巨型水库岸线时，必须注意水库水位并不是一水平面，而是上游高、下游低的倾斜面。摄影后蓄水的水库，像片上没有水库岸线影像，可在水库周围精确刺出三个以上常水位点，在立体镜下根据这些点的高度描绘常水位岸线。

b）库容量。水库的大小一般是根据蓄水容量分级。1×103 万 m^3 以下的为小型水库，1×103 万～1×104 万 m^3 的为中型水库，1×104 万～1×105 万 m^3 的为大型水库，1×105 万 m^3 以上的为巨型水库。重要的小型水库和中型水库都要注记常年容量和水库名称。

② 拦水坝与滚水坝。

a）拦水坝。拦水坝是横断江河和山谷的建筑物。按照建筑材料分为水泥混凝土坝、石坝、橡胶坝和土坝。拦水坝不论建筑材料和建筑形式如何，均用拦水坝符号表示，并区分坝顶能否通行载重汽车。比较大的坝，当坝长 100m 以上或高 30m 以上时，要加注坝长、坝高。如建筑材料为水泥混凝土、石块和橡胶时，还应加注“水泥”、“石”或“橡胶”。简易修筑的挡水坝，一般不用拦水坝符号表示，根据坝体至水涯线的距离大小用堤或堤岸符号表示。简易修筑的挡水坝与拦水坝在性质上没有什么差异，主要是建筑规模、建筑材料、溢洪和护坡工程等条件的不同。前者所形成水库蓄水量在 1×103 万 m^3 以下，建筑材料一般为土质，溢洪道、水渠、闸门等配置设施不完全，没有很好的护坡设施。

b）滚水坝。滚水坝也称溢流坝，是坝顶允许过水的坝。提高的水位通过渠道供灌溉、水磨、水车使用。滚水坝的建筑规模一般比拦水坝小，上游水面比下游宽，没有形成明显的库区。当水流从坝面溢过在下游激起浪花，旱季坝顶露出水面时，影像明显，易于判读。

③ 水闸。水闸是设在河流、渠道中用闸门启闭调节水位、控制流量以及分配用水的人工建筑。各种水闸根据其能否通行载重汽车用相应符号表示，符号的尖端朝向上游描绘。拦水坝和滚水坝上有水闸时，一般只表示坝不表示闸，只有当依比例尺表示坝后同时也能绘出水闸符号时，才分别表示。

（2）运河、沟渠

1）运河、沟渠的分级和分类。运河与沟渠都是人工开挖的水道，对于运输、灌溉、排涝、泄洪、发电等方面有重要意义。运河与沟渠在性质上没有不同，只是在规模大小上有差别。另外，运河的主要作用是沟通不同河流、水系和海洋，连接重要城镇和工矿区，发展水上运输。沟渠规模较小，主要用于灌溉和排涝。

运河、沟渠用相同的符号表示。凡宽度大于图上 0.4mm 的以双线符号表示；小于 0.4mm 的以 0.1mm 或 0.3mm 单线符号表示。沟渠的分级标准见表 2-2。

表 2-2　沟渠的分级标准

图上宽度	比例尺		
	1:25000	1:50000	1:100000
	实地宽度		
0.1mm 单线	<5m	<20m	<40m
0.3mm 单线	5～10m	10～20m	20～40m
0.4mm 双线	≥10m	≥20m	≥40m

沟渠根据其底部平面与地表面的高度关系分为一般沟渠和高于地面的水渠两种。一般沟渠是指沟底低于地面，或与地表在同一高度的水渠。高于地面的水渠是指沟底高于地面的水渠，两种水渠各自用不同的符号表示。

2）水渠注记。运河、水渠与河流一样，除用符号表示岸线外，还应测注宽和深。水渠的大小不同，障碍的作用不同，因此对注记的要求也不一样。用双线和用0.3mm单线表示的沟渠都应注沟宽、沟深。用0.1mm单线表示的沟渠只在沟渠稀少的地区才注记。常年流水且水深在1m以上的运河、沟渠应测注沟宽、水深。当沟渠有堤，堤脚与沟沿间无台阶或台阶极小时，沟宽、沟深以堤面为准。如堤脚与沟沿间一侧或两侧有较宽台阶时，则沟宽、沟深以沟渠上沿为准，而不以堤面为准量注，以正确反映其障碍作用。

（3）地貌和土质　地貌是地表自然起伏形态的总称，凡能用等高线表示的地貌由航测内业测绘，有些地貌陡、窄、隐蔽不能用等高线表示，需调绘时，以专用符号表示。需调绘表示的地貌有冲沟、陡岸、滑坡、陡石山、山洞、溶洞、石灰岩溶斗、干河、干湖、梯田、独立石、土堆、坑穴等。土质是指覆盖在地壳表层的土壤性质，地形图对未被植被覆盖的土质用专门符号表示，其中有沙地、砂砾地、戈壁滩、盐碱地、石块地、露岩地等。对地貌和土质调绘的基本要求如下：

① 对能依比例尺表示的地貌土质，要准确显示其性质和形态范围；对不依比例尺表示的地貌土质，要准确显示其性质和位置。

② 对具有方位意义的地貌，如岩峰、山隘、独立石、土堆等要准确表示。对主要交通线两侧和地物稀少地区的地貌要详细表示。对有阴影的地貌调绘，应进行立体观察。

③ 当地貌元素密集时，允许取舍，但不得综合。山洞、溶洞应按真方位表示，且以洞口为符号位置。冲沟、陡岸、梯田、土堆、坑穴应量注比高。

④ 冲沟、干河床，图上宽0.5mm以下绘单线，0.5mm以上绘双线。冲沟图上宽1.5mm以上，且坡度在70°以上的，以陡崖表示。

⑤ 山洞、溶洞、独立石等地貌有专名时应加注名称。

⑥ 砂砾地、戈壁滩、盐碱地、龟裂地以相应符号表示，当面积大于图上4cm^2时，应加注“砂砾地”“戈壁滩”等注记。

（4）植被　植被是覆盖在地面上天然生长的和人工栽培的各种植物的总称，它具有绿化环境、保持水土、防风固沙、调节气候、军事隐蔽等作用。不同比例尺的地形图，对植被表示的详细程度不同。在实测中小比例尺地形图上表示的植被类型有乔木林、竹林、灌木林、经济林、经济作物地、草地和稻田，以及有方位作用的旱地。其中除草地、稻田只在分布范围内均匀配置相应符号表示外，其他植被均应根据分布的疏密情况用不同的符号表示；根据面积的大小分别用依比例尺、半依比例尺和不依比例尺符号表示。

1）树林。树林因其密度、高度、粗度和分布特点的不同，图式规定，在地形图上分别用依比例尺的森林、疏林、矮林（幼林、苗圃）符号，半依比例尺的狭长林带符号，不依比例尺的小面积树林、独立树丛、突出树和零星树符号表示。

① 森林与疏林。森林与疏林都为乔木林，只是分布的疏密程度不同。

广义森林是集生的乔木与其共同作用的植物、动物、微生物和土壤、气候等的总称，在此仅指集生的成片乔木林地。森林对国民经济有重要意义，它不仅提供木材和其他林产品，还具有保持水土、调节气候、保护农田、卫生保健等作用。地形图图式从密度、高度、胸径三个方面定义森林，即树木生长密集，树冠边缘之间的平均距离小于树冠的平均直径，平均树高 4m 以上，齐胸处平均树粗（胸径）0.08m 以上的乔木林地，称为森林。森林在地形图上为套色植被，以绿色显示其范围，不绘地类界符号。润绘时在像片上用简化的地类界符号表示轮廓范围。当森林面积在图上大于 $4cm^2$ 时，要注出林种名称、平均树高和胸径，可不绘符号。若为混交林，而又无一优势树种占林木的 80% 以上时，则选择主要的两种树木，依其数量的多少按其上下或左右的次序注出。

疏林是树木生长稀疏，树冠之间的平均距离在树冠直径的 1 ~4 倍之间的乔木林地。疏林在地形图上不套色，也不绘地类界，不分树木的种类、高矮，只在其相应范围内配置疏林符号表示。

② 矮林、幼林和苗圃。

a）矮林是外形矮小的树林，平均树高不足 4m。一种为分布在高山顶天然长不高的林木；一种是在森林更新作业中由伐株萌芽形成的林木。

b）幼林为树粗小于 0.08m 的幼龄林，很多为人工播种或栽种。

c）苗圃为培育苗木的土地。

矮林、幼林、苗圃在地形图上用同一符号表示。尽管三者有相近之处，但在高矮、粗细方面还是有差异，作用也不一样，为了便于区别，当图上面积大于 $2cm^2$ 时，还应根据其性质，加注相应的“矮”“幼”“苗”和平均树高。

③ 狭长林带和单行树。狭长林带是呈条状分布的乔木林地。当图上宽度小于 1.5cm 时，以狭长林带符号表示。如果林带长大于 2cm，也要加注平均树高。树木稀少的地方，对于长度大于图上 5mm 的田间密集整齐排列的单行树，也要用狭长林带符号表示，但不注记平均树高，以此区分真正的狭长林带。

④ 小面积树木和零星树。地面上有的树林面积很小，但较明显，当图上面积为 2 ~ $25mm^2$，不能用森林或幼林符号表示时，不论是森林、矮林或苗圃均用小面积树林符号表示。符号的大圆圈绘在树林影像的中心位置，小圆圈绘在方便处。

零星树是指零星分布的数木，或面积在图上小于 $2mm^2$，且方位意义不突出的树林。在地形图上只表示有依附地物的零星树，如沿道路、河渠、堤旁、坎边的零星树，除在林区外一般都表示。居民地内外的零星树和田野中的零星树一般不表示。但是，公园、疗养区和居民地内外的林荫地段要用零星树木符号表示。零星树木符号是示意性的，并不反映实地的数量和准确位置。

⑤ 独立树丛和突出树。独立树丛是指具有明显方位意义的成丛树林。独立树从与小面积树林的差异主要在于方位作用的大小。独立树丛的面积比小面积树林的小，但方位作用明显。

突出树是指有良好方位作用的单株树。无明显方位意义的单株树为零星树。

2）竹林。竹林是竹子生长比较茂盛的林地。竹林的种类多，有大径的毛竹、斑竹和小径的青皮竹、水竹等。在地形图上不区分胸径的大小与种类，均用竹林符号表示，并按面积的大小和分布区分为大面积竹林、小面积竹林和狭长竹林三种符号表示方法。区分标准与树林相同。对于天然长不高的成片丛生小竹，形如灌木，可用灌木符号表示。

3）灌木林。灌木林是指成片生长的无明显主干且枝杈丛生的林地。地形图上按其密度、面积和分布特征区分为密灌木林、稀疏灌木林、小面积灌木林和狭长灌木林四种，分别用相应符号表示。它们在面积和宽度上的区分标准与树木相同，而密集灌木与稀疏灌木以平均间距大小区分。丛距小于3m的为密灌，大于3m的为疏灌。

4）经济林。树林根据用途可分用材林、防护林、薪炭林和经济林等。在地形图上，前三者不加以区分统一用树林符号表示，而经济林由于它的特殊经济意义和种植规律，用专用的经济林符号区别于其他林地表示。经济林是指主要为取其花、果、汁的林地，有木本粮油林、特种经济林和其他经济林类型等。

5）草地。地形图上根据草的高度分为高草地和草地两种类型符号。高草地是指草高在1m以上的芦苇和其他高秆草本植物地。高草地不绘地类界，只在相应范围内配置相应符号。高草地幅面积较大时还要注记高草名称。草地是指高度低于1m的生长茂密的革类地段，或者有放牧价值的草原。地形图上草地不绘地类界，只在其范围内配置相应符号。面积较小的草地一般不表示。

6）稻田、旱地。农作物耕地可粗略地划分为稻田和旱地。稻田有常年积水和季节性积水两种。在地形图上不区分常年积水还是季节积水，均用同一符号表示，不绘地类界，只在其相应范围内配置稻田符号。零星分布的稻田，若无方位意义，可不表示。

旱地一般不表示。但在大片树林、草地或稻田范围内，且具有方位作用的小块旱地，则应绘出地类界，用有方位作用的旱地符号表示。

植被调绘应注意以下几个问题：

1）地类界的应用。地类界是表示植被轮廓的符号，作用是划出某种植被的分布范围。需绘地类界的植被有树林、竹林、灌木林、幼林、经济林、苗圃、经济作物地、稻田、草地、菜地等。不需绘地类界的植被有疏林、芦苇地、草地、半荒植被地、植物稀少地等。地类界应走向明确，轮廓要封闭，当地类界与地面上有实物的线状地物（如道路、水渠、垣栅等）重合时，地类界可不绘；当地类界与地面上无实物的线状地物（如通信线、电力线）重合时，地类界应略移位描绘。对小于图上1.5mm的弯曲地类界，可综合取舍。

2）需绘地类界的植被，是在地类界内配置相应植被的符号表示的；不需绘地类界的植被符号，植被的调绘要正确反映植被的质量特征和类别特征，要掌握各种植被的区分标准，同一范围内混生多种植被时，最多选择主要的表示三种，对经济价值不大的或数量少的植被可舍去，符号配置的疏密多少要注意反映出实地各种植被间数量上的基本比例。

3）对具有方位作用的植被，如独立树、独立树丛、独立竹林、独立灌木丛等，要注意突出、准确表示。

4）植被符号不得压盖、截断和接触地类界或其他地物符号。

5）要按图式要求做好文字及数字注记，如树林应注树名、平均树高、平均树粗；如苗圃、幼林除符号照绘外，还应加“苗”“幼”等文字注记。

7. 地理名称的调查和注记

地理名称简称地名，它是人们赋予某一地理实体的语言文字代码，或者说是区别不同地理实体所代表的特定方位、范围的一种语言文字标志。在地形图上它是一项重要元素。

（1）地理名称的分类

1）居民地名称：包括城市、集镇、街道、村庄、农场、林场、茶场、牧场、工厂、矿区、企事业单位、车站、码头等。

2）山地名称：主要包括山脉、山峰、山隘、山口、山谷、山洞、山坡、台地、高地等名称。

3）水系名称：主要包括海洋、湖泊、江河、运河、渠道、渡槽、水库、河口、海湾、海峡、港湾、沙洲、岸滩、井、泉、冰川等名称。

4）其他地理名称：主要包括独立地物、工程设施、交通线路、名胜古迹、行政区划、土壤植被、数字代号等名称。

（2）地理名称调查的一般方法　在进行判读之前，首先进行地名资料的搜集工作。搜集的内容包括各种比例尺的地形图、行政区划图、规划图、水系图、交通图、旅游图以及行政区划等有关资料。上代地形图和地名普查资料及各省出版的行政区划简册是像片判绘取得地名的基本资料。

根据所搜集的资料进行综合分析，对注记清楚、位置准确无异议的地名可先确定下来，对有疑问的可到实地调查确定。

地理名称的调查到实地进行，要多问，要向不同的对象问，要做到“音”“文”“字”三者统一，防止音同字异及错字现象。对调查的资料要注意与省、市、县行政区划图相核对，核查经分析调查的名称是自然名还是行政名，是总名还是分名；要首先选取国务院公布的正式名称，以及取问明的、舍一般的，取较大的、舍较小的，取较固定的、舍易改变的，不得选用群众按照相关位置称呼的前街、后街、南山、北山、东头、西头为地理名称，也不得选用带有侮辱性的地理名称。记录用字要以国务院颁布的简化字为准，不得自造字。

（3）地理名称的注记　地理名称的注记，要做到字体工整，疏密得当，主次分明，位置合适，指向明确。

地理名称注记，不得压盖重要地物，在不压盖重要地物和图面清晰的前提下，应尽量注记详细写些。当地理名称过密时，可按取总名、舍分名，取著名、舍一般，取大的、舍小的的原则进行取舍。注记字体的排列如图2-45所示，常见的有以下四种：

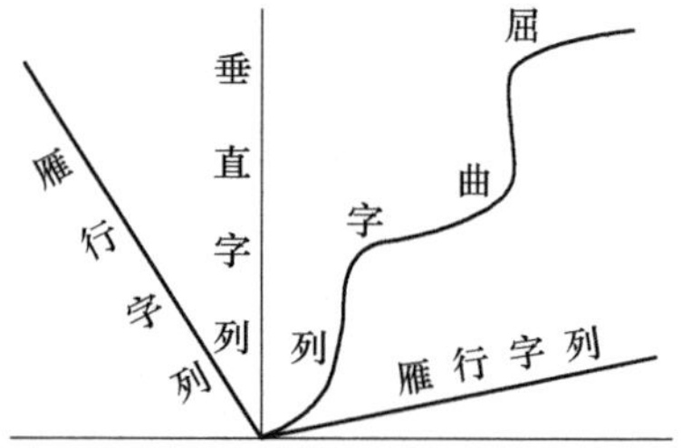

图2-45　注记字体的排列

1）水平字列，又称“横字列”。注记文字的中心连线与上下图廓线平行，在小比例尺图上与纬线平行，排列方向是从左至右，如居民点注记。

2）垂直字列，又称“竖字列”。注记文字的中心连线与上下图廓相垂直，文字从上到下排列。

3）雁行字列，又称“斜字列”。注记文字中心连线为直线并与上下图廓斜交，交角小于45°时，文字由左向右排列；大于45°时，从上到下排列。

4）屈曲字列，又称“曲线字列”。注记文字中心连线呈曲线或折线，文字排列随所注地物而定，如河流注记等。

注记字体的排列应按照地物自然延伸的方向灵活运用。居民地一般采用水平字列，水系采用雁行字列或屈曲字列。

地理名称注记的位置应指向明确，注意反映地物的分布特点，便于阅读。如图 2-46 所示，居民地名称注记的位置有五个可供依次选取，当前一位置注记压盖其他地物时，可依选用下一位置进行注记。

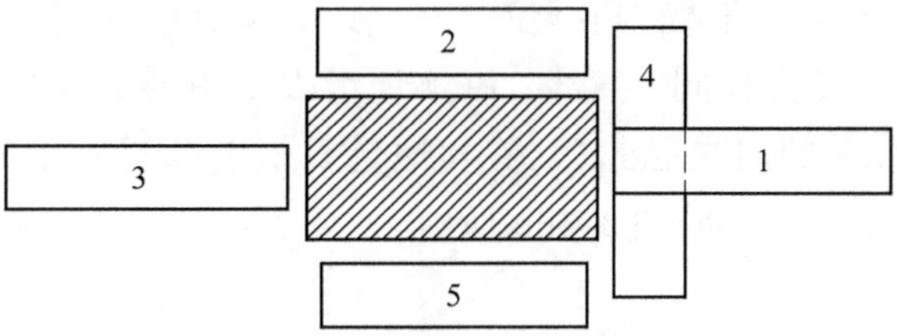

图 2-46　地理名称注记位置

(4) 注记资料的量测和注记

1) 注记资料的分类。

① 文字注记：用以说明性质和功能，例如树林品种、路面材料、水坝性质、特殊建筑用途以及沼泽地通行情况等。

② 数字注记：用以说明某些地形元素的高低、宽深、大小、月份等。例如，冲沟、陡岸、田坎、路堤、路堑、城墙、土堆、坑穴等需量注比高；河流、沟渠、桥梁、路面等需量注宽度；水井、徒涉场、河流等需量注深度；桥梁需注记载重量；电力线需注记电压；山隘、时令路需注记通行月份。

2) 注记资料的墨测。注记资料要到实地进行调查和量测，不得凭印象估计。量测位置要选取在具有代表性和明显特征的地方，例如河宽、水深的量测，要选在便于车马行人通过的河段上及桥梁、渡口附近；路堤、路堑的比高要选在最高处；陡岸的比高要选在转弯处；冲沟的比高要选在汇合处。各种数字注记的量测精度，成图比例尺不同，要求也不同，但量测精度要与成图比例尺的要求相一致。

3) 注记资料的标注。文字注记用字要统一，一般按图式执行，例如打谷场注“谷”字，抽水机房注“抽”字等。调绘片上标注的测定点要与实地量测位置一致，不得移位，数字写在测定点的近旁。

2.2.5　新增地物的补测

在摄影时间距调绘时间较长的调绘中常常会出现许多新增地物，对于这些新增的地物必须在调绘时加以补测。此外，对被云影、阴影所遮盖的地物，也必须在调绘时加以补测。新增地物补测是像片调绘中常遇到的问题。

在条件允许的地方，可采用各种交会法定位，外业作业人员按照大补小、主补次、外补内的原则准确量距交会定位，具体方法有距离交会法、截距法、直角关系法、似直角关系法、平行线法、方向交会法等。参照物必须准确无误。以房角为参照物时，尽量使用无檐房角，困难时使用有房檐的房角时，只能使用墙体实部拐角，不能使用房檐虚拐角。而内业编辑时也必须在改檐后才能交会定位所补地物。

1. 新增地物补测的一般方法

(1) 距离交会法　先在实地对照像片找出两个明显的地物点，量取该两明显地物点到新增地物的距离，而后依比例尺换算出像片上的相应长度，分别用圆规截取两段长度画弧，相交点即为新增地物的位置，如图 2-47 所示。

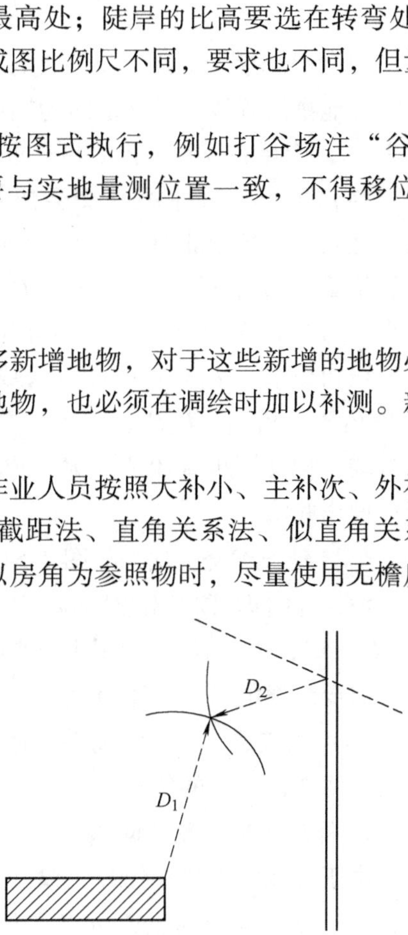

图 2-47　交会法

（2）截距法　当新增地物在线状地物旁边时，可以自线状地物上一明显地物点量取至新增地物的距离，然后依摄影比例尺换算出像片上的长度并截取定位，如图 2-48a 所示。又如补测通信线转角杆位置 P，从明显地物点道路交叉处沿路取 A 点，使 A、P、B（独立房角）三点在同一直线，在实地量 D_1，在像片上定出 A 点，在实地量 D_2，在像片上从 A 点起沿 AB 的连线定出 P；在实地量 D_3，检查像片上 P 点的正确性，于是通信线转角杆就可以补测出来了，如图 2-48b 所示。

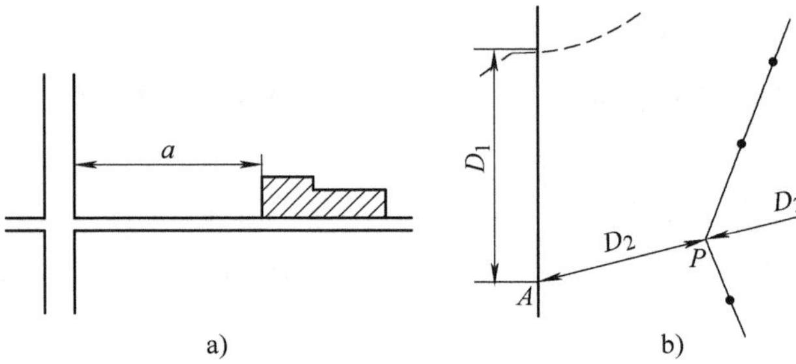

图 2-48　截距法

a）量取距离并定位　b）补测 P 点

（3）坐标法　如图 2-49 所示，当新增地物距线状地物有一段距离时，可以从新增地物作线状地物的垂线，其垂足即为辅助点；量垂线长 D_1，量线状地物上一明显点到辅助点的距离 D_2，而后在像片上由明显点求出辅助点，再由辅助点沿垂线求出新增地物的点位。

（4）平行线（垂距）交会法　如图 2-50 所示，已知一个房屋的四个角 A、B、C、D，求取天井的位置。那么分别量取待定点 P_1 到 AB 和 BC 的垂直距离 O_1P_1 和 O_2P_1，这样即可利用 AB 和 BC 的平行线相交求出 P_1 点。同样方法或采用其他方法量取 P_1P_2、P_1P_4、P_2P_3、P_3P_4，再分别作各边的平行线，相交即可求出 P_2、P_3、P_4 点，类似情况均可使用此法。

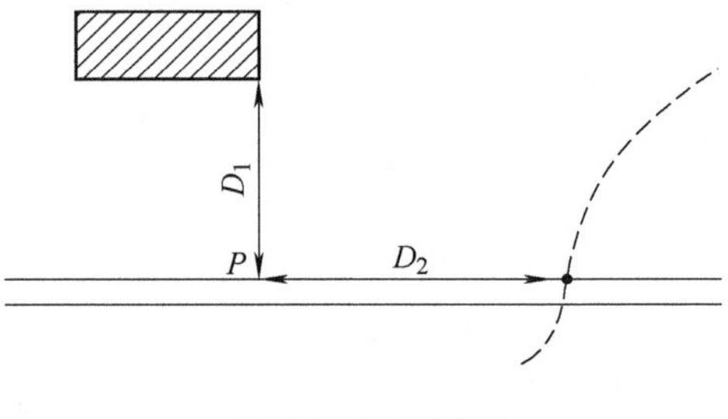

图 2-49　坐标法

（5）延长线交会法　如图 2-51 所示，已知 A、B 两点，待求点 P 落在水域当中，人难以到位，此时即可利用此法求出 P 点。先在 AP 和 BP 的连接线上确定两个点 D 和 C，再量取 AC、AD、BC、BD，利用距离交会法求出 C、D 两点，这样就可利用延长线交会法求出 P 点。需要注意的是，不能用短边来定长边，因此 AD 和 BC 两边不能太短。

（6）比较法　根据实地新增地物由周围明显地物的相关位置，采用目视内插直接判定新增地物在像片上的位置。

2. 补测中应注意的问题

由于补测的地物在像片上没有影像，补测时若不注意就会产生较大的位移、变形或失真，直接影响成图精度，所以在补测时除选用较正确的补测方法外，还应注意以下几个问题：

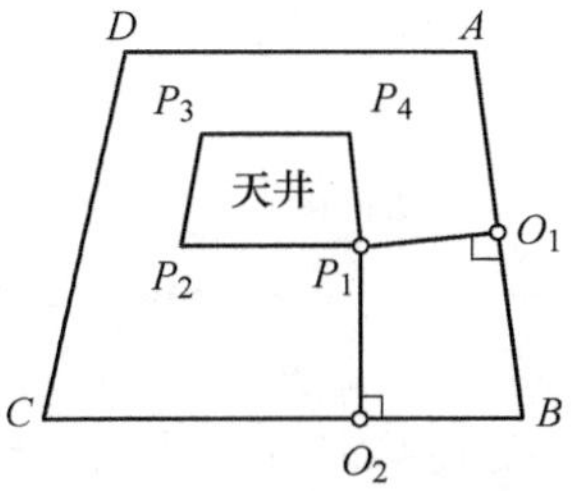

图 2-50　平行线（垂距）交会法

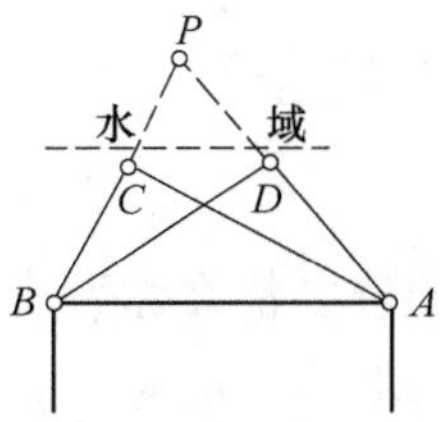

图 2-51　延长线交会法

（1）注意地物的中心位置　绘不依比例尺表示的地物都是以中心点为准，线状地物都是以中心线为准，所以在补测新增地物量距时必须注意两侧到中心点或中心线的位置，因为一般来说，地物的边缘到中心点或中心线都会有一段距离。如砖瓦窑，窑中心点到窑边缘是有一定距离的，量距离必须量到窑中心。如果把地物的边缘误认为中心点或中心线，补绘的地物就必然要移位，影响成图精度。

补绘的地物准确与否也与量测距离的准确性及换算到像片上的距离有直接关系。每一项工作都必须准确无误，才能测绘出高精度的成果。

（2）注意地物的方向　除图式规定垂直于南图廓描绘的独立地物外，在补测其他的地物时应特别注意地物的方向，补绘时方向容易绘错，而内业又难以发现和改正。因此，最好是描绘好后，用周围相关地物检查一下，看补测的地物是否与周围相关地物的方向一致。

（3）注意地物的形状和大小　对于依比例尺或半依比例尺描绘的地物，补绘时应特别注意其形状大小，否则会失真变形。补绘时不能把长方形绘成正方形，宽的绘成窄的，短的绘成长的，使地物失真，影响地形图精度。因此，在补绘时，首先应准确判定或测定地物轮廓的转折点，然后判定或测定其他地物点。如补测一新增工厂，应先准确判定或测定工厂的轮廓，围墙、铁丝网或外围建筑物的转折点，以准确判定工厂的范围、内部厂房及其他建筑物。可根据它们之间的相互关系，用前面讲到的几种补测方法来确定其位置，然后检查它们之间的位置关系是否正确，如有误差可平差一下再精确确定各地物点位置。

补测线状地物，应注意各转折点的位置准确。补测盘山渠道时，首先补测渠道绕过山谷和山脊的准确位置，然后在立体模型下根据渠道走向进行描绘，如渠道位置判断不准，应概略绘出渠道位置，在渠道主要转弯点测注渠底高程，以便内业成图时精确绘出。新增水库水涯线的补绘，如位置不易判准，可测定水库常水位高程，由内业绘出，如是大型水库，可分别在上、中、下游同时测定常水位高程，由内业绘出。

（4）注意表示补测地物的附属建筑物　在补测地物时，有些地物不但要精确地补测出地物本身，而且要注意补测出附属建筑物和附属设施，如道路、水系，如只注意补测了道路、水系，而漏了附属建筑物及附属设施，不仅会造成漏绘，而且会造成地物之间的不协调或矛盾，如道路通过水系没有桥梁或涵洞，通过谷地没有路堤或桥涵，这些都会造成图面不合理，而内业又无法处理。因此，在补测地物时一定注意同时补测附属建筑物及附属设施。

一般情况下可以采用上面讲述的方法补测地物，但如补测的地物周围像片上无明显地物影像，补测地物已失去了依据，需大面积补测地物，用上述补测方法已无法准确补绘，这时应按常规地形测图的方法进行补测。

2.2.6 调绘片的整饰

1. 整饰

调绘像片的着墨整饰称为清绘。

外业调绘的地物、地貌、名称注记和数字注记，要在像片上着墨清绘，这一工序的好坏，将直接影响成图质量。如果以上各工序成果质量很好，但在清绘时绘错了位置，漏绘了符号，各地物符号之间相互关系位置处理不当，数字注记有错，与实地外业测错、算错后果是一样的，它直接影响成图质量，一笔之差造成质量不合要求。因此，对清绘工作必须认真对待，做到认真、细致、准确，确保各地物符号正确无误，符号标准，不遗漏，清晰易读，整洁美观。

（1）像片清绘的一般要求

1）调绘的内容及时清绘。当天调绘的内容最好是当天清绘，在地物比较多而且复杂的情况下，最好是上午调绘，下午清绘。如夏季作业天气炎热，下午不易清绘时也可采用下午调绘，第二天上午清绘。如调绘的地点与驻地距离较远且地物不太复杂时，也可采用头一天调绘第二天清绘的方法。及时清绘可以避免因对某些地物记忆不清而造成的漏绘、错绘，即便在地物稀少的情况下，遇有特殊困难，调绘时间距清绘时间最多也不得超过 3 天。

2）清绘时各种地物的中心位置要准确，中心点、中心线应按图式规定绘出。

3）正确运用图式符号。描绘时应按图式规定的符号绘出，对于某些地物符号，清绘时可以比图式规定略稀一些，如植被符号、电力线、通信线符号可以比图式稀一些；陡岸的短线符号间隔可以放大一些，但一幅图应保持一致，不能一部分密，一部分稀使图面杂乱无章，使内业难以辨认或产生误解。各种地物符号应按图式正规绘出，不能将符号绘成“四不像”，如土堆绘的像水井、围墙绘得像梯田坎，独立房屋绘成方形、圆形，半依比例尺的房屋绘的过大、过长等。线状地物符号应线画粗细，长短能严格区分，基本上按图式规定绘出，如清绘道路时，线画粗细、长短掌握不好，很容易造成一幅图道路等级不分，给内业带来困难。

4）各地物符号之间的关系要交代清楚，合理反映地物之间的相互关系，地物符号之间保持 0.2mm 的间隔。各种地物符号并列平行不易绘出时，应严格遵照规范有关地物移位规定绘出，像片比例尺一般情况下都小于成图比例尺，如处理不当，清绘出来的地物符号会移位很大，给内业造成较大困难。这时最好是把地物符号缩小绘出，使移位尽可能小些。各种说明注记必须清楚、明确；整个图面必须清晰易读。

5）清绘中要做到不遗漏。尤其是被线状地物包围的地区，注意不要遗漏植被符号。如面积较小时至少也得绘一个符号，不移位、变形。山区、丘陵地清绘时应参照立体模型，不然易出现陡坎方向绘反、河沟爬坡等情况，严重影响成果质量。清绘要想做到不遗漏、不移位变形，就应做到随时检查，随时修正。

6）调绘片上整饰地物时，颜色一般规定如下：

① 黑色：正规表示的各种地物，独立地物；房屋及其附属设施：轮廓线、结构、层数；

大车路、乡村路、小路、桥梁、道路附属设施、内部道路、境界、人工地貌、植被符号、管线、直线上的电杆符号，地理名称等。

② 红色：所有修改地物的线条，补调地物的图形，各类植被符号；土质性质简注，各类性质说明注记，地类界，电线拐点及交叉点，变压器等符号；房体与附属设施的分隔线，廊宽尺寸，阳台宽尺寸，各种附属设施的简化定性符号（或字母）；所有的打“×”（对已拆除或实地不存在的地物（地貌）逐个打“×”）符号；各种独立地物的定性符号，简单房屋斜线等。

③ 绿色：水涯线、沟渠及宽度注记，流向、水系名称注记，行树树圈、干沟、水井、泉、输水管、水准点及房檐注记等。

④ 棕色：冲沟、陡崖等自然地貌和沙地、沙砾地、露岩地、石块地等土质符号及山脉注记等。

⑤ 蓝色：调绘范围线，接边符号，围墙等。

（2）清绘的方法

1）清绘前的准备工作。

① 工具准备。没有良好的清绘工具是很难清绘出高质量成果的，常言说“磨刀不误砍柴工”，工作的第一步就是要修磨好各种粗细的笔尖、小圆规、曲线笔，如能自制一些地物符号更好；准备好各色颜料，以及清绘常用到的洗笔水、脱脂棉、立体镜等。

② 做好清绘前的思想准备。清绘前首先应回顾一下所调绘的内容，参照透明纸上的记录应全部清楚地记得调绘过的情况；然后再参照立体进行准确地判定，如有些地物记不大清楚、地物之间的关系记不准，最好是弄清楚后（也就是再去调绘）再清绘，或者是把这个地方先留下来等以后统一出去补调，切不可采用自欺欺人的办法，这是测绘人员职业道德所不允许的。总之，清绘工作前应做到心中有数。具体清绘可根据各人作业习惯和地物的难易程度来确定清绘计划。

2）清绘程序。清绘方法因各人的习惯不一样，各有差异，现介绍以下几种供参考。

① 按调绘路线清绘。边回忆边参照透明纸记录的先后顺序着墨清绘。此种方法的优点是记忆清楚，不易遗漏地物，地物关系处理得当；但不足的是换笔频繁，系统性较差。具体清绘时还应按以下顺序进行：独立地物、居民地、道路、水系、管线、垣栅、地貌、地类界、各种注记、植被，最后普染水域。

② 按地物分类清绘。清绘时按各种地物一样一样地清，清绘完一种地物再清另一种地物。其具体清绘顺序与第一种方法介绍的一样。此种方法的优点是换笔次数少，可以提高工作效率，尤其是在地物稀少地区优点更为突出。但最大的缺点是容易漏绘地物，尤其是地物较复杂的地区更容易漏绘。

③ 前两种方法结合起来，具体做法是：独立地物、居民地、地貌、地类界、各种注记、植被、水域普染按第一种方法；一些通向很长又有一定系统性的地物，如道路、水系、管线、垣栅、境界，按第二种方法清绘。此种方法具有以上两种方法的优点，克服了一些缺点，如第一种方法清绘道路、水系、管线不易进行，因为我们调绘路线不可能与这几种地物完全重合，而道路、水系、管线的系统性、完整性又很强，不易分段清绘，分类清绘是比较

有利的。

3）检查。清绘时各人可根据地物复杂程度，选用自己习惯的清绘方法，但不论采用哪一种清绘方法，都应当做到边清绘边检查。清绘完一块后检查一下看是否有遗漏地物和移位现象；无误后再进行下一块，一片清绘完后统一检查一次，看是否符合要求。具体方法是：按调绘路线，回忆各种地物并结合透明纸上的记录对照检查，参照立体模型看各种地物绘的是否有移位变形，如发现不妥之处应及时修正，如发现一些地方有疑问，应记录下来，等一幅清绘完后统一补调，同时把清绘好的成果再自我实地对照检查一次，以保证调绘质量。

2. 接边

接边就是图幅与图幅之间或调绘片与调绘片之间拼接时各种地物要素应严密衔接，协调一致，与实地情况吻合。

实际作业时由于作业方法不同，比例尺不同，作业时间不同，作业人员不同，往往会造成接边矛盾。就是同一作业人员调绘的成果中，幅与幅之间、片与片之间因为工作疏忽造成接不起边的现象时有发生，接边问题外业不处理好，内业无法处理，此项工作必须引起各级检查人员及作业人员的高度重视。

接边按范围可分为图幅内部接边、幅与幅之间的接边。

按作业时间可分为同期作业的接边、不同期作业的接边（一般是与已成图之间的接边）。

（1）同期作业片与片、幅与幅之间的接边　本幅内自己所调绘的各片，应自我检查确保各调绘片之间无误。幅与幅之间，各自应调绘到所绘的图边调绘面积线（经过接边的调绘面积线）。约定好由一方带自己的调绘片到另一方去接边，发现问题，立即野外核实解决。接边时应注意的问题有：

1）地物应严密相接。地物位置按影像应严密相接，不能错开，形状与宽度应完全一致，不能出现一宽一窄，更不能出现你有我无，你是这种地物，我是那种地物。

2）道路等级应一致。作业时由于作业人员理解的原因，等级差可允许差一级，但接边时应根据两边的实际情况统一起来，如一条道路在一幅图中较宽可按大车路表示，而在另一幅图中逐渐变窄达不到大车路等级。此时两幅图接边时，表示大车路的一幅图只能降级表示，改绘乡村路。公路接边时应注意路面铺设材料及宽度注记应一致。

3）地理名称注记及数字注记应完全一致。如一个村庄两幅图上所注村庄名称应完全一致，不能出现音同字不同，或者名称不一致。数字注记应一致，同片树林不能一片注记平均树高为15m，而另一片注记平均树高为5m，这实际上是不可能的。如遇此种情况，接边双方均应实地量测，统一后再修改。

4）地类界应严密相接，地界内植被符号应完全一致。这一点比较容易疏忽，接边时应引起注意。

5）陡坎、冲沟、路堤等应完全相接，最好配合立体模型相接，注意所绘地物符号方向应一致，比高注记不应出现矛盾。

6）管线、垣栅接边处应保持地物原来的直线性，不能在接边处出现人为的转折，故刺接边处的管线应在调绘面积线外刺一个杆位以便于接边。在山区由于像片投影差的影响，接边处是直线的地物可能变成曲线，此时不能强求两片接边处同时通过同一地物点，这时两边可以在接边处同刺一个杆位，各自连成直线，虽不严密相接，但经内业测图消除投影差后，就会相互衔接。

7）河流、湖泊、水库、沟渠拼接应一致，水涯线描绘一般应一致，如遇不同期航摄资料，较大的湖泊、水库水涯线会相差很大，不易接边。此种情况，外业调绘时应调注常水位高程，由内业测图时根据等高线来确定水涯线接边。

8）图幅与图幅之间接边完成后应签注接边说明，如“已与××图接边”，同时签注接边者、检查者姓名，接边时间。

（2）已成图的接边　实际是利用已成图上交抄边片资料进行接边，接边方法与同期作业接边方法完全一致，接边时应注意以下问题：

1）接边时如同名地物接边差在接边允许范围以内，只修改新作图幅，使之与已成图完全接边。

2）接边时若同名地物接边误差超限或完全不相接，此时若是本幅图绘错或遗漏，本幅图应当即修改；若是已成图幅问题，可利用本幅图的调绘像片实地补测一部分，注明补测和改动情况，并向已成图单位反映，让其组织人员修改；若是新增地物，以本幅为准，不再强接，但应在接边栏内注明情况。

（3）自由接边

1）自由图边：就是本期作业的外围图边，而以前又没有同等比例尺已成图的图边。调绘自由图边，必须保证满幅且应调出（或测绘出）图边外8mm，以保证下一期测图接边用。自由图边没有接边任务，但需进行抄边，并将抄边作为正式成果资料上交。

2）抄边：就是用余片把图边附近（图边内1cm，图边外4mm）的调绘内容全部抄录下来。具体做法是，首先以红色准确地绘出图廓线，在图廓线内1cm外4mm绘出抄边范围，对照原调绘片把全部地物、地貌、注记等内容抄录下来，控制点也应抄边，即把图边控制点在抄边上转刺下来，正反面进行整饰，在像片背面抄录控制点的平面坐标及高程，以备邻幅下期作业时利用。抄边片应经严格检查无误后，抄边者、检查者签名，签注日期。

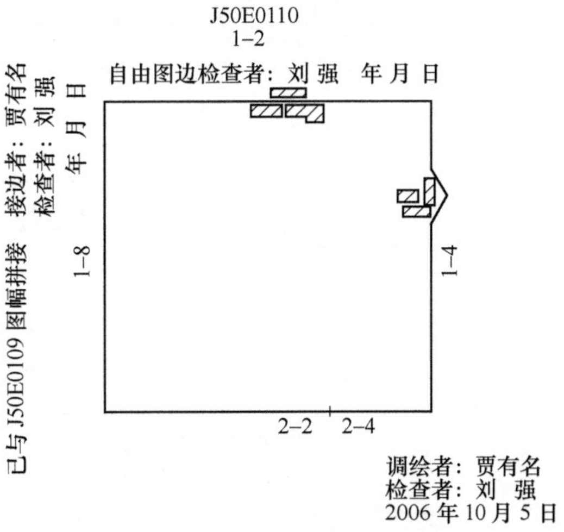

图2-52　调绘面积线外的整饰

3. 调绘面积线外的整饰

整饰格式如图2-52所示，对图中格式做如下说明：

1）图幅编号注于像片北部中央。

2）图幅内航线号由北向南编号，像片号自西向东编号。

3）调绘面积线本幅内用蓝色，图廓线和自由图边线用红色。

4）调绘面积线当有投影差影响时，东南边绘直线，西北边绘曲线。

【单元小结】

本单元较为系统地介绍了通过航空摄影测量手段来测绘数字地形图的基本理论和作业方法，包括使用数字摄影测量系统进行内业数字化测图作业和外业像片调绘的方法。本单元的实践性较强，通过单元学习，应能够熟练进行内业测图和外业调绘作业。

【复习题】

1. 全数字摄影测量系统主要由哪些部分组成？其主要功能是什么？

2. 简述数字摄影测量工作站的一般工作流程。

3. 简述全数字摄影测量系统模型定向的主要工作流程。

4. 以一个像对数据为基础，自行建立测区、定向、测图，完成该像对测图范围内的矢量化测图。

5. 什么是像片调绘？像片调绘的作用是什么？简述像片调绘的基本步骤。

6. 调绘中的补测方法有哪些？

7. 调绘工作的主要内容是什么？

8. 以实习小组为单位，完成面积为0.5km^2（以1∶500航测地形图测绘为目的）的全野外像片调绘。

9. 名词解释。

① 数字摄影测量、DPS/DPW、数字影像、影像重采样、影像匹配、影像相关、内定向。

② 相对定向自动化、核线影像、像片调绘、像片判读、判读标志、综合取舍。

单元3

像片控制测量

单元概述

和所有测图方法一样，摄影测量成图也需要足够数量、分布合理的控制点。本单元介绍了如何通过像片控制测量来获取满足航测成图要求的测图控制点，包括航测控制网的设计、野外控制网的测量和内业空中三角加密的方法与实施。

学习目标

1. 掌握解析空中三角测量的概念，理解航带法和光束法空中三角测量的基本思想。
2. 掌握自动空中三角测量的概念和作业流程。
3. 能使用自动空中三角测量软件进行空三（空中三角）加密控制点作业。
4. 掌握航测控制网的布点方案。
5. 掌握像片控制测量技术实施方案的拟定方法。
6. 掌握外业像控点的选定与刺点方法。
7. 能设计航测控制网，并进行实地选点和制作控制像片。

3.1 空中三角测量计算加密控制点坐标

3.1.1 解析空中三角测量

1. 解析空中三角测量的概念

用双像解析摄影测量方法，能解求出待定点的地面坐标，但是如果仅以一个立体像对为量测单元解求测图所需要的控制点，工作效率不高。况且用双像解析摄影测量方法解求待定点的地面坐标，每个像对都要在野外测求四个地面控制点，这样外业工作量大。能否只要在一个航带内十几个像对中，或几条航带构成的一个区域内，只测定少量的外业控制点，在内业按一定的数学模型平差计算出该区域内待定点的坐标，然后作为控制点用于双像测图、像片纠正等？答案是肯定的，解析空中三角测量就是为了解决这个问题而提出的。所谓解析空中三角测量就是利用一个区域中多幅像片连接点的像点坐标和少量已知地面控制点坐标及其对应像点坐标，通过平差计算解求像片连接点的地面坐标和像片外方位元素的工作。这些像片连接点称为加密点。该方法将空中摄站及像片放到整个网中，起到点的传递和构网的作用，也称解析空三加密。空中三角测量是后续系列摄影测量处理与应用的基础，如创建DTM、DOM、立体测编等。

解析空中三角测量通常采用的平差模型可分为航带法、独立模型法和光束法，若按加密区域来分，又可分为单航带法和区域网法。单航带法是以一条航带构成的区域为加密单元，而区域网法按整体平差时所取用的平差单元不同有不同的称谓，主要有三种：

1）航带法区域网平差。该方法是以航带作为整体平差的基本单元。

2）独立模型法区域网平差。该方法是以单元模型为平差单元。

3）光束法区域网平差。该方法是以每张像片相似投影光束为平差单元，从而求出每张像片的外方位元素及各加密点的地面坐标。

2. 航带法空中三角测量

航带法空中三角测量是在一条航带内，首先用立体像对按照连续法相对定向建立单个模型，再把单个模型连接成航带模型，构成航带自由网；然后把航带模型视为一个整体航带模型进行航带网的绝对定向。由于在单个模型构成航带模型的过程中，不可避免地有误差存在，同时在模型连接过程中还要受到误差累积的影响，致使航带模型产生非线性变形，所以航带模型经绝对定向后，还要进行航带模型的非线性改正，最终求出加密点的地面坐标。

（1）航带网法空中三角测量的建网过程

1）建立航带模型。

① 像点坐标量测及系统误差改正。首先量测出每个像对事先选定好的加密点及控制点的像平面坐标。在摄影过程中，由于摄影物镜畸变差、大气折光、地球曲率以及底片变形等因素的影响，地面点在像片上的像点位置会发生移位。这些因素对每张像片的影响都有一定的规律性，属于系统误差，这种误差一般很小，在立体测图中可不予考虑，但是在空中三角测量加密控制点坐标时，由于误差累积，对于加密点的成果精度有着明显的作用，还要对量测出的原始像片中像平面坐标进行这种系统误差改正。

② 连续法相对定向，建立单个立体模型。以航带中第一张像片的像空间坐标系作为像空间辅助坐标系，以后各像对的像空间辅助坐标系彼此平行，每个像对相对定向以左像片为基准，求出右片相对于左片的相对定向元素。第一个像对相对定向后，即以第一个像对右片的相对定向角元素作为第二个像对左片的角元素，再对第二个像对进行连续法相对定向，求出第三张像片相对于第二张像片的相对定向元素，如此下去，直到完成所有像对的相对定向后，各模型的像空间辅助坐标系相互平行，但是坐标原点和比例尺不同。

各个模型中，像点在像空间辅助坐标系中的坐标可按式（1-17）计算，而模型点在各自的像空间辅助坐标系中的坐标按前方交会公式计算。

$$\left.\begin{aligned} U &= N_1 v_1 = b_u + N_2 u_2 \\ V &= \frac{1}{2}(N_1 v_1 + N_2 v_2 + b_v) \\ W &= N_1 w_1 = b_w + N_2 w_2 \end{aligned}\right\} \tag{3-1}$$

式中 U、V、W——模型点坐标；

N_1、N_2——本像对左右点的投影系数；

b_u、b_v、b_w——基线分量。

u_1、v_1、w_1——左像点的像空间辅助坐标；

u_2、v_2、w_2——右像点的像空间辅助坐标。

③ 模型连接，建立统一的航带自由网。将单个模型连接成航带模型，要将各模型不同的比例尺归化成统一比例尺。通常，以相邻像对重叠范围内三个连接点的高程应相等为条件，从左向右顺次将后一模型的比例尺归化到前一模型的比例尺中，建立统一的以第一个模型比例尺为基准的航带模型，这样就可将各像对的模型坐标纳入到全航带统一的坐标系中。

如图3-1所示，由于模型1与模型2的比例尺不相等，公共点M在模型1上位于M_1处，在模型2上位于M_2处，现对模型2的比例尺进行归化，使其与模型1具有相同的比例尺，即使M_1和M_2重合，则模型的归化系数为

$$k=\frac{(N_2w_2)_{模型1}}{(N_1w_1)_{模型2}}=\frac{(N_1w_1)_{模型1}-b_w}{(N_1w_1)_{模型2}} \tag{3-2}$$

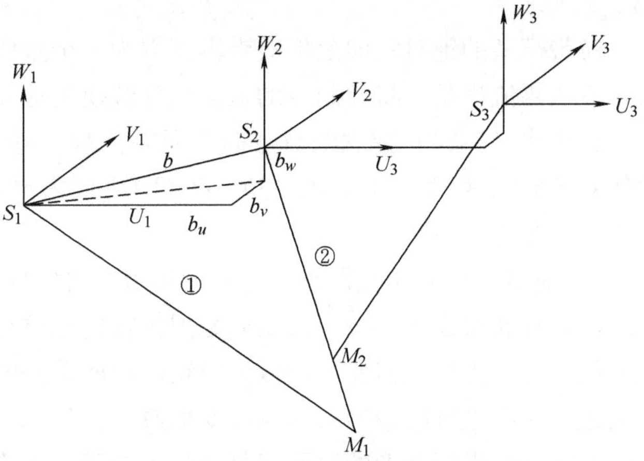

图3-1 比例归化系数计算

一般在模型重叠的区域内取用上、中、下三个点测求模型比例归化系数，取算术平均值为最后结果，即

$$k=\frac{1}{3}(k_1+k_2+k_3) \tag{3-3}$$

求得模型比例尺后，在后一模型中，每一点的空间辅助坐标以及基线分量b_u、b_v、b_w均乘以归化系数，就可以获得与前一模型比例尺一致的坐标。由此可见，模型连接的实质就是求出相邻模型间的比例归化系数。

将各个单模型连成一个整体的航带模型，要将模型中所有的摄站点、模型点的坐标都纳入到全航带统一的坐标系中。如果已知各摄站点在全航带统一的坐标系中的坐标，模型点在航带统一的坐标系中的坐标仅仅是做本模型左摄站点的平移即可。为了以后的整体平差计算方便，还将所有模型坐标(U, V, W)及各基线分量(b_u, b_v, b_w)都乘以第一个模型的比例尺分母，这就相当于将模型放大到与实地一样。

因前一个模型的右摄站是后一个模型的左摄站，顾及模型比例系数后，则第二个模型以及以后各模型摄站点在全航带统一的坐标为：

$$\left.\begin{aligned}(U)_{S_2}&=(U)_{S_1}+kMb_u\\(V)_{S_2}&=(V)_{S_1}+kMb_v\\(W)_{S_2}&=(W)_{S_1}+kMb_w\end{aligned}\right\} \tag{3-4}$$

式中　$(U)_{S_1}$、$(V)_{S_1}$、$(W)_{S_1}$——前一个模型求得的，本像对左摄站的坐标值。

第二个模型及以后各模型中模型点在全航带统一的坐标为

$$\left.\begin{aligned} U &= (U)_{S_1} + kMN_1 u_1 \\ V &= (V)_{S_1} + \frac{1}{2}(kMN_1 v_1 + kMN_2 v_3 + kMb_v) \\ W &= (W)_{S_1} + kMN_1 w_1 \end{aligned}\right\} \tag{3-5}$$

至此完成航带模型的建立。

2）航带模型的绝对定向。航带模型的绝对定向是指将航带模型在航带辅助坐标系中的坐标(U，V，W)纳入到地面摄影测量坐标系中，取得模型点的地面摄影测量坐标(X，Y，Z)。

航带模型的绝对定向是将航带模型视为一个整体，并采用与单个模型定向完全相同的方法。其主要流程是：将控制点的地面坐标转换为地面摄影测量坐标；计算重心坐标和重心化坐标；按式（1-84）建立绝对定向的误差方程，并进行法化求解，解算出绝对定向元素并把绝对定向元素(X_S，Y_S，Z_S，Φ，Ω，K)再代入空间相似变换公式，解算出所有模型点绝对定向后的地面摄影测量坐标。

3）航带模型的非线性改正。航带模型绝对定向后，所构成的航带模型仍存在着残余的系统误差和偶然误差影响，这主要是因为在构建航带网的过程中，模型连接时误差的传递累积使航带网产生模型扭曲，所以绝对定向后所获得的模型坐标只是在地面摄影测量坐标中的概略值，还需进行航带网的非线性变形改正。

实际上航带网变形的原因很复杂，不能用一个简单的数学公式精确表达出来，通常采用多项式曲面来逼近复杂的变形曲面，利用提供的控制点的已知值与加密值之间的不符值，通过最小二乘拟合，使控制点处拟合曲面上的变形值与实际相差最小，采用的多项式有两种类型：一种是对三维坐标分列的多项式；另一种是平面坐标采用正形变换多项式，而高程则采用一般多项式。

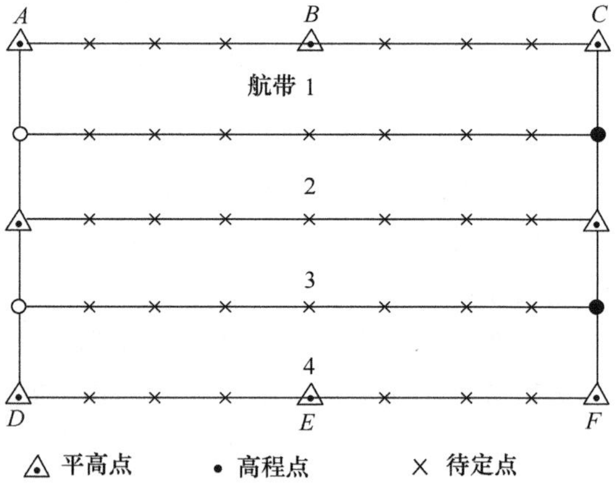

图 3-2　航带网法区域网平差

（2）航带网法区域网平差　航带网法区域网平差如图 3-2 所示，是以单航带作为基础，由几条航带构成一个区域整体平差，求解各航带的非线性变形改正数，进而求得整个测区内全部待定点的坐标，其主要步骤如下：

1）按单航带模型法分别建立航带模型，以取得各航带模型点在本航带统一的辅助坐标系中的坐标值。

2）各航带的绝对定向。从第一条航带开始，第一条航带根据本航带内已知的地面控制点和下一航带的公共点进行绝对定向，以达到各条自由航带网纳入到全区域统一的坐标系中的目的，从而求出区域内各模型点在全区域内统一的地面摄影测量坐标系中的概略坐标。

3）计算重心坐标及重心化坐标。航带网法区域网平差的结果是解算出各航带非线性改正的系数，而非线性改正要用到各航带本身的重心化坐标，因此各航带需要各自的重心而不必取全区域统一的重心化坐标。

4）根据模型中控制点的加密坐标应与外业实测坐标相等以及相邻航带间公共连接点的坐标应相等为条件，列出误差方程，并用最小二乘法平差计算，整体求解各航带的非线性改正系数。

5）用平差计算得出的多项式系数，分别计算各模型点改正后的坐标值。此时，在控制点上仍会有残差，可根据此残差的不符值来衡量加密的精度。在相邻航带的公共点上，上下两条航带的两组坐标值也会有矛盾，当互差在允许限度内时，一般取均值作为加密点成果。

3. 光束法区域网空中三角测量

（1）基本思想　光束法区域网平差是以每张像片为单元，以共线条件方程为平差的基础方程，建立全区域统一的误差方程，整体解求全区域内每张像片的六个外方位元素以及所有待求点的地面坐标，如图 3-3 所示。主要内容如下：

1）获取每张像片外方位元素及待定点坐标的近似值。

2）从每张像片上控制点、待定点的像点坐标出发，按共线条件列出误差方程式。

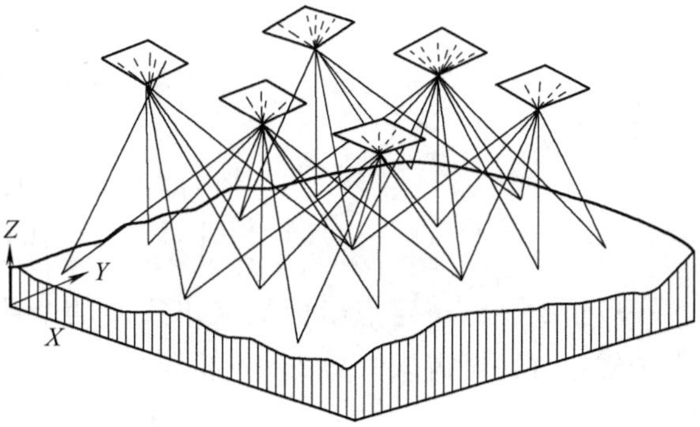

图 3-3　光束法区域网平差

3）逐点法化建立改化法方程，按循环分块的求解方法，求出其中的一类未知数，通常先求每张像片的外方位元素。

4）按空间前方交会求待定点的地面坐标，对于相邻像片的公共点，应取其均值作为最后结果。

（2）数学模型　同单张像片空间后方交会一样，光束法平差仍是以共线条件方程式作为基本的数学模型，像点坐标(x, y)是未知数的非线性函数，仍要进行线性化。与空间单像空间后方交会不同的是，对待定点的地面坐标(X, Y, Z)也要进行偏微分，所以线性化过程中要提供每张像片外方位元素的近似值及待定坐标的近似值，然后逐渐趋近求出最佳解。

在内方位元素已知的情况下，视像点坐标为观测值，其误差方程可表示为

$$\left.\begin{aligned} v_x &= a_{11}\Delta X_S + a_{12}\Delta Y_S + a_{13}\Delta Z_S + a_{14}\Delta\varphi + a_{15}\Delta\omega + a_{16}\Delta\kappa - a_{11}\Delta X - a_{12}\Delta Y - a_{13}\Delta Z - l_x \\ v_y &= a_{21}\Delta X_S + a_{22}\Delta Y_S + a_{23}\Delta Z_S + a_{24}\Delta\varphi + a_{25}\Delta\omega + a_{26}\Delta\kappa - a_{21}\Delta X - a_{22}\Delta Y - a_{23}\Delta Z - l_y \end{aligned}\right\} \tag{3-6}$$

写成矩阵形式为

$$V = (A \quad B)\begin{pmatrix} t \\ X \end{pmatrix} - L \tag{3-7}$$

式中

$$V = (v_x \quad v_y)^{\mathrm{T}}$$

$$A = \begin{pmatrix} a_{11} & a_{12} & a_{13} & a_{14} & a_{15} & a_{16} \\ a_{21} & a_{22} & a_{23} & a_{24} & a_{25} & a_{26} \end{pmatrix}$$

$$B = \begin{pmatrix} -a_{11} & -a_{12} & -a_{13} \\ -a_{21} & -a_{22} & -a_{23} \end{pmatrix}$$

$$t = (\Delta X_S \quad \Delta Y_S \quad \Delta Z_S \quad \Delta\varphi \quad \Delta\omega \quad \Delta\kappa)^{\mathrm{T}}$$

$$X = (\Delta X \quad \Delta Y \quad \Delta Z)^{\mathrm{T}}$$

$$L = (l_x \quad l_y)^{\mathrm{T}}$$

对于每个像点，可列出一组形如式（3-7）的误差方程式，其相应的法方程式为

$$\begin{pmatrix} A^{\mathrm{T}}A & A^{\mathrm{T}}B \\ B^{\mathrm{T}}A & B^{\mathrm{T}}B \end{pmatrix}\begin{pmatrix} t \\ X \end{pmatrix} = \begin{pmatrix} A^{\mathrm{T}}L \\ B^{\mathrm{T}}L \end{pmatrix} \tag{3-8}$$

或者写为

$$\begin{pmatrix} N_{11} & N_{12} \\ N_{21} & N_{22} \end{pmatrix}\begin{pmatrix} t \\ X \end{pmatrix} = \begin{pmatrix} M_1 \\ M_2 \end{pmatrix} \tag{3-9}$$

一般情况下，待定点坐标的未知数 X 的个数要远大于像片外方位元素 t 的个数，对上式消去未知数 X，可得未知数 t 的解向量。

$$t = (N_{11} - N_{12}N_{22}^{-1}N_{12}^{\mathrm{T}})^{-1} \cdot (M_1 - N_{12}N_{22}^{-1}M_2) \tag{3-10}$$

求出外方位元素后，再利用双像空间前方交会求得全部待定点的地面坐标，也可以利用多片前方交会求得待定点的地面坐标。在共线条件的误差方程式（3-6）中，由于每张像片的六个外方位元素已经求出，可以列出每个待定点的前方交会点误差方程。

$$\left.\begin{aligned} v_x &= -a_{11}\Delta X - a_{12}\Delta Y - a_{13}\Delta Z - l_x \\ v_y &= -a_{21}\Delta X - a_{22}\Delta Y - a_{23}\Delta Z - l_y \end{aligned}\right\} \tag{3-11}$$

如果有一个待定点跨越了几张像片，则可以列出形如上式的 $2n$（n 为所跨像片张数）个误差方程式，将所有待定点的误差方程组成法方程，求出每个待定点的地面坐标近似值的改正数，加上近似值后，得该点的地面坐标。

4. 独立模型法区域网空中三角测量

（1）基本思想　如图 3-4 所示，独立模型法区域网空中三角测量是基于单独法相对定向建立单个立体模型，再由一个个单模型相互连接组成一个区域网。由于各个模型的像空间辅助坐标系和比例尺均不一致，因此在模型连接时，要用模型内的已知控制点和模型间的公共点进行空间相似变换。首先将各个单模型视为刚体，利用各单模型彼此间的公共点连成一个区域。在连接过程中，每个模型只做平移、旋转及缩放，所以，利用空间相似变换公式能

完成上述任务。然后在变换中应使模型公共点的坐标相等，控制点的计算坐标应与实测坐标相等，同时误差的平方和最小。在满足这些条件下，根据最小二乘法对全区域网实施整体平差，求解每个模型的七个绝对定向参数，从而求出所有待定点的地面坐标。

主要流程如下：

1）单独法相对定向建立单元模型，获取各单元模型的模型坐标，包括摄站点。

2）利用相邻模型公共点和所在模型中的控制点，各单元模型分别做三维线性变换，按各自的条件列出误差方程式及法方程式。

3）建立全区域的改化法方程式，并按循环分块法来求解，求得每个模型点的七个绝对定向元素。

4）按平差后求得的七个绝对定向元素，计算每个单元模型中待定点的坐标，若为相邻模型的公共点，取其均值作为最后结果。

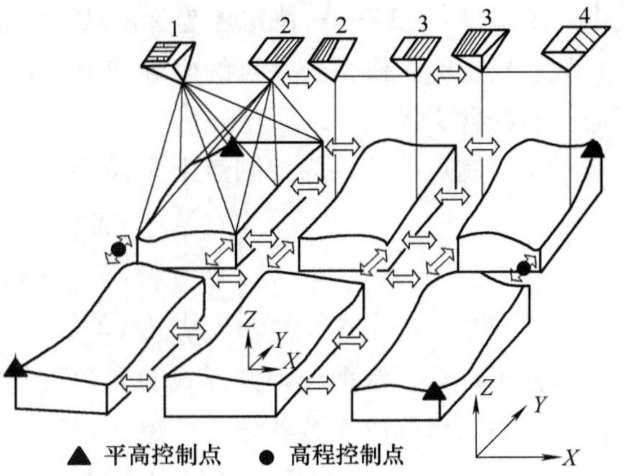

图3-4　独立模型法区域网平差

（2）数学模型　按单独法相对定向建立单元模型后，将各单元模型视为刚体，分别进行三维线性变换，即

$$\begin{pmatrix} X \\ Y \\ Z \end{pmatrix} = \lambda \boldsymbol{R} \begin{pmatrix} \overline{U} \\ \overline{V} \\ \overline{W} \end{pmatrix} + \begin{pmatrix} X_g \\ Y_g \\ Z_g \end{pmatrix} \tag{3-12}$$

式中　X、Y、Z——某一点 i 的地面摄影测量坐标；

$\overline{U}$、$\overline{V}$、$\overline{W}$——单元模型中模型点 i 的重心化坐标；

λ——单元模型的缩放系数；

$\boldsymbol{R}$——单元模型绝对定向的角元素构成的旋转矩阵；

X_g、Y_g、Z_g——该模型重心在地面摄影测量坐标系中的坐标；

i、j——模型点点号及单元模型的编号。

依照模型的绝对定向公式，对式（3-12）线性化，列出误差方程式为

$$-\begin{pmatrix} v_u \\ v_v \\ v_w \end{pmatrix} = \begin{pmatrix} 1 & 0 & 0 & \overline{U} & -\overline{W} & 0 & -\overline{V} \\ 0 & 1 & 0 & \overline{V} & 0 & -\overline{W} & \overline{U} \\ 0 & 1 & 1 & \overline{W} & \overline{U} & \overline{V} & 0 \end{pmatrix} \begin{pmatrix} \mathrm{d}X_g \\ \mathrm{d}Y_g \\ \mathrm{d}Z_g \\ \mathrm{d}\lambda \\ \mathrm{d}\varphi \\ \mathrm{d}\omega \\ \mathrm{d}\kappa \end{pmatrix}_i - \begin{pmatrix} \Delta X \\ \Delta Y \\ \Delta Z \end{pmatrix}_{i,j} - \begin{pmatrix} l_u \\ l_v \\ l_w \end{pmatrix}_{i,j} \tag{3-13}$$

其中：

$$\begin{pmatrix} l_u \\ l_v \\ l_w \end{pmatrix}_{i,j} = \begin{pmatrix} X_0 \\ Y_0 \\ Z_0 \end{pmatrix} - \lambda_0 \boldsymbol{R}_0 \begin{pmatrix} \overline{U} \\ \overline{V} \\ \overline{W} \end{pmatrix}_{i,j} - \begin{pmatrix} X_{g0} \\ Y_{g0} \\ Z_{g0} \end{pmatrix}_j \tag{3-14}$$

式中　ΔX、ΔY、ΔZ——待定点坐标的改正数。

X_0、Y_0、Z_0为模型公共点的坐标均值，在坐标迭代逐步趋近中，每次用新坐标值求得，其他符号的含义同前。

对于控制点，若认为控制点上无误差，上式中的$(\Delta X \quad \Delta Y \quad \Delta Z)^{\mathrm{T}}$值为零，其常数项为

$$\begin{pmatrix} l_u \\ l_v \\ l_w \end{pmatrix}_{i,j} = \begin{pmatrix} X \\ Y \\ Z \end{pmatrix}_i - \lambda_0 \boldsymbol{R}_0 \begin{pmatrix} \overline{U} \\ \overline{V} \\ \overline{W} \end{pmatrix}_{i,j} - \begin{pmatrix} X_{g0} \\ Y_{g0} \\ Z_{g0} \end{pmatrix}_j \tag{3-15}$$

为便于计算，常把误差方程式的未知数分为两组，即将每个模型的七个定向参数改正数及待定点地面坐标改正数各分为一组，记为

$$\boldsymbol{t} = (\mathrm{d}X_g \quad \mathrm{d}Y_g \quad \mathrm{d}Z_g \quad \mathrm{d}\lambda \quad \mathrm{d}\varphi \quad \mathrm{d}\omega \quad \mathrm{d}\kappa)^{\mathrm{T}}, \ \boldsymbol{X} = (\Delta X \quad \Delta Y \quad \Delta Z)^{\mathrm{T}}$$

将误差方程式写成矩阵形式为

$$-\boldsymbol{V} = \boldsymbol{A}\boldsymbol{t} + \boldsymbol{B}\boldsymbol{X} - \boldsymbol{L} = (\boldsymbol{A} \quad \boldsymbol{B}) \begin{pmatrix} \boldsymbol{t} \\ \boldsymbol{X} \end{pmatrix} - \boldsymbol{L} \tag{3-16}$$

其中，$\boldsymbol{B}$ 为单位矩阵，$\boldsymbol{B} = \boldsymbol{E} = -\begin{pmatrix} 1 & 0 & 0 \\ 0 & 1 & 0 \\ 0 & 0 & 1 \end{pmatrix}$

相应的法方程式为

$$\begin{pmatrix} \boldsymbol{A}^{\mathrm{T}}\boldsymbol{A} & \boldsymbol{A}^{\mathrm{T}}\boldsymbol{B} \\ \boldsymbol{B}^{\mathrm{T}}\boldsymbol{A} & \boldsymbol{B}^{\mathrm{T}}\boldsymbol{B} \end{pmatrix} \begin{pmatrix} \boldsymbol{t} \\ \boldsymbol{X} \end{pmatrix} = \begin{pmatrix} \boldsymbol{A}^{\mathrm{T}}\boldsymbol{L} \\ \boldsymbol{B}^{\mathrm{T}}\boldsymbol{L} \end{pmatrix} \tag{3-17}$$

或者

$$\begin{pmatrix} \boldsymbol{N}_{11} & \boldsymbol{N}_{12} \\ \boldsymbol{N}_{21} & \boldsymbol{N}_{22} \end{pmatrix} \begin{pmatrix} \boldsymbol{t} \\ \boldsymbol{X} \end{pmatrix} = \begin{pmatrix} \boldsymbol{n}_1 \\ \boldsymbol{n}_2 \end{pmatrix} \tag{3-18}$$

通常待定点坐标未知数 $\boldsymbol{X}$ 的个数远远大于 $\boldsymbol{t}$ 的个数，故在法方程解求时，往往是消去未知数较多的 $\boldsymbol{X}$，得到仅含未知数 $\boldsymbol{t}$ 的改化法方程式为

$$\boldsymbol{t} = (\boldsymbol{N}_{11} - \boldsymbol{N}_{12}\boldsymbol{N}_{22}^{-1}\boldsymbol{N}_{12}^{\mathrm{T}})^{-1}(\boldsymbol{n}_1 - \boldsymbol{N}_{12}\boldsymbol{N}_{22}^{-1}\boldsymbol{n}_2) \tag{3-19}$$

求出每个模型的绝对定向元素后，再按式（3-13）求得待定点的地面摄影测量坐标。

独立模型法区域网空中三角测量的计算工作量大，若对于四条航带、每条航带十个模型、每个模型六个点的区域，法方程中模型绝对定向未知数的个数为 $4 \times 10 \times 7 = 280$。为了提高计算速度，有时也采用平面与高程分开解求的方法。

5. GPS/POS 辅助全自动空中三角测量

机载定位定向系统 POS（Position and Orientation System）是基于全球定位系统（GPS）和惯性测量装置（IMU）的直接测定影像外方位元素的现代航空摄影导航系统，可用于无地面控制或仅有少量地面控制点情况下的航空遥感对地定位和影像获取。

随着全数字化、全自动化摄影测量的发展，以解析空中三角测量理论为基础的自动空中三

角测量，从摄影测量软件角度讲，已经是效率很高、自动化程度也很高的工序之一了，但离全自动化的目标还有一步之遥。若能利用 GPS/POS 数据进行 GPS/POS 辅助空中三角测量，则其效率可进一步提高，在有些情况下，完全可以实现 GPS/POS 辅助的全自动空中三角测量。

如果将影像点坐标观测值与地面控制点坐标一道进行区域网平差，这便是经典的解析空中三角测量方法；如果将该观测值与 GPS/POS 数据（必要时可加入少量的地面控制点）一并进行区域网联合平差，这就形成了 GPS/POS 辅助空中三角测量。

自动空中三角测量作业过程，对于模型连接点，利用多影像匹配算法可高效、准确、自动地量测其影像坐标，完全取代了常规航空摄影测量中由人工逐点量测像点坐标的作业模式。但是对于区域网中的地面控制点，目前还缺乏行之有效的算法来自动定位其影像，只能将数字摄影测量工作站当做光机坐标量测仪由作业员手工量测。GPS/POS 辅助空中三角测量平差时，若要进行高精度点位测定，需在区域网的四角各布设一个平高控制点，在区域两端各敷设一条垂直构架航线或者是在区域两端垂直于航线方向各布设一排高程控制点，这种地面控制方案已被普遍采用。如果是进行高山地区中小比例尺的航空摄影测量成图，则可考虑采用无地面控制的空中三角测量方法，此时可完全用 GPS/POS 摄站坐标取代地面控制点，实现真正意义上的全自动空中三角测量。

3.1.2 自动空中三角测量

1. 自动空中三角测量

（1）自动空中三角测量的概念　自动空中三角测量是在数字摄影测量中，利用模式识别技术和影像匹配等方法自动选择连接点，实现自动转点和像点坐标量测，由解析空中三角测量平差程序进行平差计算加密像片控制点和像片定向参数的方法。

常用的自动空中三角测量软件有 VirtuoZo AAT、Geolord AT 等。

（2）自动空中三角测量的功能　VirtuoZo AAT 由 AATM（自动空三）模块和 PATB 光束法区域网平差程序组成。其中自动空三模块具有半自动量测控制点和自动内定向、选取加密点、转刺加密点、相对定向、模型连接和生成整个测区像点网功能。PATB 光束法区域网平差程序具有高性能的粗差检测功能和高精度的平差计算功能。AATM 和 PATB 集成后就成为功能强大的自动空三软件 VirtuoZo AAT。

VirtuoZo AAT 软件具有如下功能：

1）自动内定向。

2）自动生成稳定的、可靠的测区像点网。

3）半自动或手工量测控制点，支持分屏和立体两种量测模式，支持控制点预测和自动匹配以加快控制点的量测过程。

4）支持在分屏和立体两种量测模式下编辑加密点：包括删除、移动点位和微调点位。

5）完全支持 PATB 的各项平差功能，如相机自检校法补偿系统误差和 GPS 参数联合平差等，可以实现高精度的区域网平差。

6）支持测区之间自动接边和接边差检查。

7）支持将大测区分割为小的子测区或将若干小测区合并为一个整体进行平差计算。

（3）自动空中三角测量的优势

1）量测精度高。理论证明，一般的相关方法的精度可达0.29像素，基于特征的最小二乘匹配可达0.02像素。由于各自动空中三角测量系统的匹配方法可能不同，其精度会存在一些差异。至于系统最后结果的精度能达到多少，需在实践中证实。

2）解决了模型连接和航带连接及其精度问题。由于无需刺点和转刺点，模型和航带的连接通过影像匹配自动实现，避免了由此而产生大的连接差，大大提高了连接精度。事实上，一个空中三角测量是否成功，在很大程度上取决于转刺点的精度。

3）生产效率大幅度提高。一方面，系统进行自动量测的速度是人工立体量测所无法相比的；另一方面，网点（连接点）的选定和编号与自动量测同时进行，因而可以省去传统的加密计划这一费时而又烦琐的生产环节。

4）易于重新观测。为提高观测精度，系统在每次计算后都给操作员提供了重新量测的交互环境。由于参与空中三角测量的所有影像都存在硬盘上，因此在重新量测点时系统立即将有关的影像一一调出以供修改，完全是一种在线空中三角测量。

2. 自动空中三角测量作业流程

自动空中三角测量的主要作业程序如图3-5所示。

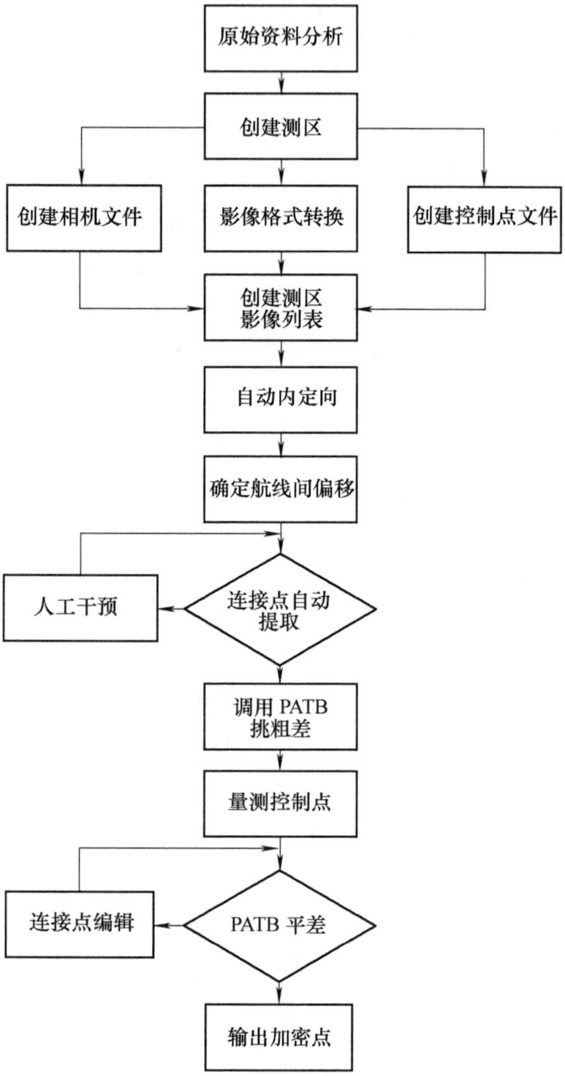

图3-5 自动空中三角测量作业流程

（1）构建区域网 获取整个测区的数字影像，输入摄影机信息文件，输入地面控制点信息，在相邻航带重叠区内量测一对以上同名连接点。

（2）自动内定向 自动快速识别和定位框标点，以摄影机检定的理论框标坐标值为依据，自动解算内定向参数，实现自动内定向。

（3）自动选点、转点和自动相对定向 从相邻影像自动选取均匀分布的明显特征点；自动搜索这些点在另一幅影像中的同名点，并检查同名点中可能存在的粗差；根据这些同名像点，自动相对定向（也可进行人工干预）。

（4）控制点的半自动量测 对于已知地面控制点影像进行人工辨识并精确手工定位。

（5）摄影测量区域网平差 光束法整体平差软件，进行区域网平差解算。

3. 利用自动空中三角测量软件进行空三加密作业

以两个航带，六张航片为例，使用 VirtuoZo AAT 软件进行空三作业。

（1）创建测区　启动 VirtuoZo AAT 程序，单击“文件”菜单中的“新建测区”命令，弹出“测区参数”对话框（图 3-6）。

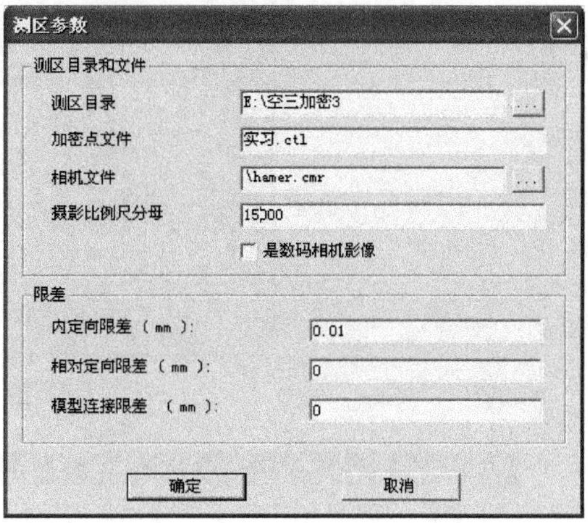

图 3-6　创建测区

（2）创建相机文件　单击“设置/设置相机”菜单项，弹出“设置相机”对话框，选中相机文件，点击左下角的“设置”按钮，弹出“相机参数”对话框（图 3-7）。

（3）控制点导入　单击“设置/控制点”菜单项，弹出对话框，用于输入外业控制点。单击导入控制点图标，在导入对话框中选择相应的 .grd 文件，单击“确定”，将该文件中的外业控制点导入（图 3-8）。

（4）输入影像　单击“设置/引入影像”菜单项，弹出“输入影像”对话框。按照影像情况填写像素大小、相机文件、影像类型等信息。单击“增加”按钮，加入待加密影像。选中需要旋转相机的影像，之后点击“选项”按钮，弹出“转换选项”对话框，勾选“将输出路径作用于所有文件”和“旋转选中文件的相机”，并在旋转相机下拉框中选“是”，单击“确定”。单击输入影像对话框左下角的“处理”按钮，系统自动将输入影像转换为 VirtuoZo AAT 的专用 .vz 格式（图 3-9）。

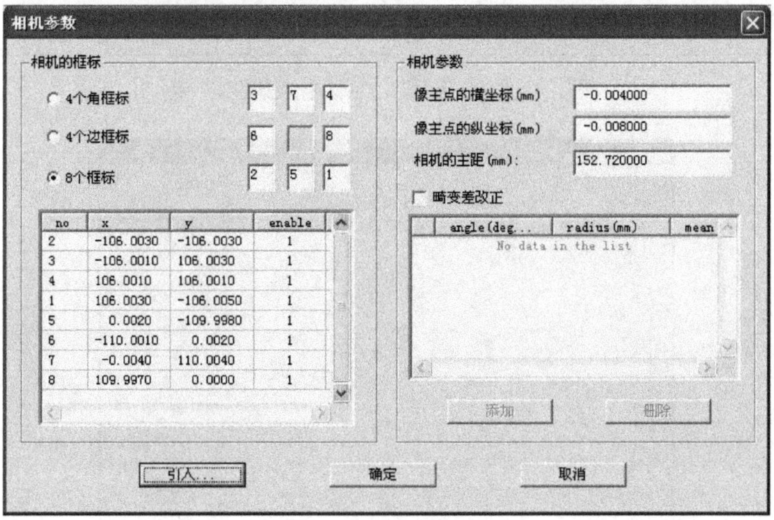

图 3-7　创建相机文件

（5）创建影像列表　单击“空三/影像列表”菜单项，弹出“设置影像列表”对话框。选定航带号、分组号、填写航向重叠度。单击“增加”按钮，导入相应航带的影像。使用向上移动，向下移动，按升序排列像片，按降序排列像片按钮对航带像片进行正确排序（图 3-10）。单

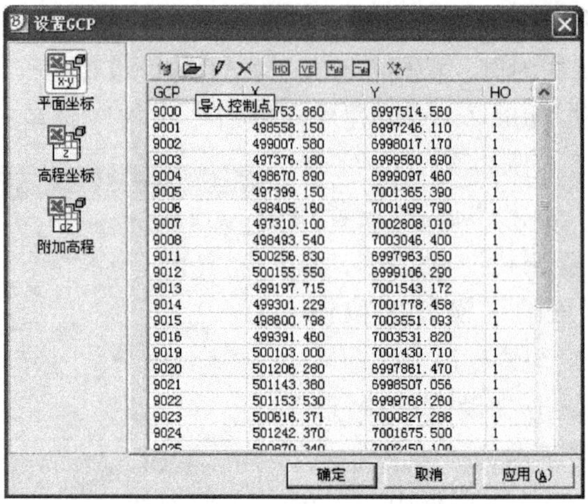

图 3-8 控制点导入

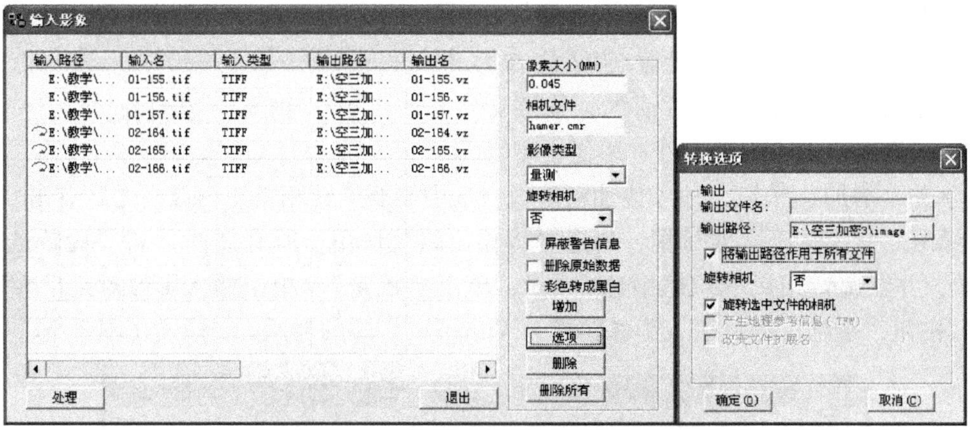

图 3-9 “输入影像”对话框及影像转换

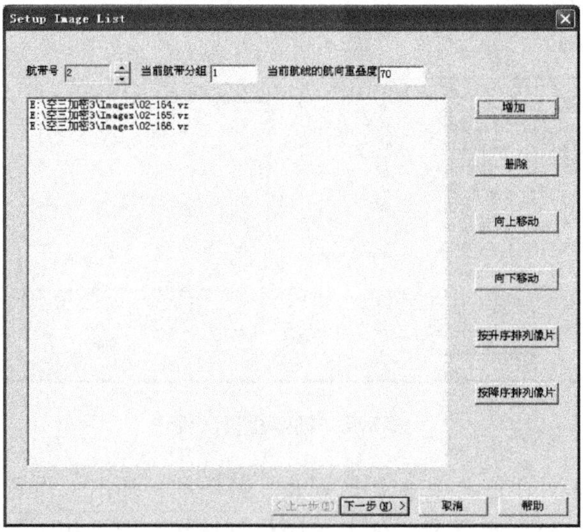

图 3-10 建立影像列表

击“下一步”按钮，弹出“设置影像参数”对话框。选中需要修改的像片、单击像片号、像素大小、输入相机文件，以不旋转相机和旋转相机分别修改该像片信息（图3-11）。修改完毕后单击“完成”按钮。注意：像片号必须是四位。

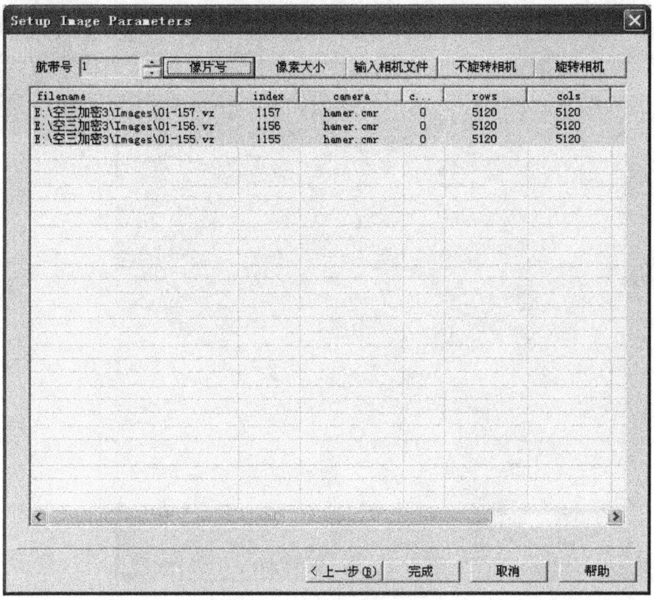

图3-11　设置影像参数

（6）内定向　单击“空三/内定向/内定向”菜单项，弹出“选择影像进行自动内定向”对话框（图3-12）。从“所有影像”框中选定需要内定向处理的影像，则该影像名出现在右方的“选择的影像”框中，若要处理所有像片，则可直接单击下方的“全选”按钮。完毕后，单击“处理”按钮，弹出“内定向/近似值”对话框。对影像的各个框标进行概略匹配（图3-13）。

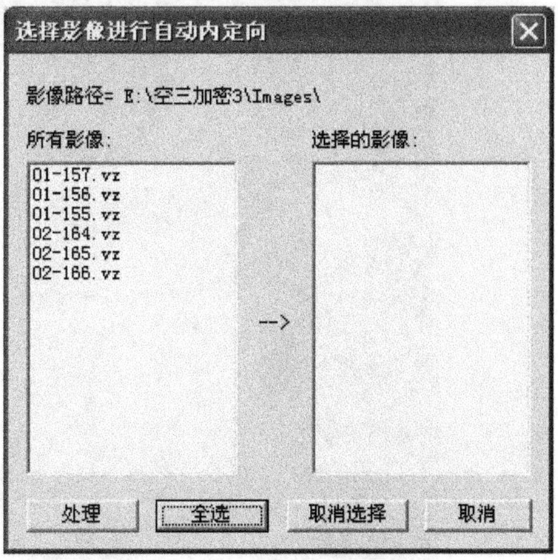

图3-12　选择内定向影像

单击下方的“接受”按钮，从左方影像中选择需要调整的图标，通过右方的自动或手动模式对匹配状况进行调整。调整完后单击下方的“保存退出”按钮，系统将进行自动内定向（图3-14）。

单击“空三/内定向/检查内定向误差”菜单项，查看检查结果，对内定向超限的影像进行重新内定向（图3-15）。

（7）添加航带偏移量　单击“空三/航带间偏移量”菜单项，系统自动读入影像，弹出“航带偏移量”对话框，如图3-16所示。在相邻航带首末的四度重叠处分别添加一个航带偏移点，如图3-17所示。用鼠标左键在四度重叠处单击，找到偏移点的概略位置。单击“编辑点”图标，在详图中找到精确匹配位置。单击“输入点号”图标，并输入该偏移点的点号。以同样方法添加下一个航带偏移点。

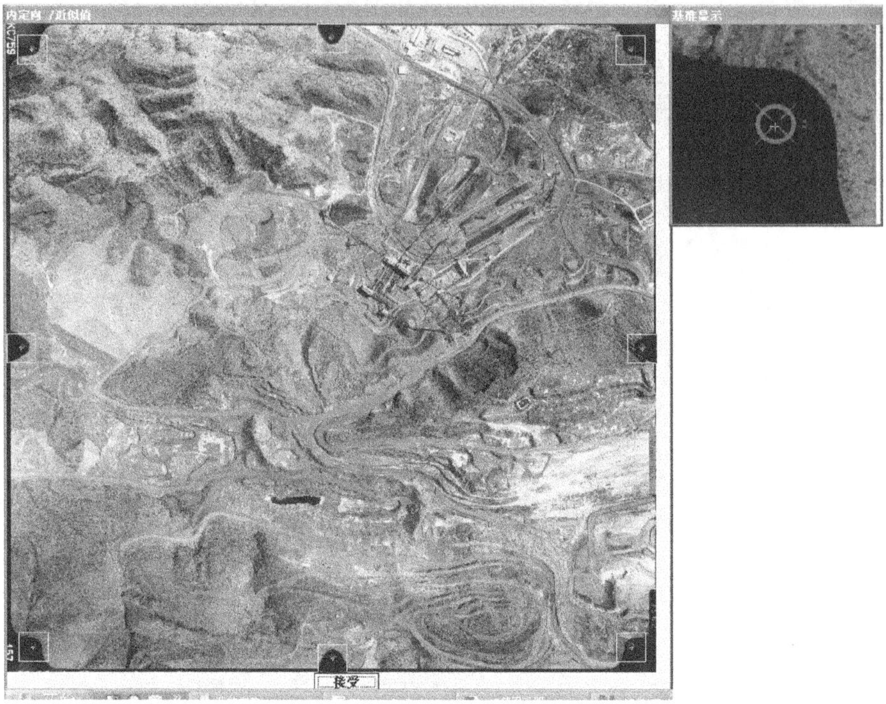

图 3-13　概略内定向

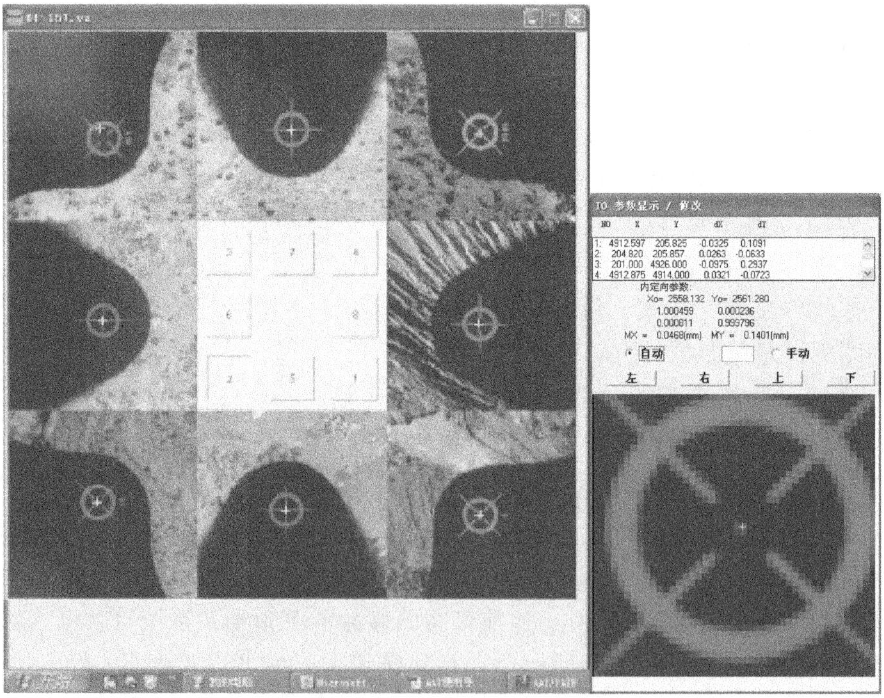

图 3-14　精确内定向

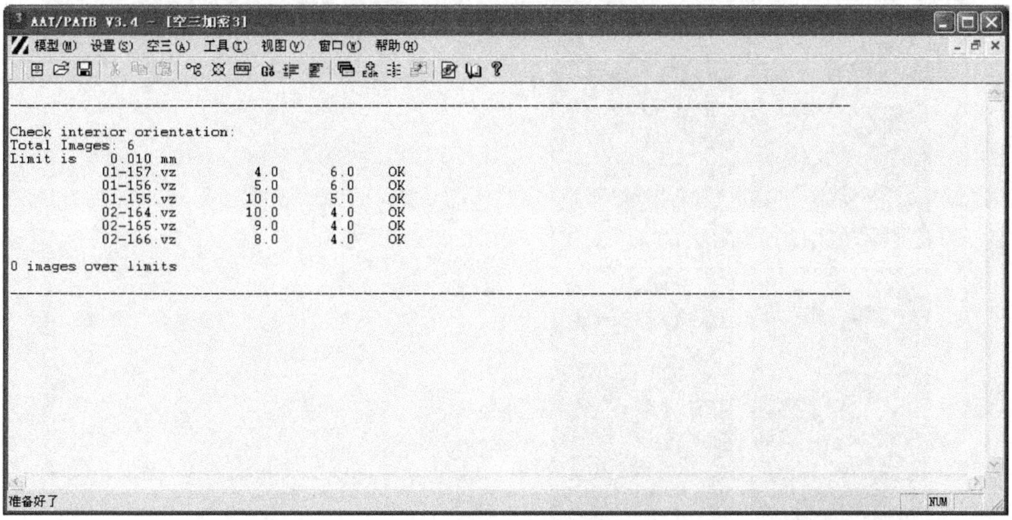

图 3-15　内定向检查

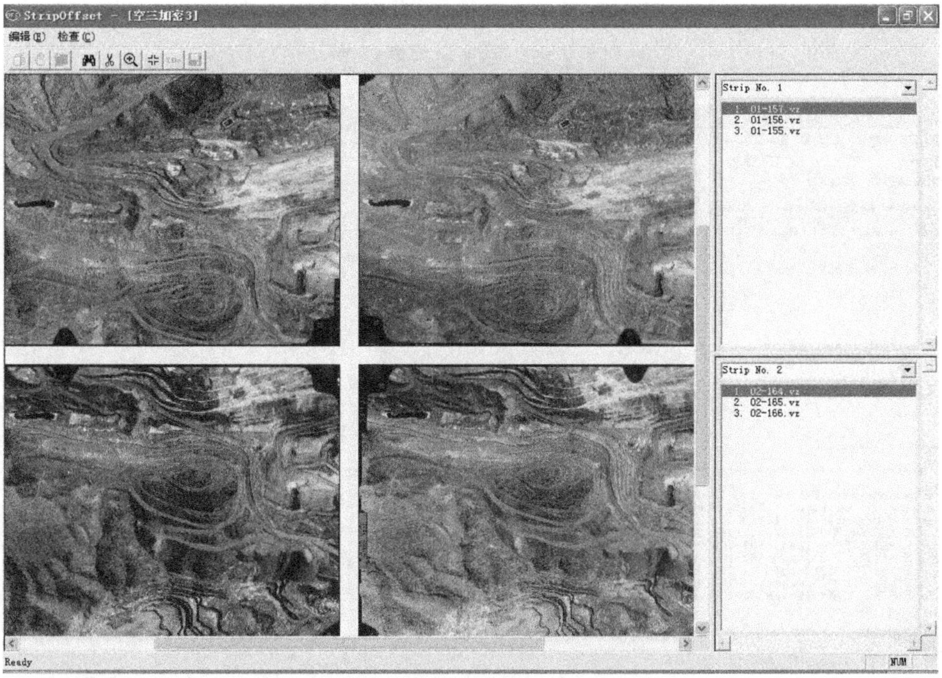

图 3-16　添加航带偏移量

（8）提取连接点　单击“空三/连接点提取/重新开始提取连接点”菜单项，则会出现界面显示模型、模型连接和转点信息等，如图 3-18 所示。查看信息，若模型创建出错，则单击“模型”菜单，对该模型重新进行相对定向；若模型连接出错，则单击“交互式编辑”菜单项，对缺少控制点的标准点位手工添加部分连接点（图 3-19）。单击“空三/连接点提取/继续提取连接点”菜单项，若仍有问题，则重复上述过程。

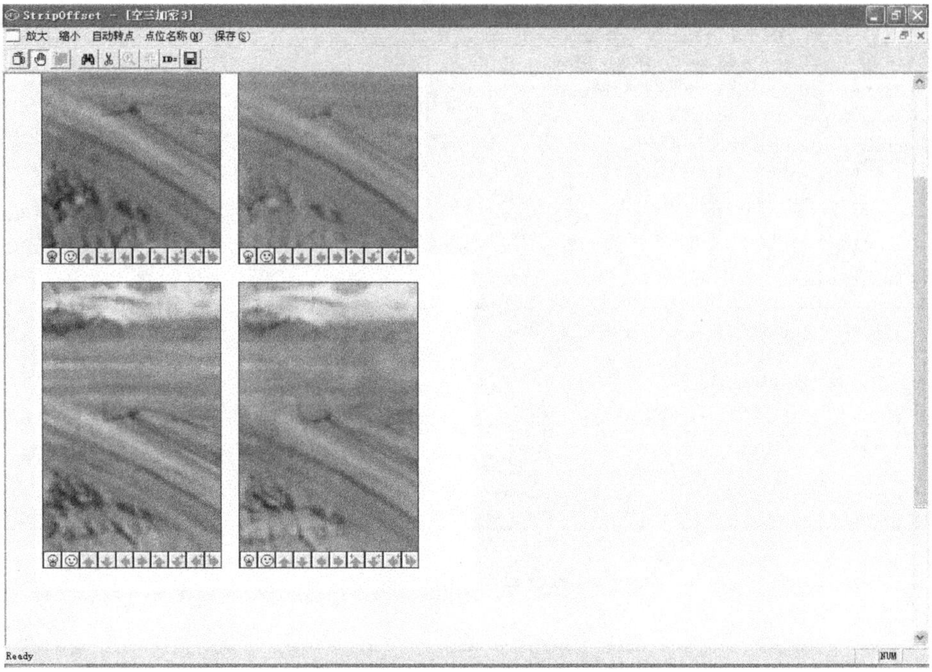

图 3-17　添加航带偏移点

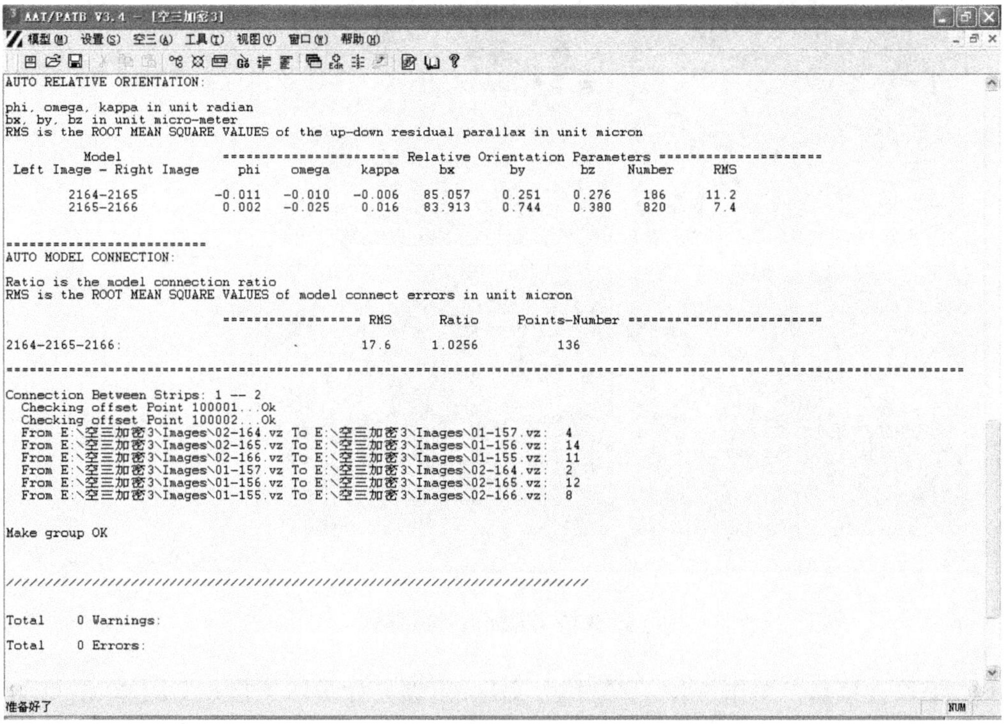

图 3-18　提取连接点

（9）自动挑点　单击“空三/自动挑点”菜单项，弹出连接点布局对话框。点数项一般填写 3（表明在标准点位保留 3 个以上点位），标准位置项选 5（表明像片上连接点布局采

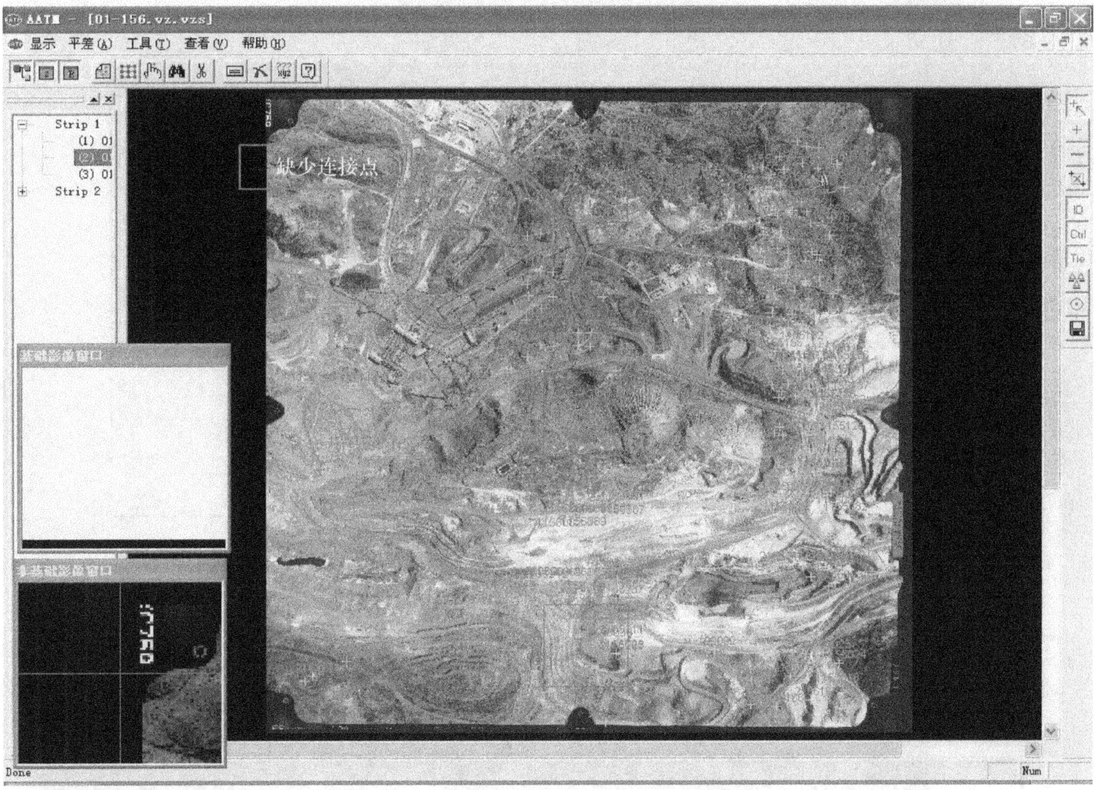

图 3-19　编辑连接点

用 5 ×3)，确定之后，自动调用 PATB 程序。

在 PATB 界面中，单击 “features” 页，在 “Requested Adjustment Features” 项中勾选 “With automatic gross error detection”，单击鼠标左键选择 “coarse”。单击 “Accuracy” 页，在 “Control Points” 栏中的 “Registration units” 选 “meter”。单击 “Execute PATB”，反复执行 PATB 程序进行自动挑点，直到挑点结束，主界面内出现自动挑点结束（Auto select points is complete），如图 3-20 所示。可以到通过 “空三/交互式编辑” 中的显示点的分布图标，查看挑点结果的分布情况。

由于自动挑点程序将一些粗差较大的连接点已经挑掉，可能导致像片某些标准点位缺失，不能满足像片定向要求，因此需要在这样的位置添加部分连接点。

如图 3-21 所示，回到编辑连接点的窗口，单击右方的 “添加” 图标，在像片的适当位置单击鼠标左键，弹出精确配准窗口，通过键盘的上下左右键使左右片上的连接点精确匹配（在像片上单击鼠标右键可激活该片）。单击上方的输入点号图标，输入点号，也可进行 “删除点”“查找点” 等操作。匹配点过程中，若某片上的匹配情况实在不能达到要求，可按空格键将该片屏蔽。

（10）添加控制点　使用前面介绍的增加连接点和编辑连接点的方法，首先量测测区四角上的四个控制点，调用 PATB 平差程序进行平差。平差结束后，如图 3-22 所示，单击

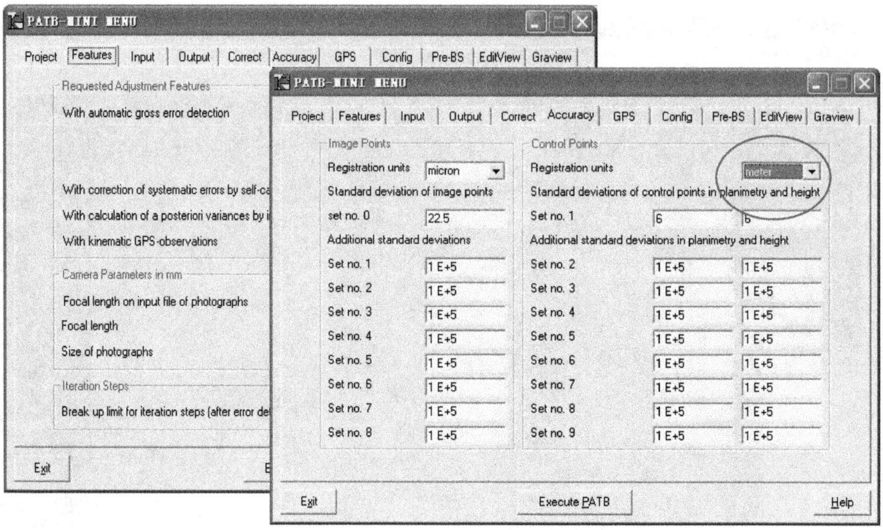

图 3-20　调用 PATB 挑点

图 3-21　编辑连接点

“预测控制点”图标，预测其他控制点的点位。采用同样的方法，继续量测其他控制点。

（11）平差解算　调用 PATB 程序，进行平差解算，如图 3-23 所示。进入交互式编辑状态，在左下方单击挑出的点页，这时左方的区域中会显示被挑出的粗差点。查看粗差点，单击其中某一点，则右方的图像显示区会显示出该点的同名点影像位置，使用上下左右键对同名点进行位置调整，编辑完成后保存。依次对每个粗差点进行调整，然后调用 PATB 程序，按照上次平差解算出的最终权值，修改像点（Image Point）栏的权值，再次平差。再次平差

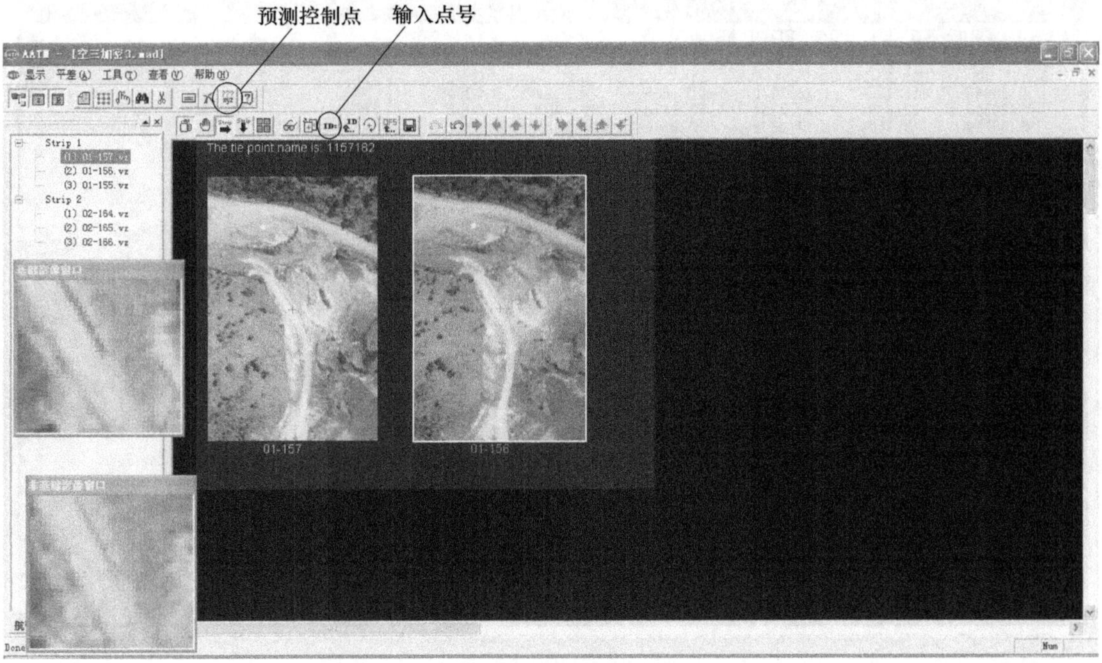

图 3-22　预测控制点

解算后，对被挑出的粗差点进行调整，直到全部通过。修改像点（Image Point）栏的权值和控制点（Control Point）的精度要求（比上一次的精度要求要高），再次平差。依次类推，重复上述编辑粗差点和平差过程，直到控制点平差精度满足要求，没有被挑出的粗差点为止。

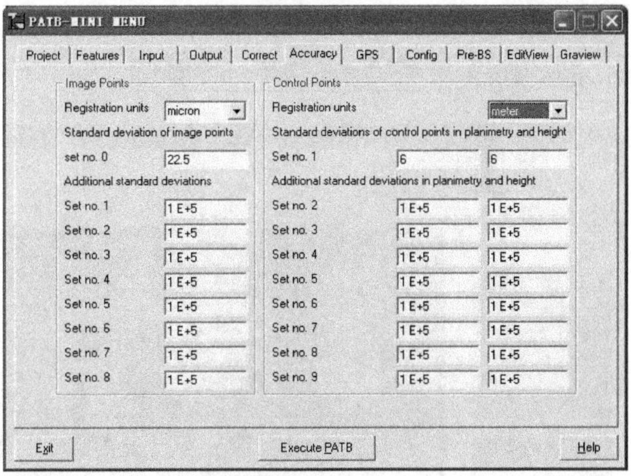

图 3-23　PATB 平差解算

由于 VirtuoZo AAT 和 PATB 平差程序是集成在一起的，因此区域网平差是直接调用 PATB 进行光束法平差。尽管 PATB 的平差功能和粗差探测功能很强，但是在 PATB 报告中是不能直接查看每一个立体模型中像点的上下视差的，这样有时会产生问题，即当加密完成以后创建立体模型时，有些模型中的定向点（加密时的加密点）的上下视差可能超限，这会给下一工序带来问题。

为了解决这个问题，VirtuoZo AAT 提供了一个模型相对定向的检查模块。用户可在交互式编辑界面中单击“平差/相对定向”菜单项，启动该模块。之后单击“检查”菜单即可。在计算相对定向时不仅使用加密点，还包括每个模型做自动转点时产生的相对定向点，检查结果如图 3-24 所示。

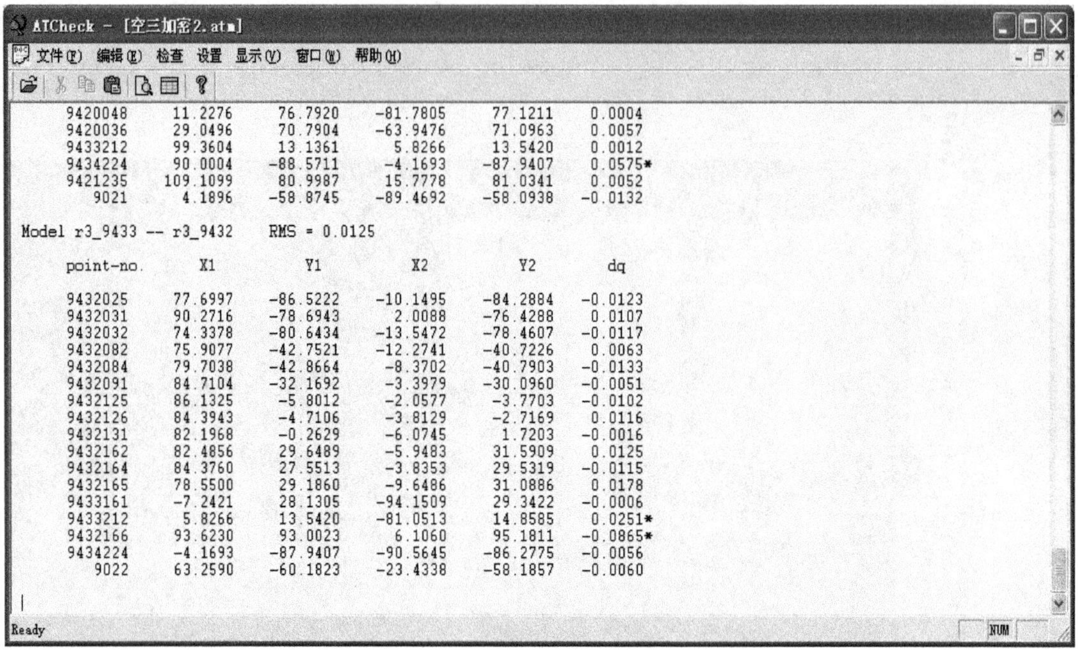

图 3-24 相对定向检查

若发现这个模型中大多数加密点的上下视差都已经超限，这种情况是不太正常的，考虑到相对定向点中可能存在错误点，应该进入主程序，单击“模型”菜单，选择视差超限较多的模型，进行人工相对定向，如图 3-25 所示。

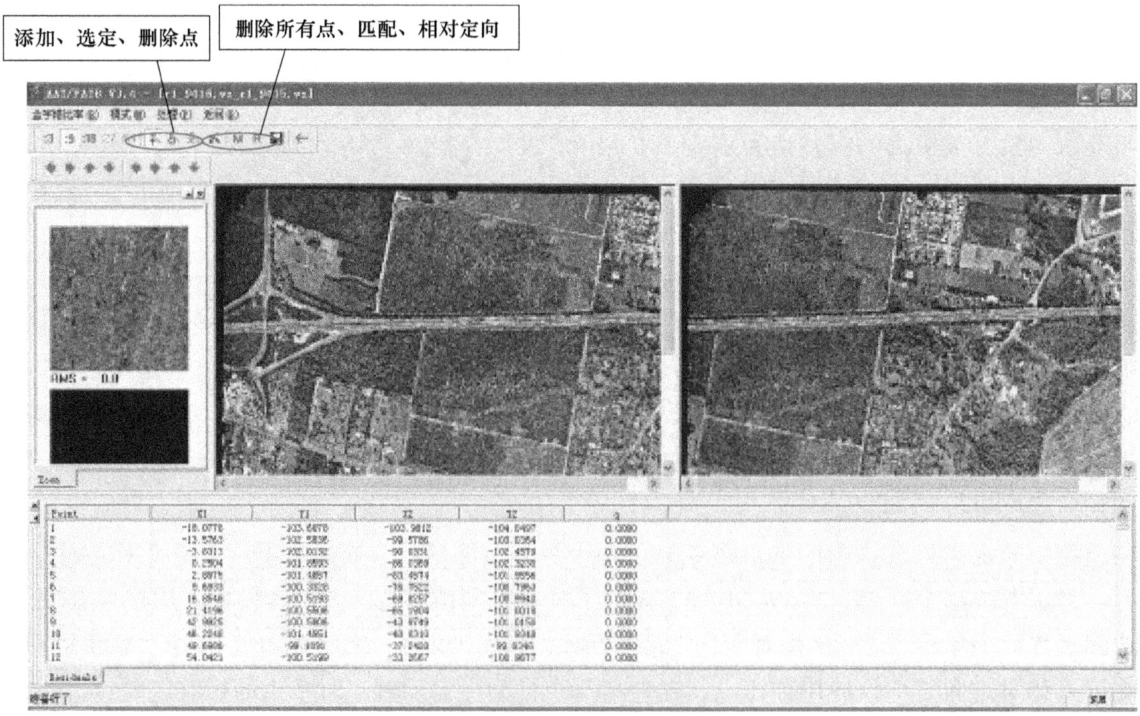

图 3-25 人工相对定向

检查匹配点情况，删除可能影响相对定向精度的匹配点（如落水的点）及上下视差太大的匹配点，再手工添加编辑新的匹配点。

（12）生成加密点文件　单击主界面下的“空三/生成加密点”文件，在弹出的“加密点文件”对话框中单击“OK”按钮确认，则系统会在测区目录下自动生成加密点成果文件Cabootu. ctl，如图3-26所示。

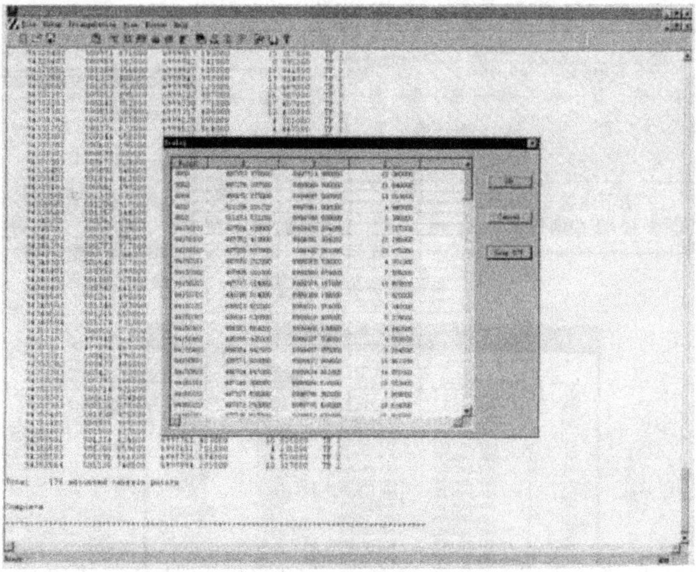

图3-26　生成加密点文件

（13）接边　在空三加密过程中，有时测区非常大（影像数可能超过1000），此时如果将所有像片都放在一个测区中进行自动转点，效率是非常低的。一般的做法是将测区分割为若干个小的子测区分别进行转点并分别加密，然后比较相邻测区公共点（接边点）的接边差，检查接边差是否满足预定的精度要求，这种处理大测区的过程称为测区接边。另外一种做法是仅仅将大测区分割为较小的子测区，然后分别自动转点，最后将所有子测区再重新合并为完整的测区进行加密，这个过程称为测区合并。

一般说来，对于一个大测区，有两种分割方法，一种方法要求分割时上下重叠一条航线；一种方法要求分割时左右重叠一个模型，如图3-27所示。

按照前面相同的方法，分别对子区进行系列操作，直到自动挑点结束。

在其中一个子测区中，进入交互式编辑状态。单击“工具/输入点”，选择需要接边的子区名，勾选“引用所有的加密点”和“引入所有的控制点”并“确定”，启动自动接边，则两个测区分别进行加密，创建加密点文件。单击“主菜单/工具/测区接边检查”菜单项，弹出“测区合并”对话框，填写工作目录和测区接边检查报告名称。单击右方的“增加”按钮，添加待接边测区文件（. blk），单击“确定”。在弹出的对话框中，打开一个接边检查文件（. meg），用于保存当前的接边参数设置。完成后，进入检查模块。在“测区合并”对话框中，单击“打开”按钮，进入接边检查界面。单击“检查”菜单项启动接边检查。单击“更新”菜单项后首先启动接边检查，然后提示是否更新加密点文件。如果用户选择

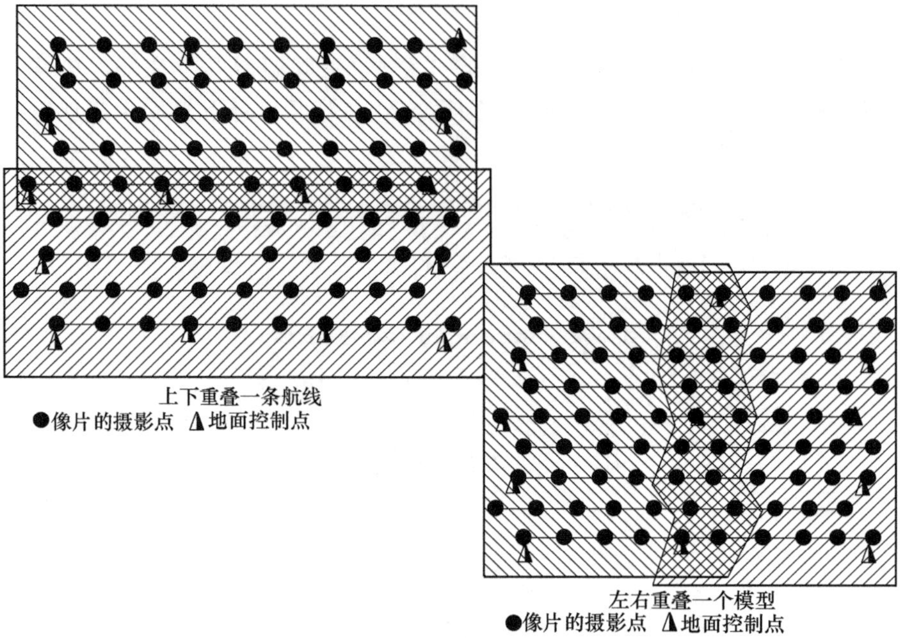

图 3-27　接边

“是”，那么程序将满足接边限差的点在各个测区中的坐标取中数并更新到相应各个测区的加密点文件中。

3.2　像片控制测量

3.2.1　像片控制点的布设

1. 航摄外业控制测量的基本任务

航空摄影测量是以航空摄影为前提，而要利用航摄像片确定地面点的地面坐标，又必须提供一定数量的在像片上可准确识别的地面控制点及其点位，这个任务通常由航测外业的像片控制测量（又称像片联测）工作完成。像片控制测量可以在已有一定数量的大地点基础上采用地形控制测量的方法进行，在有条件的情况下也可以用 GPS 技术直接测定各摄站的坐标，从而在一定精度要求下可以免去对地面已知控制点的要求。

由于航测外业测量控制点是航测成图的数学基础，是内业加密控制点和测图的依据，因此具有十分重要的作用，不难明白，一旦航测外业控制点出现错误将会给整个成图过程带来十分重要的影响。因此，航测外业测量人员必须认真负责，严格细致地工作，遵守规范规定，树立质量第一的思想，为内业提供可靠的优质成果，这样才能保证最后成图的质量。

2. 像片控制点布设基本要求

（1）像片控制点的分类及编号　航测外业控制测量对像片控制点分为以下三种：只需测定平面坐标的控制点称为平面点；只需测定高程的控制点称为高程点；同时测定平面坐标和高程的控制点称为平高点。

野外控制点连同测定这些点所做的过渡控制点要进行统一编号。在生产中为了方便确认点的性质，一般用P代表平面点，G代表高程点，N代表平高点。另外引点和支点的编号采用在本点编号和点名后加注数字的形式表示。当照顾图幅布点时，每幅图内控制点不能重号；当不照顾图幅布点时，同期的测区控制点不能重号，以免混淆。编号最好在航线内按从左到右、航线间从上到下的顺序进行，便于在工作中查找点位。

（2）像片控制点（像控点）布设的一般原则

1）像控点一般按航线全区统一布点，可不受图幅单位的限制。

2）布在同一位置的平面点和高程点应尽量联测成平高点。

3）相邻像对和相邻航线之间的像控点应尽量公用。当航线间像片排列交错而不能公用时，必须分别布点。

4）位于自由图边或非连续作业的待测图边的像控点，一律布在图廓线外，确保成图满幅。

5）像控点尽可能在摄影前布设地面标识，以提高刺点精度，增强外业控制点的可靠性。

6）点位必须选择在像片上的明显目标点，以便于正确的相互转刺和立体观察时辨认点位。

（3）像控点的位置要求　像控点在像片和航线上的位置，除各种布点方案的特殊要求外，还应满足下列基本要求：

1）像控点一般应在航向三片重叠和旁向重叠中线附近，困难时可布在航向重叠范围内。在像片上应布在标准位置上，也就是通过像主点垂直于方位线的直线附近。

2）像控点距像片边缘的距离不得小于1cm，因为边缘部分影像质量较差，且像点受畸变和大气折光等因素所引起的移位较大，再则倾斜误差和投影误差使边缘部分影像变形大，增加了判读和刺点的困难。

3）点位必须离开像片上的压平线和各类标识（气泡、框标、片号等），以利于明确辨认。为了不影响立体观察时的立体照准精度，规定离开距离不得小于1mm。

4）旁向重叠小于15%或由于其他原因，控制点在相邻两航线上不能公用而必须分别布点时，两控制点裂开的垂直距离不得大于像片上2cm。

5）点位应尽量选在旁向重叠中线附近，离开方位线大于3cm时，应分别布点。

3. 野外布点方案

（1）全野外布点法　像片控制点全部外业测定的布点方案，称为全野外布点。全野外布点精度较高，但是外业控制测量的工作量较大，使用范围受限制，所以常被非全野外布点所代替。全野外布点法常常用于特殊要求及特殊地形，如测图精度要求很高的测量，地面测量条件良好，或者小面积测图时使用。

（2）非全野外布点法　为了减少外业工作量，一般在外业只布设测定少量控制点，以此为依据，通过空中三角测量平差计算，加密测图所需足够密度和数量的像控点，这种方法称为非全野外布点法，也称稀疏布点法。其主要布点方案有：

1）航带网法布点方案。按航带网布设野外控制点的前提是应该满足航带网的绝对定向及航带网变形改正的要求。具体布点方案是：

① 六点法。六点法是标准布点形式，是优先和普遍采用的方法，按每段航带网的两端和中央的像主点，在其上下方向上旁向重叠范围内各布设一对平高点，如图 3-28a 所示。每段航带网两端一对点间隔的基线数，按摄影比例尺和成图比例尺的不同而不同。

② 八点法。八点法是指每段航带内，布设八个平高控制点，如图 3-28b 所示。因航带网内的控制点数目较多，因此，可采用三次多项式对航带网进行非线性改正。

③ 五点法。若某段航带网的长度不够最大允许长度的 3/4，而又超过了 1/2 的短航带网，可按五点法布设，即在航带网中央的像主点上方或下方或附近只布设一个平高点，如图 3-28c所示。

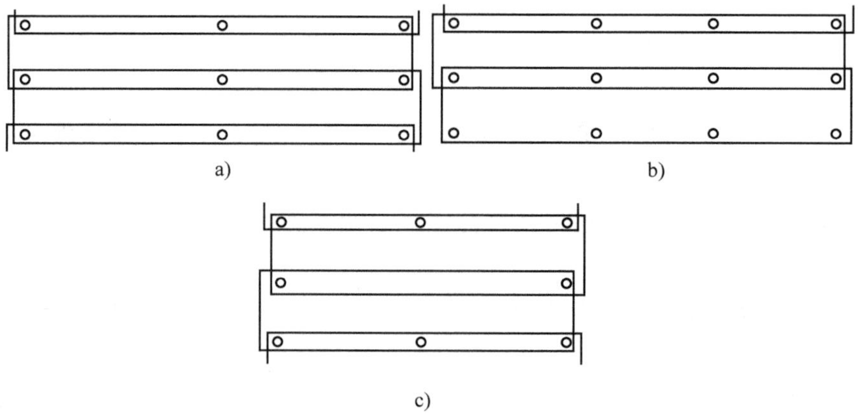

图 3-28　航带网布点方案

a）六点法　b）八点法　c）五点法

2）区域网布点方案。航测成图时，常以区域进行控制和加密。对区域的划分，应依据成图比例尺、航摄比例尺、测区地形特点、航区的实际划分、程序具有的功能及计算机容量等进行全面考虑。

区域网通常由长方形或正方形组成，像控点应沿区域网四周按一定跨距布设平高控制点，考虑到高程点的跨距要小于平面点，故区域内部再布设一排或者几排高程点以满足高程跨距的要求，如图 3-29 所示。

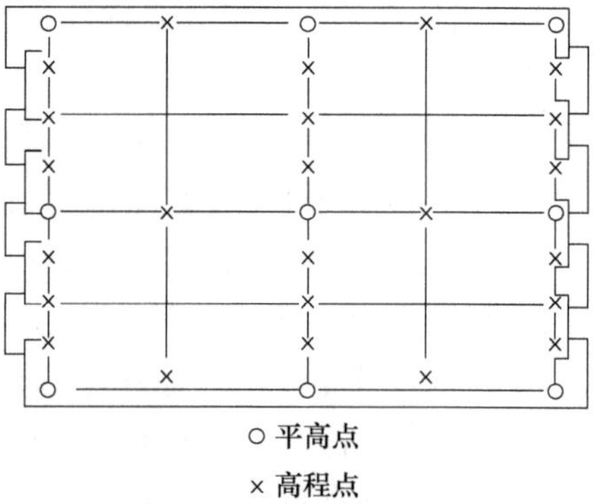

图 3-29　区域网布点方案

为了保证空中三角测量加密点的平面和高程精度，通常需要按空中三角测量精度估算公式进行反算，即根据规范规定的加密点允许误差，由给定的精度估算公式反算出相应的航带网平面点和高程点之间的跨径。

$$m_s = \pm 0.28 k m_q \sqrt{n^3 + 2n + 46} \tag{3-20}$$

$$m_h = \pm 0.088 \frac{H}{b} m_q \sqrt{n^3 + 23n + 100} \tag{3-21}$$

式中 m_s——加密点的平面位置中误差；

m_h——加密点的高程中误差；

k——像片比例尺分母与成图比例尺分母之比；

m_q——视差量测中误差，可采用规范规定值；

n——基线数，即航线方向两相邻像控点之间允许的摄影基线数；

H——相对航高；

b——像片基线平均长度。

对于一个具体测图区域选用布点方案应根据成图比例尺、摄影比例尺、像幅大小、地形条件、内业仪器设备、技术力量和经济条件等多种因素综合考虑。

3.2.2 像片控制测量技术计划的拟定

1. 资料的收集与分析

在拟定技术计划之前，首先应该收集各种资料，这些资料包括大地测量资料、各种地图资料和航摄资料。

大地测量资料是计算航测外业像控点平面坐标和高程的起算数据。大地测量资料包括大地点的坐标和高程以及与使用大地成果有关的其他资料数据，如点之记、成果说明、控制联测图、水准路线图、技术总结等。大地点主要指国家等级的三角点、导线点、水准点和GPS点。

另外，还必须收集比测图比测尺小的测区旧地形图，因为测区老图是航外控制测量和调绘的重要工具，是制订计划和进行技术设计的基础图件。

航摄资料主要包括航摄像片、像片索引图和航摄鉴定表。分析检查航摄资料的目的是查明航摄的飞行质量和摄影质量，弄清航摄像片能否满足航测成图的要求。另外，还可依据像片情况提出合理的施测方案，以及对航摄资料的某些质量问题提出具体处理方法。

2. 具体技术计划的拟定

（1）技术计划拟定的依据

1）航空摄影测量外业规范。应符合国家有关的规范，如GB/T 13977—2012《1:5000 1:1000地形图航空摄影测量外业规范》。

2）业务主管部门的技术设计书。技术设计书一般包括：测区范围、任务分配范围、测区一般情况介绍、测区资料来源及使用时应注意的问题、成图方法、布点方案和图幅困难类别的划分，经踏勘后所了解到大地点的完好情况，计划要加测的小三角点和高等级水准路线的位置、数量及提供成果的时间，根据测区实际情况所采取的技术措施和技术补充规定等。

3）资料的收集和分析情况。

（2）拟定技术计划的程序和方法

1）在老图上标绘控制点和图廓线。根据控制点坐标、点之记、水准路线图等资料，与老图上的地物地貌相对照，在老图上找出三角点、精密水准点或水准点等控制点的位置后，以规定的图式符号和颜色标绘在老图上，并注出点名或编号。三角点一般用边长约 7mm 的红色三角形表示，小三角点及精度低于国家等级的三角点、导线点用边长约 7mm 的红色倒三角形表示，水准点用直径约 7mm 的绿色圆圈中加叉的符号表示。

在老图上标绘图廓线可采用对称折叠和量算两种方法。一般情况下，老图比例尺比成图比例尺小，可根据老图与成图比例尺的比例关系，以老图的图廓线为准纵横等分折叠，沿折叠线绘出图廓线，基本上可以满足在像片上标绘图廓线的要求。量算法是指用直尺量出老图四周图廓线的长度，将每条图廓线边长等分，得出等分点，然后以对称点为准纵横连线，得出所需图廓线的位置。

2）在航摄像片上转标图廓线和大地点。在像片上选点需要考虑图廓线大地点的位置，因此还需要将老图上标出的图廓线和大地点转标到航摄像片上。转标前应将像片按航线和像片右上角的编号进行清点和排列；然后用老图所表示的地物地貌符号和航摄像片相应的影像对照判读，在像片上判出图廓线和大地点的位置并用红、绿（或蓝）玻璃铅笔以相应的符号把它们标注出来。

3）像片编号和像片上选点。像片编号包括图幅编号和像片序号。图幅编号应注于像片的北部中央，图幅内的航线编号由北向南，像片编号由西向东用阿拉伯数字书写，航线号和像片号之间用短线连接用 1-1、1-2、1-3 等注于图幅编号的下面，同时要求调绘像片与控制像片的编号完全一致。

像片选点就是指在满足规范各种要求的情况下在像片上初步圈定野外像片控制点的大概位置。选点是拟定技术计划的基础，选点的质量直接影响成图的精度，同时也直接影响内外业测量工作，因此必须耐心、细致、全面地考虑问题，才能获得最好的位置。像片选点一般应考虑以下问题：

① 选点必须满足布点方案的要求。

② 选点应满足野外控制点在像片上基本位置的要求。

③ 选点应考虑刺点目标的要求。

④ 选点应考虑实际施测的可能。由于选点时涉及的航线多、像片多，因此切忌混乱。选点前应将所用的像片整理好并有次序地进行排放；涉及相邻航线间公用的控制点，必须满足五片或六片重叠，选点时需将相邻航线有关像片取出，同时考虑控制点的位置，保证控制点在每张像片上都能满足规范规定的有关要求。因为选点时必须考虑地形情况，在有起伏的地区最好在立体观察下选点。选出的平面点、平高点均用玻璃铅笔以直径为 1cm 的红圆圈标定；高程控制点以绿色或蓝色圆圈标定，并由北向南，从左到右进一步按规定过的符号进行编号；同一图幅或同一区域不能重号；如果利用邻幅或邻区的控制点，则应在其编号后加注其所在图幅的图号。

⑤ 选点还应考虑已有大地点的应用。凡符合上述各项要求的大地点均可代替像片控制点以减少野外工作量。

4）制定野外控制测量联测计划。制定控制点联测计划一般在老图上进行，因此，在像片上选出控制点后，还要将这些控制点转标到老图上，转标的方法和前面所讲在像片上转标图廓线和大地点的方法类似，但是转标的符号应小一倍；然后在老图上根据大地点和控制点的分布情况，结合地形特点、控制点的性质和精度要求，综合思考，比较合理地制定全部控制点的平面和高程联测计划。

联测计划包括联测方法的选择和按规定确定具体的联测图形或联测路线。

当测区内通视良好，大地点较多且分布均匀时，一般宜采用测角交会的方法进行联测，即根据具体情况分别采用单三角形、前方交会、侧方交会和后方交会等各种图形进行联测。也可采用 GPS 定位技术测定各控制点坐标。

当测区内通视情况较好但大地点稀少时，可考虑适当加测小三角点、补点或以线性锁方式联测。加测小三角点、补点后，野外像片控制点便可以采用测角交会方法进行联测。如果采用小三角点线性锁联测，个别联测不到的控制点也可以采用测角交会的方式进行联测。

在测区平坦、隐蔽等存在困难的情况下，可采用全站仪测距导线施测。由于全站仪测距精度高，通视条件容易满足，这种方法方便灵活，是当前对付隐蔽地区的主要施测手段。

某些情况下，由于受补点方案和像片条件的限制，所选控制点的位置通视情况不好，不能用交会法直接测定，用经纬仪导线也不方便或工作量大，这时可由控制点发展引点和支导线测定。控制点的高程联测是航外控制测量的重要组成部分，像片上设计的高程点、平高点均须测定其高程。根据地形条件不同，控制点的高程联测一般采用测图水准、经纬仪水准、高程导线、三角高程导线、独立交会高程点等方法。

5）绘制野外像片控制点联测计划图。在老图上按上述要求拟定野外像片控制点联测计划，一般用铅笔草绘。在联测计划拟定之后，另外用方格纸或其他质量较好且较厚的白纸进行转绘并按规定符号和颜色整饰。联测计划图的比例尺应等于或大于老图比例尺；联测计划图上的大地点、控制点的位置是概略标定的。联测计划图上各种符号规定如下：

① 图廓线和各种注记用黑色。

② 像主点绘边长为 5mm 的蓝色正方形并注出像片编号。

③ 三角点绘边长为 7mm 的红色三角形，水准点绘直径为 5mm 中间加叉的绿色圆圈，补点绘直径为 7mm 的红色圆圈，并注出点名或点号。

④ 平面控制点和平高控制点绘直径为 5mm 的红色圆圈，高程控制点绘直径为 5mm 的绿色圆圈，并注出点名或点号。

⑤ 控制点平面位置测定方向线绘红色直线，三角高程测定方向线绘绿色直线，并用实线与虚线分别表示双向和单向观测（虚线端表示未设站）。高程导线、测图水准绘绿色曲线；等外水准绘红色曲线。

⑥ 图幅编号、成图方法以及计划图名称，均注于北图廓外中央位置。

⑦ 计划图的比例尺注在南图廓外中央，作业员姓名及年月日注在南图廓外东端。

⑧ 如图内有像主点落水、航摄漏洞等，须在相应位置用不同颜色标出。

绘制联测计划图的目的，是为了野外作业时使用，它可以帮助作业人员记忆和有计划地安排控制测量工作，使野外作业有条不紊，以免由于临时考虑不周而造成错误、遗漏、甚至返工。

联测计划图是临时性用图，在实际作业中还会有某些变动，因此在全部控制测量完成之后，应根据最后施测的情况重新绘制“野外像片控制点联测图”，附于“测量计算手簿”目录之后第一页，以供下一工序参考。

3.2.3 像片控制测量的外业实施

1. 野外像控点的选取与刺点

（1）野外像控点的实际选定　室内拟定像控点联测方案后，已经在像片上确定了这些控制点的概略位置，但是我们的目的是要在实地测定这些控制点的坐标和高程，以供内业加密或测图使用，因此还必须在实地找到这些控制点的相应位置到实地去落实联测方案并最后选定像控点。另外，在像片上预选的像控点和在已有地形图上室内拟定的联测方案，只是主观上所计划的在纸上的东西，不一定都能符合实际情况，必须到野外去对预选的像控点意义实地核实确定，对拟定的联测方案的可行性进行现场落实。因此，在实地选定像控点时应重点考虑以下问题：

1）首先勘察已知控制点，以熟悉测区已知控制点的情况。

2）根据像片上预选像控点的影像，经实地判读，反复对照，辨认出所预选的像控点在地面的位置，并核对点位是否符合刺点目标的要求，以及摄影后刺点目标有无变动和破坏。

3）根据拟定的联测方案在该像控点上有哪些观测方向，并逐个观察所有方向是否通视。若所有方向都通视，则像控点被最后选定，联测方案被落实。

为保证刺点准确和内业量测精度，对刺点目标应根据地形条件和像片控制点的性质进行选择，以满足规范要求。

平面控制点的刺点目标，应选在影像清晰且能准确刺点的目标点上，以保证平面位置的准确量测。一般应选在线状地物的交点和地物拐点上，如道路交叉点、固定田角、场坝角等。线状地物的交角或地物拐角应为30°~150°，以保证交会角点能准确刺点。在地物稀少地区，也可选在线状地物端点、尖山顶和影像小于0.3mm的点状地物中心。弧形地物和阴影等均不能选做刺点目标。高程控制点的刺点目标，应选在高程变化不大的地方，这样，内业在模型上量测高程时，即使量测位置不准，对高程精度的影响也不会太大。因此，高程控制点一般应选择在地势平缓的现状地物的交会处，如地角、场坝角；在山区，常选在平山顶以及坡度变化放缓的圆山顶、鞍部等处，狭沟、太尖的山顶和高程急剧变化的斜坡等，均不宜选做刺点目标。

森林地区由于选刺目标比较困难，一般可选刺在没有阴影遮盖的树根上，或者选刺在高大突出且能准确判断的树冠上。在疏林、沙漠、草原选点困难的地区，也可以灌木丛、土堆、坟堆、废墟拐角处、土堤、窑等作为选刺点的目标。当控制点刺在树冠上或刺点位置有植被覆盖，且像片上看不清地面影像时，应量注植被高度至分米。若航摄时间距测图时间较长，植被增长较大，还应调查注记摄影时的植被高度。

平高控制点的刺点目标，应同时满足平面和高程两项要求。

(2) 像控点的刺点 在选定像控点后，要在航摄像片上表示出其具体位置，目前仍采用在像片上刺点的方法。

像片刺点精度是保证摄影测量加密等数学精度的重要一环，特别是在大比例尺摄影测量的情况下，像片比例尺小于图比例尺较多时更为重要。如果刺点不准确，经常造成内业作业返工或窝工，即使观测准确、计算无误也无济于事。随着区域网平差的应用，野外像控点的数量大大减少，因此对外业控制点的精度要求也就越来越高。同时，这项工作缺乏严格的检核条件，往往在加密计算时才能发现，给摄影测量后续工作造成严重后果。因此，这项工作必须做到判准、刺准，还应在实地多找旁证，反复核对，证实无误后再进行刺点。

航片上平面点和平高点的刺孔偏离误差，不得大于像片上的0.1mm。高程点如选在明显目标点上，则要求相同；高程点如选在山顶和鞍部等不易刺准的地方，应借助于立体观察，尽量准确刺出。对于每个像控点，一般只需要在一张像片上刺孔，因此应在相邻两航线的所有相邻像片中，选出像控点附近影像最清晰的一张像片上进行刺点。像控点若因照顾图幅而布设，相邻图幅公用的点必须在邻图幅的一张像片上转刺。

像控点的刺孔要小，刺孔直径最大不得超过0.2mm。刺孔要透亮，因此要选用细直且坚硬的针刺，垫上较硬的垫板轻轻刺出。如果不小心刺偏或刺错，不允许同一张像片上重刺，以免出现双孔、多孔或薄膜剥落等现象，这时应挑选一张相邻像片，重新仔细刺点，原像片则作废。

刺点目标在像片上的影像应与实地形状一致，确认其没有变动后方可刺点。确认像片上微小目标的最好方法是在实地审定，目标在实地可能变动的范围应不大于0.4m。房角、水泥电杆等在1:2000的图中是比较理想的目标，只是外业联测时，需要交会或引点。刺点目标在像片上的影像轮廓必须清晰，几何形状必须规整，单靠目视观察很难达到精度。平地需要放大镜；山地、丘陵地需立体观察辨认和刺孔。严格禁止远距离估计刺点、回忆刺点以及回驻地后再画略图等。

在像片控制点野外选刺的同时，还需将测区内所有国家等级的三角点、水准点、图根点等刺出。但是这些点通常属于不明显目标，当不能准确刺出时，不要勉强刺点，有时可用不明显目标的方法刺出其位置。

刺点工作由一人在现场完成后，必须由另一人到现场检查。刺点者和检查者均需签名，并签注日期。对于自由图边的像控点，则要求专职检察人员到现场检查，确实无误时，签注姓名、日期，以示负责。

(3) 控制像片的整饰 实地选定像片控制点后，控制点虽然在像片上有刺孔指示点位，但由于地物影像非常细小，当地物与地物处于复杂地形中，内业量测仍难以分辨具体位置，往往造成错判。因此，像片刺点后，还需要根据实际情况对控制像片的正面和反面进行整饰。

1) 控制像片的正面整饰。刺在像片上的野外控制点需用彩色颜料在刺孔对应的像片正面进行整饰和注记。根据刺孔用规定符号标出点位（对于不能精确刺孔的点，符号用虚线描绘）。符号右边用分数形式进行注记，分子为点号或点名，分母为该点的高程。平面点因无高程，可在分母处划一横线。控制像片正面的整饰符号的形状、尺寸和颜色（见表3-1）。

表3-1　控制像片整饰符号

类　别	三角点	五等小三角点	埋石点	水准点	平面点/平高点	高程点
符号	▽	△	□	⊗	○	○
边长或直径/mm	7	7	7	7	7	7
颜色	红	红	红	绿	红	绿

按照规范规定，控制像片的正面整饰格式如图3-30所示。

像片所在的图幅编号应注于像片的北部中央。像片所在图幅内的航向编号写在图幅号下面，由北向南用阿拉伯数字依次编写，后跟一短线，短线后为像片号。

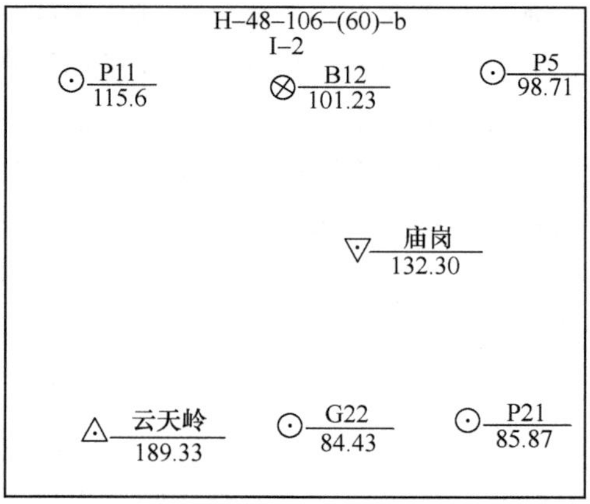

图3-30　控制像片正面整饰

2）控制像片的反面整饰。控制像片的反面整饰用黑色铅笔写绘，如图3-31所示。在像片反面控制点刺点位置上，以相应的符号标出点位、注记点名或点号及刺点日期。刺点者、检查者均应签名，以示负责。三角形、正方形、圆圈的边长或直径均为7mm，若为水准点应在圆圈中加“×”。

点位说明应简明扼要，清楚准确，同时应与所绘略图一致。刺点略图应模仿正面影像图形绘制，与正面影像的方位、形状保持一致。绘制略图时可根据实际情况，采用色调和符号两种形式表示。如上头无明显地物，则可用等高线表示。略图大小以2cm×2cm为宜，图中应适当突出刺点目标周围的地物地貌。

2. 像控点的联测

像控点联测就是像片控制外业测量：测定像控点所对应地面点的地面坐标，如前所述，将已整饰和编号的像控点转标到比例尺大致相近的旧地形图上，以便拟定控制联测计划。像控点坐标的测量方法主要采用GPS测量或者全站仪测量的方法，控制点的高程测量常采用几何水准、光电测距三角高程或者GPS测量的方法。这些方法在控制测量或地形测量中已经讲过，这里不再赘述。

GPS辅助空中三角测量是利用GPS动态定位原理，采用机载GPS接收机与地面基准站接收机同时、快速、连续地记录相同的GPS信号，通过相对定位技术的离线数据处理，获得航摄飞行中摄站点相对于地面基准点的三维坐标，作为辅助数据应用于光束法区域网空中三角测量平差，可以节省大量地面控制点的个数甚至免去地面控制点，从而减少像片控制测量的工作量。

3. 控制点接边

控制测量结束后，要对成果资料进行认真整理。控制测量成果整理完成后，应及时与相

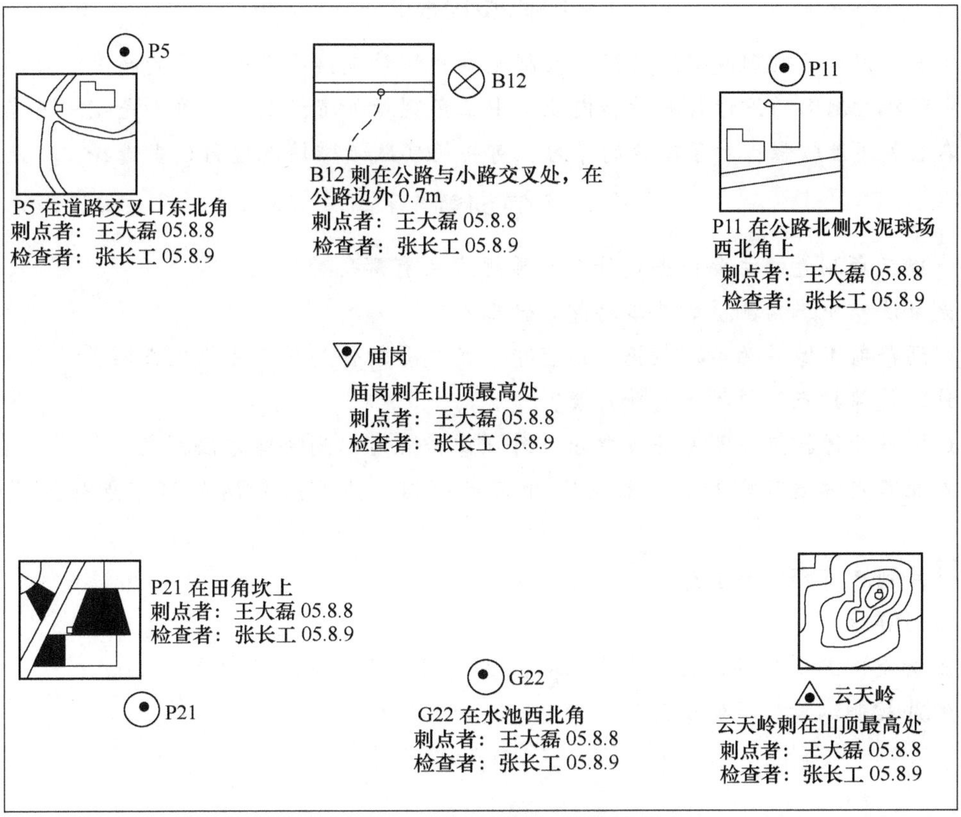

图 3-31　控制像片反面整饰

邻图幅或区域进行控制接边。控制接边工作的主要内容如下：

1）邻幅或邻区所测的像控点，如果作为本幅或本区公用，则应检查这些点是否满足本幅或本区的各项要求；如果符合要求，则将这些控制点转刺到本幅或本区的控制像片上，同时将成果转抄到计算手簿和图历表中。同样，如果按任务分配，本幅或本区所测的控制点应提供给邻幅或邻区使用，也按同样的方法和程序进行转刺和转抄。

2）自由图边的像控点，应利用调绘余片进行转刺并整饰，同时将坐标和高程等数据抄在像片背面，作为自由图边的专用资料上交。

3）接边时应着重检查图边上或区域边上是否因布点不慎产生了控制裂缝，以便补救。

所有观测手簿、测量计算手簿、控制像片、自由图边及接边情况，都必须经过自我检查，由上级部门检查验收，经修改或补测合格，确保无误后方可上交。

4. 野外像片控制测量应上交的成果

（1）控制像片　像控点的点位和点数符合布点方案，刺点无误，正反面整饰符合要求。

（2）观测手簿　水平角观测手簿、垂直角观测手簿、GPS 观测手簿、水准测量手簿等。

（3）计算手簿　控制点点位联测略图、起算点成果、坐标换带、坐标计算、高程计算等。

（4）成果表　像控点坐标平差成果表、高程平差成果表等。

【单元小结】

像片控制测量是航测成图的前提，控制测量的质量直接决定着测图的精度。本单元的重点是像片野外控制网的设计与测量和内业空中三角测量加密控制点，难点是空中三角测量理论。本单元实践性较强，对于理论的学习，可根据实践教学情况进行适当选择。

【复习题】

1. 空中三角测量的主要任务是什么？常规方法有哪几种？

2. 光束法空中三角测量的基本思想是什么？

3. 以两条航带像片为示例数据，以空中三角测量软件为平台完成空三解算。

4. 什么是像控点？像控点有哪几类？

5. 选定外业像控点有哪些基本要求？外业像控点可以用哪些方法测定？

6. 外业布点方案有哪两种？非全野外布点有何优点？航带网如何布点？区域网如何布点？

7. 像片刺点有哪些要求？

8. 名词解释。

① 解析空中三角测量、自动空中三角测量、航带法空中三角测量。

② 像片控制测量、控制像片。

单元 4

数字高程模型的制作

单元概述

数字高程模型 DEM（Digital Elevation Model）是摄影测量最终生成的数字产品之一，也是制作数字正射影像的基础，它在摄影测量作业中占有重要的地位。本单元介绍了数字高程模型的基本概念与理论、制作数字高程模型的基本方法和过程以及 DEM 的一些应用。

学习目标

1. 掌握数字高程模型的概念。
2. 理解数字高程模型数据采集、预处理、内插和存储方法。
3. 学会使用数字摄影测量软件制作数字高程模型。
4. 了解数字高程模型的应用范围。
5. 了解应用 DEM 绘制等高线和内插高程点的基本思想。

4.1 数字高程模型基本理论与实践

4.1.1 数字高程模型基本理论

1. 数字高程模型

数字高程模型 DEM（Digital Elevation Model）是表示区域 D 上地形的三维向量有限序列 $\{V_i=(X_i, Y_i, Z_i), i=1, 2, \cdots, n\}$，其中 $(X_i, Y_i)\in D$ 是平面坐标，Z_i是 (X_i, Y_i) 对应的高程。

DEM 有多种表示形式，主要包括规则矩形格网与不规则三角网等。为了减少数据的存储量及便于使用管理，可利用一系列在 X、Y 方向上都是等间隔排列的地形点的高程 Z 表示地形，形成一个矩形格网 DEM。其任意一个点 P_{ij}的平面坐标可根据该点在 DEM 中的行列号 i, j 及存放在该文件头部的基本信息推算出来。这些基本信息应包括 DEM 起始点（一般在左下角）坐标 X_0，Y_0。DEM 格网在 X 方向与 Y 方向的间隔分别为 DX 和 DY；DEM 的行列数分别为 NY 和 NX 等。如图 4-1 所示，点 P_{ij}的平面坐标 (X_i, Y_i) 为

$$\left.\begin{aligned} X_i &= X_0 + i \cdot DX \quad (i=1,\ 2,\ \cdots,\ NX-1) \\ Y_i &= Y_0 + j \cdot DY \quad (i=1,\ 2,\ \cdots,\ NX-1) \end{aligned}\right\} \tag{4-1}$$

在这种情况下，除了基本信息外，DEM 就变成一组规则存放的高程值，在计算机高级语言中，它就是一个二维数组或数学上的一个二维矩阵 $\boldsymbol{Z}_{ij}$。由于矩形格网 DEM 存储量最小（还可进行压缩存储），非常便于使用且容易管理，因而是目前运用最广泛的一种形式。但其缺点是有时不能准确表示地形的结构与细部，因此基于 DEM 描绘的等高线不能准确地表示地貌。为克服其缺点，可采用附加地形特征数据，如地形特征点、山脊线、山谷线、断裂线等，从而构成完整的 DEM。若将按地形特征采集的点按一定规则连接成覆盖整个区域且互不重叠的三角形，可构成一个不规则三角网 TIN（Triangulated Irreguar Network）表示的 DEM，通常称为三角网 DEM 或 TIN。TIN 能较好地顾及地貌特征点线，表示复杂地形表面比矩形格网（Grid）精确。其缺点是数据量较大，数据结构较复杂，因而使用与管理也较复杂。为了充分利用上述两种形式 DEM 的优点，德国 Ebner 教授等提出了 Grid-TIN 混合形式的 DEM（图 4-2），即一般地区使用矩形网数据结构（还可以根据地形采用不同密度的格网），沿地形特征则附加三角网数据结构。

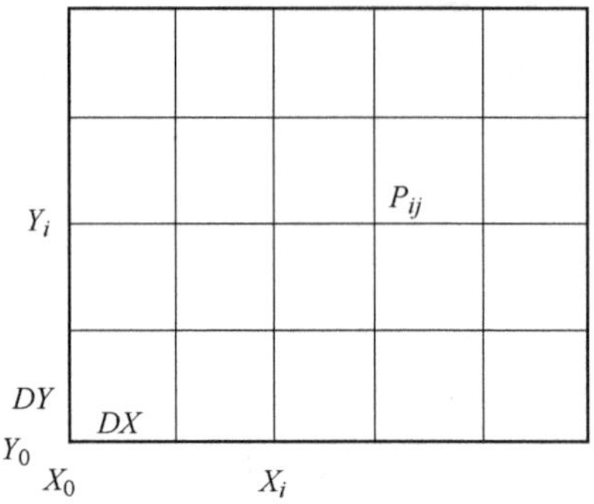

图 4-1　矩形格网 DEM

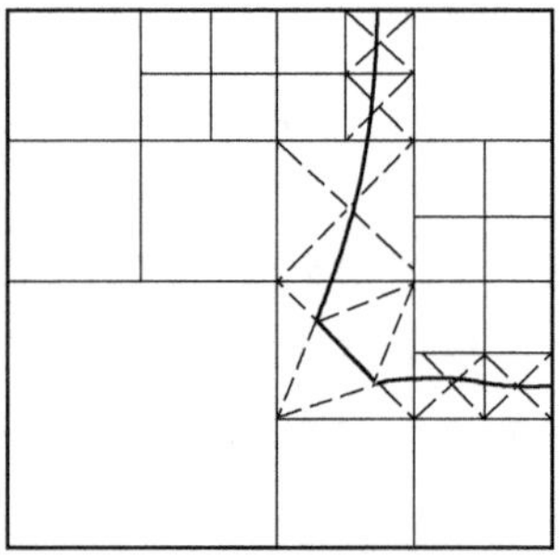
图 4-2　矩形格网-三角网混合形式 DEM

2. 数字高程模型数据的采集

（1）地面测量　利用自动记录的测绘仪器（全站仪或 GPS 接收机）在野外实测。这些测绘仪器一般都有微处理器，它可以自动记录和显示有关数据，还能进行多种测站上的计算工作。其记录的数据可以输入其他计算机（如 PC 机）进行处理。

（2）现有地图数字化　这是利用数字化仪对已有地图上的信息（如等高线、地形线等）进行数字化的方法。目前常用的数字化仪有手扶跟踪数字化仪与扫描数字化仪。

1）手扶跟踪数字化仪。将地图平放在数字化仪的台面上，用一个带有十字丝的鼠标，手扶跟踪等高线或其他地形地物符号，按等时间间隔或等距离间隔的数据流模式记录平面坐标，或由人工按键控制平面坐标的记录，高程则需由人工按键输入。其优点是所获取的向量形式的数据在计算机中比较容易处理；缺点是速度慢、人工劳动强度大。

2）扫描数字化仪。利用平台式扫描仪、滚筒式扫描仪或 CCD 阵列对地图扫描，获取的是栅格数据，即一组阵列式排列的灰度数据（也就是数字影像）。其优点是速度快又便于自动化，但获取的数据量很大且处理复杂，将栅格数据转换成矢量数据还有许多问题需要研究，要实现完全自动化还需要做很多工作。目前可采用半自动化跟踪的方法，即采用交互式处理，能够由计算机自动跟踪的部分由其自动完成，错误或计算机无法处理的部分由人工进行干预，这样既可以减轻人工劳动强度，又能使处理软件简单易实现。

（3）空间传感器　利用 GPS、雷达、卫星等进行数据采集。

（4）数字摄影测量方法　这是 DEM 数据点采集最常用的一种方法。利用附有自动记录装置（接口）的立体测图仪、立体坐标仪、解析测图仪及数字摄影测量工作站（图 4-3），进行人工、半自动或全自动的量测来获取数据。

图 4-3　数字摄影测量工作站

数字摄影测量是空间数据采集最有效的手段，它具有效率高、劳动强度低等优点。利用计算机辅助测图系统可进行人工控制的采样，即 X、Y、Z 三个坐标的控制全部由人工操作；利用解析测图仪或机控方式的机助测图系统可进行人工或半自动控制的采样，其半自动的控制一般由人工控制高程 Z，由计算机控制平面坐标 X、Y 的驱动；自动化测图系统则是利用计算机立体视觉代替人眼的立体观测。

在人工或半自动方式的数据采集中，数据的记录可分为“点模式”与“流模式”。前者是根据控制信号记录静态量测数据；后者是按一定规律连续性地记录动态的量测数据。

1）沿等高线采样。在地形复杂及陡峭地区，可采用沿等高线跟踪的方式进行数据采集，而在平坦地区，则不宜采用沿等高线的采样。沿等高线采样可按等距离间隔记录数据或按等时间间隔记录数据的方式进行。当采用后者时，由于在等高线曲率大的地方跟踪速度较慢，因而采集的点较密集，而在等高线较平直的地方跟踪速度较快，采集的点较稀疏，故只要选择恰当的时间间隔，所记录的数据就能很好地描述地形，且不会有太多的数据。

2）规则格网采样。利用解析测图仪在立体模型中按规则矩形格网进行采样，直接构成规则格网 DEM。当系统驱动测标到格网点时，会按预先选定的参数停留一短暂的时间（如 0.2 秒），供作业人员精确量测。该方法的优点是方法简单、精度较高、作业效率也较高；缺点是特征点可能丢失，基于这种矩形格网 DEM 绘制的等高线有时不能很好地表示地形特征。

3）沿断面扫描。利用解析测图仪或附有自动记录装置的立体测图仪对立体模型进行断面扫描，按等距离方式或等时间方式记录断面上点的坐标。由于量测是动态地进行，因而此种方法获取数据的精度比其他方法要差，特别是在地形变化趋势改变处，常常存在系统误差。在传统摄影测量中，该方法作业效率是最高的，一般用于正射影像图的生产。对于精度要求较高的情况，应当从动态测定的断面数据中消去扫描的系统误差。

4）渐进采样。为了使采样点分布合理，即平坦地区样点较少，地形复杂地区的样点较多，可采用渐进采样的方法。先按预定的比较稀疏的间隔进行采样，获得一个较稀疏的格网，然后分析是否需要对格网加密。判断方法可利用高程的二阶差分是否超过给定的阈值（范围的上、下极限值），或利用相邻的三点拟合成一条二次曲线，计算两点间中点的二次内插值与线性内插值之差，判断该差值是否超过给定的阈值。当超过阈值时，则对格网进行加密采样，然后对较密的格网进行同样的判断处理，直至不再超限或达到预先给定的加密次数（或最小格网间隔），然后再对其他格网进行同样的处理。

如图4-4所示，已经记录了间距为Δ的P_1，P_2，P_3点，三点高程h_1，h_3，h_5。P_2点二次内插高程h_2''与线性高程h_2'为

$$h_2''=\frac{1}{8}(6h_3+3h_1-h_5) \tag{4-2}$$

$$h_2'=\frac{1}{2}(h_3+h_1) \tag{4-3}$$

两者之差 $$\delta h_2=\frac{1}{8}(2h_3-h_1-h_5) \tag{4-4}$$

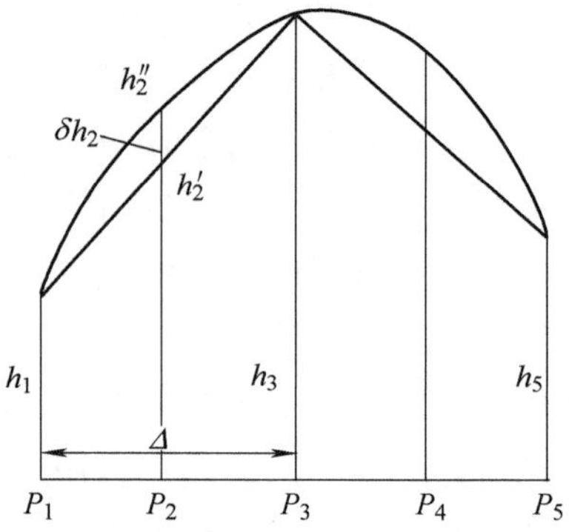

图4-4 二次与一次内插之差

若T为一给定阈值，当$\delta h_2>T$时，应在中间补测P_2与P_4两点。由h_1、h_3、h_5计算的二阶差分，有

$$\Delta^2 h=\frac{1}{\Delta^2}(h_1+h_5-2h_3) \tag{4-5}$$

$\Delta^2 h$也是地面是否平坦的一个测度，同样可以作为是否加密采样的判断依据。

5）选择采样。为了准确地反映地形，可根据地形特征进行选择采样，例如，沿山脊线、山谷线、断裂线进行采集以及离散碎部点（如山顶）的采集。这种方法获取的数据尤其适合于不规则三角网DEM的建立，但显然其数据的存储管理与应用均较复杂。

6）混合采样。为了同时考虑采样的效率与合理性，可将规则采样（包括渐近采样）与选择采样结合起来进行，即在规则采样的基础上再进行沿特征线、点的采样。为了区别一般的数据点与特征点，应当给不同的点以不同的特征码，以便处理时可按不同的合适的方式进行。利用混合采样可建立附加地形特征的规则矩形格网DEM，也可建立沿特征附加三角网的Grid-TIN混合形式的DEM。

7）自动化DEM数据采集。上述方法均是基于解析测图仪或机助测图系统利用半自动化的方法进行DEM数据采集的，现在主要利用数字摄影测量工作站进行自动化的DEM数据采集。此时可按影像上的规则格网利用数字影像匹配进行数据采集。当利用高程直接求解的影像匹配方法时，也可按模型上的规则格网进行数据采集。

数据采集是DEM的关键问题，研究结果表明：任何一种DEM内插方法，均不能弥补由于取样不当所造成的信息损失。数据点太稀会降低DEM的精度；数据点过密，又会增大数据获取和处理的工作量，增加不必要的存储量。这需要在DEM数据采集之前，按照所需的精度要求确定合理的取样密度，或者在DTM数据采集过程中根据地形的复杂程度动态地调整取样密度。

3. 数字高程模型数据的预处理

DEM数据预处理是DEM内插之前的准备工作，它是整个数据处理的一部分，一般包括数据格式的转换、坐标系统的变换、数据的编辑、栅格数据的矢量化转换及数据分块等内容。下面主要介绍数据分块的方法。

（1）数据分块　由于数据采集方式的不同，数据的排列顺序也不同，例如等高线数据是按各条等高线采集的先后顺序排列的，但是在内插DEM时，待定点常常只与其周围的数

据点有关，为了能在大量的数据点中迅速地查找到所需要的数据点，必须将其进行分块。在某些程序中（如 Stuttgart 大学的 SCOP 程序），需将数据点划分成计算单元，每个计算单元之间有一定的重叠度（图 4-5），以保证单元之间的连续性。分块的方法是先将整个区域分成等间隔的格网（通常比 DEM 格网大），然后将数据点按格网分成不同的类，可采用交换法或链指针法。

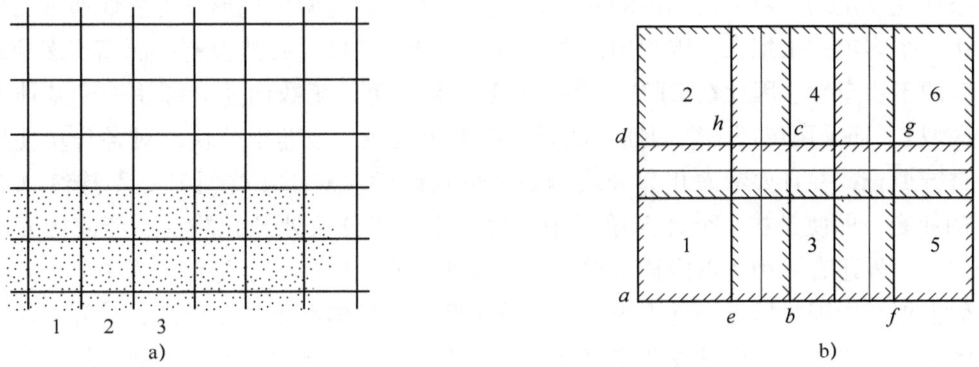

图 4-5　数据分块与计算单元

a）数据分块　b）*abcd* 与 *efgh* 分别是 1 与 3 的计算单元

1）交换法。将数据点按分块格网的顺序进行交换，使属于同一分块格网的数据点连续地存放在一片连续的存储区域中，同时建立一个索引文件，记录每一块（分块格网）数据的第一点在数据文件中的序号（记录号）。由后一块数据第一点的序号减去该块数据第一点的序号，即该块数据点的个数，据此可迅速检索出属于该块的所有数据点。该方法不需要增加存储量，但数据交换需要花费较多的计算机处理时间。

2）链指针法。对于每一个数据点，增加一个存储单元（链指针），存放属于同一个分块格网中下一个点在数据文件中的序号（前向或后向指针），对该分块格网的最后一个点存放一个结束标志，同时建立一个索引文件，记录每块（分块格网）数据的第一点在数据文件中的序号。检索时由索引文件可检索该块的第一个数据点，再由第一点的链指针可检索该块的下一点，直至检索出该块的所有数据点。也可设置双向链指针，即对每一个数据点增加两个存储单元，分别存放属于同一块的前一点与后一点的序号，可实现双向检索。该方法不需要进行数据交换，且对所有的数据点进行一次顺序处理即可完成全部分块，因而需要较少的计算机处理时间，但要增加存储量。

（2）子区边界的提取　根据离散的数据点内插规则格网 DEM，通常是将地面看做一个光滑的连续曲面，但是地面上存在着各种各样的断裂线，如陡崖、绝壁以及各种人工地物，如路堤等，使地面并不光滑，这就需要将地面分成若干区域即子区，使每一子区的表面为一连续光滑曲面。这些子区的边界由特征线（如断裂线）与区域的边界线组成。确定每一子区的边界可以采用专门的数据结构方式或利用图论的理论等多种方法来解决。

数据预处理虽然是 DEM 建立（或数据处理）的一部分，但有的内容也可在数据采集同时进行，这就需要数据采集软件具有更强的功能。

4. 数字高程模型的内插

DEM内插就是根据参考点上的高程求出其他待定点上的高程，在数学上属于插值问题。由于所采集的原始数据排列一般是不规则的，为了获取规则格网的DEM，内插是必不可少的重要步骤。任意一种内插方法都是基于原始函数的连续光滑性，或者说邻近的数据点之间存在很大的相关性，这才有可能由邻近的数据点内插出待定点的数据。对于一般的地面，连续光滑条件是满足的，但大范围内的地形是很复杂的，因此整个地形不可能像通常的数字插值那样用一个多项式来拟合。因为用低次多项式拟合，其精度必然很差；而高次多项式又可能产生解的不稳定性。因此在DEM内插中一般不采用整体函数内插（即用一个整体函数拟合整个区域），而采用局部函数内插。此时是把整个区域分成若干分块，对各分块使用不同的函数进行拟合，并且要考虑相邻分块函数间的连续性。对于不光滑甚至不连续（存在断裂线）的地表，即使是在一个计算单元中，也要进一步分块处理，并且不能使用光滑甚至连续条件。此外还有一种逐点内插法被广泛地使用，它是以每一个待定点为中心，定义一个局部函数去拟合周围数据点。逐点内插法十分灵活，一般情况下精度较高，计算方法简单又不需很大的计算机内存，但计算速度可能比其他方法慢，主要方法有移动曲面拟合法、加权平均法和最小二乘配置法。

5. 数字高程模型的存储

（1）估计DEM的精度　DEM的精度与其应用有着密切的关系，必须对DEM的精度进行估计。试验表明，DEM的精度主要取决于采样间隔和地形的复杂程度，对于不同的内插方法，只要应用合理，所得DEM的精度相差并不大。

（2）DEM的存储管理　经内插得到的DEM数据（或直接采集的格网DEM数据）需以一定结构与格式存储起来，以利于各种应用。其方式可以是以图幅为单位的文件存储或建立地形数据库。当DEM的数据量较大时，必须考虑其数据的压缩存储问题。而DEM数据可能有各种来源，随着时间变化，局部地形必然会发生变化，因而也应考虑DEM拼接、更新的管理工作。

1）DEM数据文件的存储。将DEM数据以图幅为单位建立文件，存储在磁带、磁盘或光盘上，通常其文件头（或零号记录）存放有关的基础信息，包括起点平面坐标、格网间隔、区域范围、图幅编号，原始资料有关信息，数据采集仪器、手段与方式，DEM建立方法、日期与更新日期，精度指标以及数据记录格式等。

文件头之后就是DEM数据的主体——各格网点的高程。每个小范围的DEM，其数据量大，可直接存储，每一记录为一点高程或一行高程数据，这对使用与管理都十分方便。对于较大范围的DEM，其数据量较大，则必须考虑数据的压缩存储，此时其数据结构与格式随所采用的数据压缩方法各不相同。

除了格网点高程数据外，文件中还应存储该地区的地形特征线、点的数据，它们可以以向量方式存储，其优点是存储量小，缺点是有些情况下不便使用。也可以以栅格方式存储，即存储所有的特征线与格网边的交点坐标，这种方式需要较大的存储空间，但使用较方便。

2）地形数据库。世界上已有一些国家建立了全国范围的地形数据库。如美国国防制图局已把全美国的1:250000比例尺地图进行了数字化，并提交给美国地质测量管理局，供用户使用。加拿大、澳大利亚、英国等国家也都相继进行了类似的工作。

小范围的地形数据库应纳入高斯-克吕格坐标系，这样更方便应用。但是大范围的地形数据库是应纳入高斯-克吕格坐标系，还是纳入地理坐标系，还需要研究。地理坐标系最重要的优点是在高斯-克吕格投影的重叠区域内消除了点的二义性；但其最主要的缺点是与库存数据的对话更加困难了。因此从便于使用的角度考虑，以高斯-克吕格坐标系为基础的数字高程数据库可能具有更多的优点。

大范围的DEM数据库数据量大，因而较好的方法是将整个范围划分成若干地区，每一地区建立一个子库，然后将这些地区合并成一个高一层次的大区域，构成整个范围的数据库。每个子库还可进一步划分直至以图幅为单位（具体设计可参考有关数据库文献），以便为后继应用提供一个好的接口。

地形数据库除了存储高程数据外，也应该存储原始资料、数据采集、DEM数据处理与提供给用户的有关信息。

3）DEM数据的压缩。数据压缩的方法很多，在DEM数据压缩中常用的方法有整型量存储、差分映射及压缩编码等。

① 整型量存储。将高程数据 Z_i 减去一常数 Z_0，该常数可以是一定区域范围的平均高程，也可以是该区域第一点高程通过相关计算后，对小数部分四舍五入，取其整数部分。

$$z_i = \mathrm{INT}[(Z_i - Z_0) \cdot 10^m + 0.5] \tag{4-6}$$

式中 m——原始数据小数点后的精确位数。

将变换后的整型数用计算机的两个字节（Byte）存储，这样可节省一半的存储空间。

② 差分映射。数据序列 Z_0，Z_1，…，Z_n的差分映射定义为

$$\begin{pmatrix} \Delta Z_0 \\ \Delta Z_1 \\ \Delta Z_2 \\ \vdots \\ \Delta Z_n \end{pmatrix} = \begin{pmatrix} 1 & 0 & 0 & \cdots & 0 \\ -1 & 1 & 0 & \cdots & 0 \\ 0 & -1 & 1 & \cdots & 0 \\ \vdots & \vdots & \vdots & & \vdots \\ 0 & \cdots & \cdots & -1 & 1 \end{pmatrix} \begin{pmatrix} Z_0 \\ Z_1 \\ Z_2 \\ \vdots \\ Z_n \end{pmatrix} \tag{4-7}$$

或

$$\Delta Z_0 = Z_0 \quad \Delta Z_i = Z_i - Z_{i-1} (i = 1, 2, \cdots, n) \tag{4-8}$$

利用差分映射得到的是相邻数据间的增量，因而其数据范围较小，可以利用一个字节存储一个数据，从而使数据压缩至原有存储量的近四分之一。差分映射方案很多，较好的有差分游程法（或称增量游程法）与小模块差分法（或称小模块增量法）。

a）差分游程法。将存储单位按图4-6所示的顺序排列，将数据按①方法化为整型数据后进行差分映射，一个字节所能表示的数据值范围为 -128 ~ 127，故当差分的绝对值大于127时，将该数据之前的数据作为一个游程，而从该项数据开始一个新的游程。每一游程记录该游程的第一点高程（一般可用实型数（四个字节）或整型数（两个字节）存储）及其后各点的差分。

⋮	⋮	⋮	⋮	⋮
$2n+1$	$2n+2$	⋯	$3n-1$	$3n$
$2n$	$2n-1$	⋯	$n+2$	$n+1$
1	2	⋯	$n-1$	n

图 4-6　DEM 差分游程存储顺序

这种方法有很高的压缩率，其存储空间接近实型数存储的四分之一。但其缺点是当游程较长时，数据的恢复需要较多的运算时间，因而其使用与管理不如小模块差分法方便。

b）小模块差分法。将 DEM 分成较大的格网—小模块，每一模块包含 5×5 或 10×10 个 DEM 格网，将数据点按图 4-7 或图 4-8 的顺序排列，进行差分映射。为了保证每一数据能存入一个字节，在原始差分上乘以一个适当的系数，该系数由该小模块内最大高程增量（即差分）确定为

$$\gamma = 127/\Delta Z_{\max} \tag{4-9}$$

17	18	19	20	21
16	5	6	7	22
15	4	1	8	23
14	3	2	9	24
13	2	117	10	25

图 4-7　螺旋形小模块存储

21	22	23	24	25
20	19	18	17	16
11	12	13	14	15
10	9	3	7	6
1	2	3	4	5

图 4-8　往返型小模块存储

当该小模块内的最大高程增量 $\Delta Z_{\max}$ 较小时，它能将高程增量的数值放大存储，以减小取整误差。例如，当 $\gamma=10$ 时，则数值放大 10 倍，存储精度达分米级。每一小模块使用不同的系数，并附加在起点高程之后与每点差分之前。该系数使存储精度与地形相联系，平坦地区存储精度较高，山区精度较低，因此对于地形起伏较大的地区，存储精度可能达不到要求。为了避免这种情况，仍然可用前述方法先将数据化为整型数，再进行差分映射，以每一字节存储一个数据点对应的差分。但此时高程增量值有可能超过 127，遇此情况，需要进行特殊处理，例如，给以特殊标志，然后在文件的尾部以两个字节存储之。

该方法的优点是每一记录的长度是固定的，因而每一记录与各个小模块的联系是确定不变的。对该区域的任意一点，根据其平面坐标，就可以很容易计算其所在的小模块编号，根据这个编号可从文件中直接取出该小模块的数据，且只需恢复该小模块的各点数据，因此其使用是较方便的。该方法的压缩率也是比较高的，通常可达到用实型数存储的三分之一至近四分之一。

③ 压缩编码。在按一定精度要求将高程数据化为整型量或将高程增量化为整型数后，还可根据各数出现的概率设计一定的编码，用位数（bit）最短的码表示出现概率最大的数，出现概率较小的数用位数较长的码表示，则每一数据所占的平均位数比原来的固定位数

(16 或 8) 小，从而达到数据压缩的目的。

数据的平均最小位数可用信息论中熵的定义计算。若数据中有 n 个不同的数字 d_1，d_2，…，d_n（如 -128 ~ 127），第 k 个数字 d_k 出现的概率（或频率）为 p_k，则熵为

$$H(d_1 d_2 \cdots, d_n) = -\sum_{k=1}^{n} p_k \log_2 p_k \tag{4-10}$$

此熵即为平均最小比特（bit）数。若 H 小于数据原存储比特数（16 或 8），则这些数据可以通过适当的编码加以压缩。

4）DEM 的管理。若 DEM 以图幅为单位存储，每一存储单位可能由多个模型拼接而成，因而要建立一套管理软件，以完成 DEM 按图幅为单位的存储、接边及更新工作。对每一图幅可建立一个管理数据文件，记录每一 DEM 格网或小模块的数据录入状况，管理软件根据该文件以图形方式显示在计算机屏幕上，使操作人员可清楚、直观地观察到该图幅 DEM 数据录入的情况。当任何一块数据被录入时，应与已录入的数据进行接边处理。最简单的办法是取其平均值，也可按距离进行加权平均。录入的数据在该图幅 DEM 所处的位置也要登记在管理数据文件中。

对 DEM 数据的更新应十分谨慎。对于用户，DEM 数据应只能读取，不能写入，只有 DEM 维护管理人员才有权写入。管理软件应能识别管理人员输入的密码，只有当密码正确时，才允许 DEM 数据的更新。若 DEM 数据已输入了数据库，则该数据库管理系统应当有一些有效措施来保护数据库的数据，防止数据库的数据受到干扰和破坏，保证数据是正确、有效的。当由于某种原因数据库受到破坏时，应当尽快把数据库恢复到原有的正确状态，并要维护数据库使其正常运行，包括按权限进行检索、插入、删除、修改等。

4.1.2 DEM 的制作

1. 影像匹配

（1）匹配途径　在数字摄影测量系统上建立 DEM 必须有非常密集匹配的同名点，一般可采用以下两种不同途径：

1）在核线影像上进行一维匹配。在核线影像上进行匹配也有两种方式：

① 在核线影像进行特征点匹配，即首先在核线影像上提取特征点，再对特征点进行匹配、搜索同名点。

② 在核线影像上按一定的间隔生成格网，并以格网交点作为目标点，进行匹配、搜索同名点。

获得密集的同名点后，还需要对它们进行空中前方交会、内插，才能得到所需的 DEM。

2）VLL 匹配法（基于物方影像匹配）。影像匹配的目的是提取物体的几何信息，确定其空间位置，在通过影像匹配方法获取左右影像的位移（视差）后，还要利用空间前方交会解算其对应物点的空间三维坐标（X，Y，Z），建立数字地面模型（DTM）。在建立数字地面模型时可能还会使用一定的内插方法，这会使精度有所降低。因此，能直接确定地面点三维坐标的基于物方的影像匹配方法得以发展。此时待定点平面坐标是已知的，只需要确定其高程 Z 即可。这种基于物方的影像匹配也就是高程直接求解的影像匹配方法。

VLL 匹配方法是模拟作业员用立体测标切准地面的过程。作业员固定手轮（X，Y）不动，只转动脚盘变化 Z，在空间点由 $A \to B \to C$ 运动过程中，作业员目视确定同名点。数字摄影测量中是对地面垂直线 AC 等分，并将等分点投影到影像上分别构成匹配窗口（图 4-9），计算其相关系数，确定同名点，直接获得地面点高程。当物方的地面垂直线不断地变换间隔 ΔX、ΔY，即能获得 DEM。

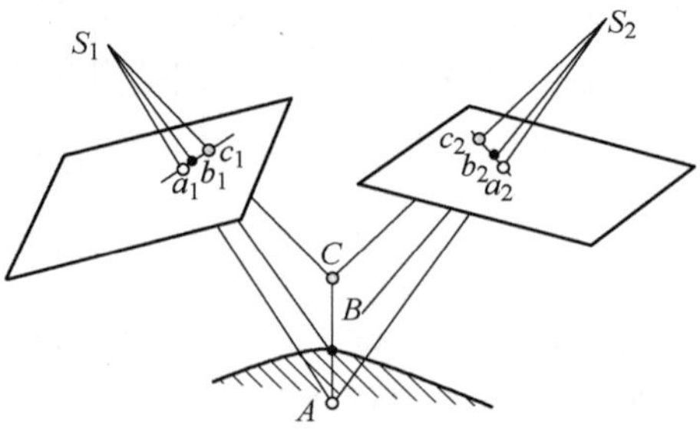

图 4-9　VLL 匹配法

（2）匹配预处理　对于一些特殊地形的数据，如：山脊、沟谷、黑影遮盖区、大片居民区或水域等地区的影像，仅仅依靠系统的自动匹配，可能得到的匹配结果很差，会大大增加匹配结果编辑的工作量。因此，VirtuoZo 提供了匹配预处理模块。利用该模块，用户可以打开有待自动匹配的模型，并在模型中加测一些特征点、特征线和特征面以辅助系统进行自动匹配，从而获得更好的匹配结果，大大减少对匹配结果编辑的工作量。生成核线影像后，即可进行匹配预处理操作。

（3）影像匹配及匹配结果的编辑　影像匹配是数字摄影测量系统的关键技术，主要是沿核线一维位影像匹配，确定同名点，其过程是全自动化的。

匹配窗口和间隔在模型参数中设置。窗口设置大，则数据量小，损失地形地貌；窗口设置小，则数据量大，但能较好表示地形地貌。对于平坦地区，窗口可设置大些。

匹配结果的编辑是影像匹配的后处理工作，是一个交互式的人工干预过程。目前，在影像匹配中，尚有一些区域（如水面、人工建筑、森林等）计算机难以识别，将出现不可靠匹配点（没有匹配在地面上），这将影响数字高程模型 DEM 的精度。因此，对这些区域进行人工干预是必要的。

1）一般下列情况需要进行编辑：

① 由于影像中常有大片纹理不清晰的影像，如河流、沙漠、雪山等地方出现大片匹配不好的点，则需要进行编辑。

② 由于影像的不连续、被遮盖及阴影等原因，使得匹配点没切准地面，则需要进行编辑。

③ 城市的人工建筑物、山区的树林等，使得匹配点不是地面上的点，而是物体表面上的点，则需要进行编辑。

④ 大面积平地、沟渠及比较破碎的地貌需要进行编辑。

2）影像匹配编辑的方法如下：

第一步：影像匹配。在 VirtuoZo NT 主界面中，单击“处理”，选择“影像匹配”，系统自动进行影像匹配。

第二步：匹配结果编辑。首先调用匹配编辑模块，设置编辑窗口的显示选项，选择面或线编辑模式，在立体观察下，检测匹配结果。对匹配不好的点进行编辑时，先调用编辑主菜单调整好参数，然后选择需要编辑的匹配点，进行调整编辑。

① 进入编辑界面。在 VirtuoZo NT 主界面中，单击“处理”菜单，选择“匹配结果的编

辑”，进入编辑界面，如图 4-10 所示。屏幕显示立体影像。编辑时，需要戴上立体眼镜，观察到正确立体时再进行编辑。

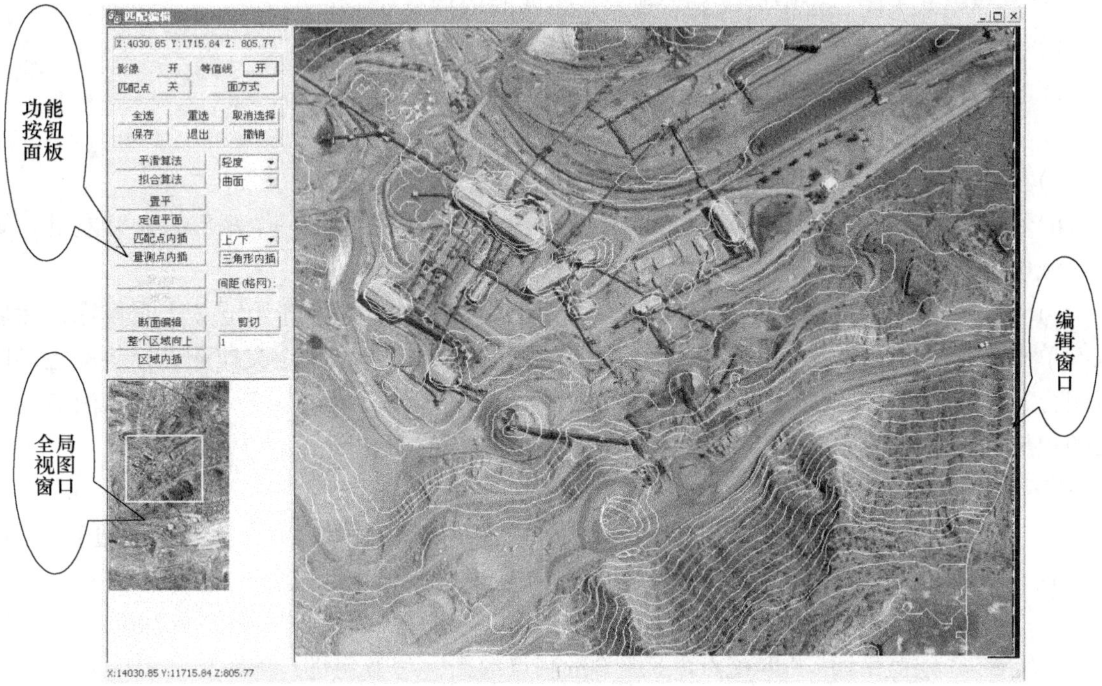

图 4-10　匹配结果编辑

② 检查匹配结果。

a）选择“功能按钮”面板的“影像”按钮为开状态，打开立体影像，带上立体眼镜观察匹配点。

b）选择“功能按钮”面板的“等值线”按钮为开状态，显示等值线，立体观察匹配点。

c）选择“功能按钮”面板的“匹配点”按钮为开状态，打开匹配点，其中绿点为好点，黄点为较好点，红点为差点。

③ 调用编辑主菜单调整参数。

在“编辑”窗口中单击鼠标右键，弹出右键菜单，选择相应的菜单，进行参数调整，如图 4-11 所示。比较重要的参数含义如下。

a）开始定义作业区：可定义任意折线或多边形。

b）缩放比例：可缩放放大窗口影像。

c）匹配点设置：可设置点的质量和颜色。

d）等高线设置：可设置等高线颜色和间距。

e）自动存盘设置：可设置自动存盘时间间隔。

f）显示全局视图：弹出显示全局视图窗口。

g）左右窗口：分窗口显示左右影像，用反光立体镜观察。

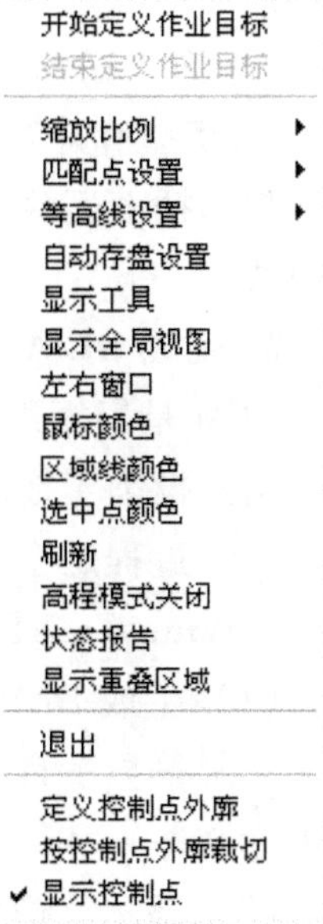

图 4-11　参数调整

h）鼠标颜色：可设置光标颜色

i）选中点颜色：设置选中的匹配点颜色。

j）高程模式关闭：选中后仅显示视差，不实时内插高程。

k）定义控制点外廓：编辑控制点外廓多表形节点。

l）退出：退出编辑模块。

④ 选择编辑范围。

a）选择点：将十字光标置于某作业区的某匹配点上即选中了该点。

b）选择矩形区域：在“编辑”窗口中按住鼠标左键，拖拽出一个矩形，松开左键，矩形区域中的点变成白色，即选中此矩形区域的点。

c）选择多边形区域：在“编辑”窗口中单击鼠标右键，选择开始定义作业目标，然后依次单击作业窗口定义多边形边界，最后单击鼠标右键，选择结束定义作业目标将多边形区域闭合，多边形内的点以白色显示。按下键盘的 <BackSpace> 键或 <Esc> 键可取消最近定义的边界点。

⑤ 对选中的区域编辑运算。

a）匹配点高程的升降：选中需要升降的匹配点，按键盘上的向上、向下键进行升级，可设置“功能按钮”面板的“整个区域向上”按钮右边的值来调整每次升级的大小。

b）面编辑方法：选择编辑区域，单击“功能按钮”面板上的“平滑算法”“拟合算法”“置平”“定值平面”“匹配点内插”“量测点内插”等按钮进行编辑。

3）编辑用法举例：

① 单独的树、房屋。匹配点在树表面或屋顶，应该将其编辑到地面上。用选择区域的方法选择该区域，使用平滑或平面拟合按钮进行编辑处理，使匹配点切准地面。

② 河塘、水面。河流和水域这些纹理不清晰的地区常有很多错误的匹配点。沿着河边或水面的边缘选择该区域，选择“置平”按钮，将水面置平，或先量测水面高程，单击“定值平面”按钮，在弹出的对话框中输入高程值，系统将此区域拟合为一水平面。

③ 房屋和建筑物。先选择该区域，然后使用下面方法之一进行编辑：使用平滑拟合算法；先做插值运算，再进行平滑处理。对整个模型立体编辑完成之后，一定要保存再退出编辑模块。

2. 生成 DEM

DEM 是根据影像匹配产生的视差数据、定向参数、用户定义的 DEM 参数，将匹配后的视差格网投影于地面坐标系，生成不规则的高程网，然后进行插值处理，生成规则矩形格网 DEM，其过程是全自动的。

在 VirtuoZo NT 主界面中，选择设置菜单中的 DEM 参数，进行 DEM 格网间隔设置设置。

（1）生成 DEM　在 VirtuoZo NT 主界面中，单击“产品”主菜单，选择生成 DEM 下的 DEM，屏幕显示自动建立当前模型的 DEM 进度条。产生的结果文件为 . dtm（各匹配点的地面坐标文件）和 . dem（矩形格网点的坐标文件）。

（2）显示、检查单模型的 DEM　建立 DEM 后，在 VirtuoZo NT 主界面中，单击“显示”主菜单，选择立体显示下的透视显示，进入显示界面，显示当前模型的 DEM，如图 4-12 所示。

图 4-12　DEM 透视显示

将光标置于影像中，按住鼠标左键移动鼠标可对当前图像旋转，纵向移动绕 X 轴旋转，横向移动绕 Y 轴旋转。

将光标置于影像中，按住鼠标右键移动鼠标可对当前图像推远或拉近，纵向向上移动推远图像，纵向向下移动拉近图像，横向移动绕 Z 轴旋转图像。

通过缩放、旋转等显示功能，从不同角度观看地面立体模型。还可选择“设置”菜单中的各项，来加强对 DEM 的显示，观察地面立体模型的对错（如河流、DEM 边缘等）。

按照相同的步骤，生成测区内其他模型的 DEM。

3. DEM 拼接

一个完整的图幅或一个测区，一般由多个模型组成，必须将多个单模型拼接起来，生成整个区域的 DEM。在实际工作中，要逐个建立测区的模型，然后对它们进行拼接。

（1）设置多模型拼接区域及参数　在 VirtuoZo NT 主界面中，单击“镶嵌”主菜单，选择“设置”，系统弹出“多影像模型”对话框，用户在此设置选择镶嵌项目并设定镶嵌范围，如图 4-13 所示。

1）选择拼接区域。“请选择拼接区域”中的每个红色方框代表当前测区已经处理过的单模型 DEM，用户可在方框上双击鼠标右键，使该方框的颜色变为黄色，表示该模型不参与拼接。用户有两种选择拼接范围的方法：

① 在“请选择拼接区域”中按住鼠标左键拖动一个矩形来设置拼接范围，如图 4-13 中的虚线。

② 勾选右边的“允许人工编辑”后，在“被选区域”中输入起始点和终止点坐标。

2）选择拼接项目。在右边的“拼接选项”中有“正射影像”“等高线”“正射影像与等高线叠合”和“重新生成正射影像”四个复选框，用户可选择相应的拼接处理，其中，选中“重新生成正射影像”表示正射影像参数是从测区参数中获得的，而不是从单个模型的参数中获取的，这时系统仅对所定义的 DEM 拼接范围内的模型生成正射影像，而不是对当前测区的所有模型都生成正射影像。

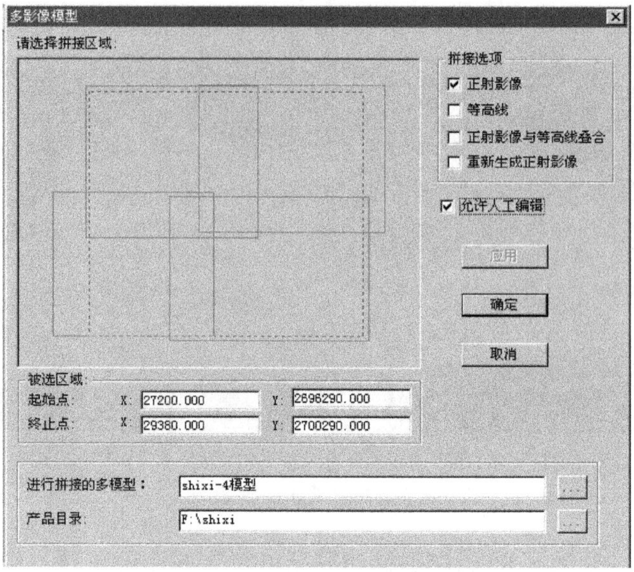

图 4-13 “多影像模型”对话框

3）指定拼接镶嵌的产品名和产品目录。在“进行拼接的多模型”文本框中输入拼接镶嵌的产品文件名，在“产品目录”一栏中指定产品的存放目录，然后单击“确定”，系统接受输入参数，退出对话框。

（2）DEM 拼接及误差检查　在 VirtuoZo NT 主界面中，单击“镶嵌”菜单，选择“DEM 拼接”，系统按照设定的参数，自动进行 DEM 的拼接。拼接完成后，弹出“DEM 的拼接精度”对话框，如图 4-14 所示。

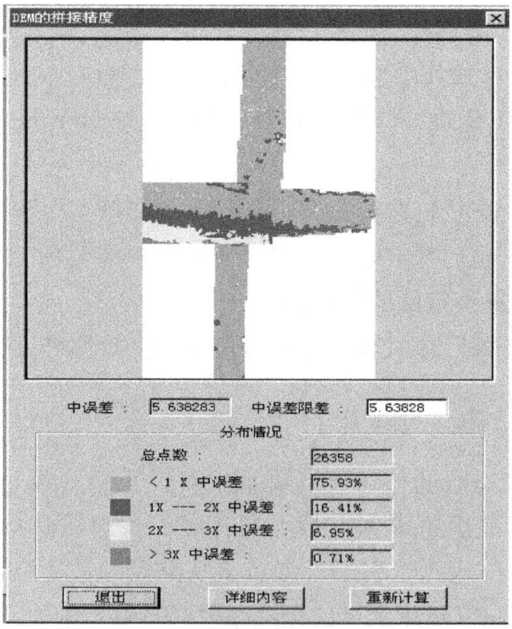

图 4-14　DEM 拼接精度

对话框显示了拼接的中误差、总点数和误差分布统计数据。不同颜色代表不同误差的点：绿色表示误差小于一倍中误差的点；蓝色表示大于一倍中误差且小于二倍中误差的点；黄色表示大于二倍中误差且小于三倍中误差的点；红色表示大于三倍中误差的点。

在“中误差”限差中输入新的拼接中误差限差，单击“重新计算”按钮，系统会按此限差重新进行误差分布统计。单击“详细内容”会弹出一个显示大于三倍中误差点的文本窗口。

DEM 拼接完成后，要检查 DEM 拼接精度及中误差是否符合规范要求。主要检查大于三倍中误差的红色接边点，一般是两个模型 DEM 的边缘有错误的匹配点造成的，这时需要重新计算匹配编辑模块重新检查编辑，重新生成 DEM 和拼接。

（3）DEM 产品数据格式输出　VirtuoZo NT 的影像数据格式可在多种影像数据格式间相互转换，矢量数据文件可转换成. txt、. DXF 等数据文件格式。DEM 可转换为. BIL、. grd、. DXF 等通用格式。在 VirtuoZo NT 主界面中，单击“产品”，选择输出中的 DEM，系统弹出“DEM 格式转换”对话框，在对话框中指定源文件和目标文件，单击“转换”，系统则会进行 DEM 格式的转换，如图 4-15 所示。

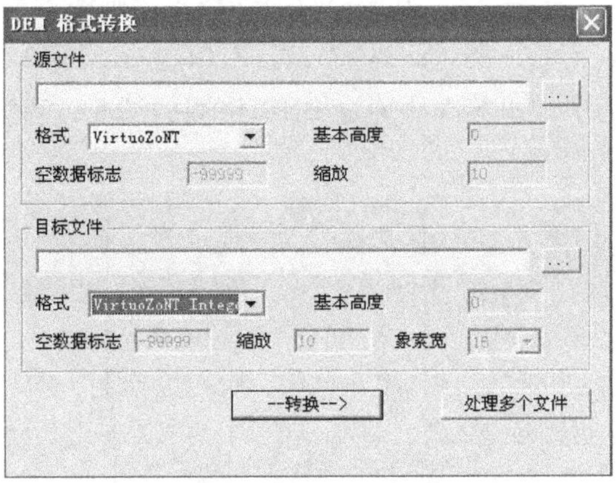

图 4-15　DEM 格式转换

4.2　数字高程模型的应用

数字地面模型的应用是很广泛的：在测绘中可用于绘制等高线、坡度、坡向图、立体透视图，制作正射影像图、立体景观图、立体匹配片、立体地形模型及地图的修测；在各种工程中可用于体积、面积的计算，各种剖面图的绘制及线路的设计；军事上可用于导航（包括导弹与飞机的导航）、通信、作战任务的计划等；在遥感中可作为分类的辅助数据；在环境与规划中可用于土地利用现状的分析、各种规划及洪水险情预报等。

4.2.1　等高线绘制

DEM 最重要的应用是等高线绘制。

（1）基于矩形格网 DEM 自动绘制等高线　根据矩形格网 DEM 自动绘制等高线，主要包括以下两个步骤：利用 DEM 的矩形格网点的高程内插出格网边上的等高线点，并将这些等高线点按顺序排列（即等高线的跟踪）；利用这些顺序排列的等高线点的平面坐标（X，Y）进行插补，即进一步加密等高线点并绘制成光滑的曲线（即等高线的光滑）。

1）等高线跟踪。在数字地面模型格网边上内插并排列等高线点的方法很多，但总的来说可以分为两种方式：一种是对每条等高线边内插边排序；另一种方式是对同一高程的等高线先内插出所有等高线点，再逐一排列每条等高线的点。以下主要介绍前一种方法的具体步骤。

① 确定等高线高程。为了在整个绘图范围中绘制出全部等高线，首先要根据 DEM 中的最低点高程 $Z_{\min}$ 与最高点高程 $Z_{\max}$ 计算最低等高线高程 $z_{\min}$ 与最高等高线高程 $z_{\max}$。

$$\left.\begin{aligned} z_{\min} &= \mathrm{INT}\left(\frac{Z_{\min}}{\Delta Z}+1\right)\cdot\Delta Z \\ z_{\max} &= \mathrm{INT}\left(\frac{Z_{\max}}{\Delta Z}\right)\cdot\Delta Z \end{aligned}\right\} \tag{4-11}$$

当 $z_{\max}=Z_{\max}$ 时，$z_{\max}=Z_{\max}-\Delta Z$，其中 ΔZ 为等高距。则各等高线为

$$z_k = z_{\min} + k\cdot\Delta Z, k=0,1,\cdots,(z_{\max}-z_{\min})/\Delta Z \tag{4-12}$$

② 计算状态矩阵。为了记录等高线通过 DEM 格网的情况，可设置两个状态矩阵 $\boldsymbol{H}^{(K)}$ 与 $\boldsymbol{V}^{(K)}$。

$$\boldsymbol{H}^{(K)} = \begin{pmatrix} h_{00}^{(k)} & h_{01}^{(k)} & \cdots & h_{0n}^{(k)} \\ h_{10}^{(k)} & h_{11}^{(k)} & \cdots & h_{1n}^{(k)} \\ \vdots & \vdots & & \vdots \\ h_{m0}^{(k)} & h_{m1}^{(k)} & \cdots & h_{mn}^{(k)} \end{pmatrix}^{\mathrm{T}} \tag{4-13}$$

$$\boldsymbol{V}^{(K)} = \begin{pmatrix} v_{00}^{(k)} & v_{01}^{(k)} & \cdots & v_{0n}^{(k)} \\ v_{10}^{(k)} & v_{11}^{(k)} & \cdots & v_{1n}^{(k)} \\ \vdots & \vdots & & \vdots \\ v_{m0}^{(k)} & v_{m1}^{(k)} & \cdots & v_{mn}^{(k)} \end{pmatrix}^{\mathrm{T}} \tag{4-14}$$

它们分别表示等高线穿过 DEM 格网水平边与竖直边的状态。

$$k_{i,j}^{(k)} = \begin{cases} 1,(Z_{i,j}-z_k)(Z_{i+1,j}-z_k)<0 \\ 0,(Z_{i,j}-z_k)(Z_{i+1,j}-z_k)>0 \end{cases} \tag{4-15}$$

$$v_{i,j}^{(k)} = \begin{cases} 1,(Z_{i,j}-z_k)(Z_{i+1,j}-z_k)<0 \\ 0,(Z_{i,j}-z_k)(Z_{i+1,j}-z_k)>0 \end{cases} \tag{4-16}$$

“1”代表格网竖直边或水平边有高程为 z_k 的等高线通过，即等高线高程介于一 DEM 格网竖直边或水平边两端点高程之间。“0”代表格网竖直边或水平边没有高程为 z_k 的等高线通过，即等高线高程不介于一 DEM 格网竖直边或水平边两端点高程之间。为了避免上述判别式为零的情况，可将所有等于等高线高程的格网点上的高程加（或减）上一个微小的数。

③ 等高线的起点和终点的处理。与边界相交的等高线为开曲线，而不与边界相交的等高线为闭曲线。通常首先跟踪开曲线，即沿 DTM 的四边搜索。

$$h_{i,0}^{(k)}=1;\ h_{i,m}^{(k)}=1;\ v_{0,j}^{(k)}=1;\ v_{n,j}^{(k)}=1(i=0,1,\cdots,n-1;\ j=0,1,\cdots,m-1)$$

所有的元素均对应着一条开曲线的一个起点（或终点）。在搜索到一个开曲线的起点后，要将其相应的状态矩阵元素置零。处理完开曲线后，再处理闭曲线。此时可按先列（行）后行（列）的顺序搜索 DTM 内部格网的水平边（或竖直边），所遇到的第一个等高线通过的边即闭曲线的起点边。闭曲线起点也是其终点，因而其对应的矩阵元素仍保留原值 1，以保证能够搜索到闭曲线的终点。

④ 内插等高线点。等高线点的坐标一般采用线性内插。格网（i, j）水平边上等高线点坐标（X_p, Y_p）为

$$\left.\begin{aligned}X_p&=X_i+\frac{z_k-Z_{i,j}}{Z_{i+1,j}-Z_{i,j}}\cdot\Delta X\\Y_p&=Y_j\end{aligned}\right\}\tag{4-17}$$

式中　X_i, Y_i——DTM 起点坐标，$X_i=X_0+i\cdot\Delta X$；$Y_i=Y_0+i\cdot\Delta Y$；(X_0, Y_0)；

ΔX, ΔY——DTM 在 X 方向与 Y 方向的格网间隔。

格网（i, j）竖直边上等高线点的坐标（X_q, Y_q）为

$$\left.\begin{aligned}Y_q&=Y_j+\frac{z_k-Z_{i,j}}{Z_{i+1,j}-Z_{i,j}}\cdot\Delta Y\\X_q&=X_i\end{aligned}\right\}\tag{4-18}$$

⑤ 搜索下一个等高线点。在找到等高线起点后，即可顺序跟踪搜索等高线点。为此可将每一 DTM 格网边编号为 1、2、3、4（见图 4-16），则等高线的进入边号 IN 有 4 种可能。设进入边号为 1，即 IN=1，按固定的方向（顺时针或逆时针）搜索等高线穿过此格网的离去边号 OUT；如按逆时针方向搜索，则首先判断 2 号边，其次是 3 号边，最后是 4 号边，即

当 $v_{i+1,j}=1$ 时，OUT=2，并命令 $v_{i+1,j}=0$，下一格网为（$i+1$, j），IN=4；否则当 $h_{i,j+1}=1$ 时，OUT=3，并命令 $h_{i,j+1}=0$，下一格网为（i, $j+1$），IN=1；否则当 $v_{i,j}=1$ 时，OUT=4，并命令 $v_{i,j}=0$，下一格网为（$i-1$, j），IN=2。

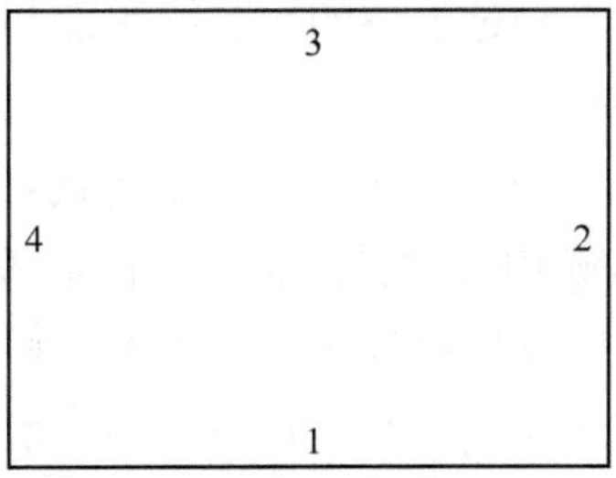

图 4-16　格网边编号

同理可分析处理进入边号 IN=2、3、4 的情况。将搜索到的每一个等高线点对应的状态矩阵元素置零是必要的，它表明该等高线点已被处理过。当状态矩阵 $\boldsymbol{H}^{(K)}$ 与 $\boldsymbol{V}^{(K)}$ 变为零矩阵时，高程为 z_k 的等高线就全部被搜索出来了。

以上是格网中仅有高程为 z_k 的一条等高线通过时的情况。若格网中有高程为 z_k 的两条等高线通过，即该格网中 4 条格网边都有等高线穿过，这种特殊情况可按上述统一的逆时针方向（或顺时针方向）搜索下一等高线点，也可以借助于格网中心点高程 Z_C。

$$Z_C=\frac{1}{4}(Z_{i,j}+Z_{i+1,j}+Z_{i,j+1}+Z_{i+1,j+1})\tag{4-19}$$

进行判断离去边，仍考虑该格网进入边号 IN =1 的情况，此时离去边号又可能是 OUT =2 或 OUT =4，而不可能为 3 号边，即 OUT≠3。

当 $(Z_{i,j}-z_k)(Z_C-z_k)<0$ 时，离去边号 OUT =4；

当 $(Z_{i,j}-z_k)(Z_C-z_k)<0$ 时，OUT =2。

此外，地形特征线是表示地貌形态、特征的重要结构线。若在等高线绘制过程中不考虑地形特征线，就不能正确地表示地貌形态且降低精度，就不能完整地表达山脊、山谷的走向及地貌的细部。因此，必须在 DTM 数据采集、建立及应用的整个过程中考虑地形特征线。

2）等高线光滑（曲线内插）。由上述步骤获得的是一系列离散的等高线点，即等高线与 DEM 格网边及特征线的交点，显然，若将这些离散点依次相连，只能获得一条不光滑的由一系列折线组成的“等高线”。为了获得一条光滑的等高线，在这些离散的等高线点之间还必须插补（加密）。插补的方法很多，一般来说，对于插补的方法有以下的要求：

① 曲线应通过已知的等高线点（常称为节点）。

② 曲线在节点处光滑，即其一阶导数（或二阶导数）是连续的。

③ 相邻两个节点间的曲线没有多余的摆动。

④ 同一等高线自身不能相交。

目前，常用的一些插补方法都能严格满足上述条件①和②，对后两个条件则不能完全保证，特别是当节点分布不均匀或较稀疏时，问题更为突出。“张力样条”函数的插补方法主要是针对解决曲线的多余摆动而提出来的。但是，由于数字地形模型的格网较密，离散等高线点分布比较均匀，而且比较密集，因此，一般来说利用分段三次多项式插补方法也能满足后两个条件。

经过上述的等高线跟踪与光滑处理，即可将等高线图经数控绘图仪绘出或显示在计算机屏幕上。

（2）基于三角网的等高线绘制　基于 TIN 绘制等高线直接利用原始观测数据，避免了 DTM 内插的精度损失，因而等高线精度较高。对高程注记点附近较短的封闭等高线也能绘制，绘制的等高线分布在采样区域而并不要求采样区域有规则四边形边界。而同一高程的等高线穿过一个三角形最多一次，因而程序设计也较简单。但是，由于 TIN 的存储结构不同，等高线的跟踪也有所不同。

1）基于三角形搜索的等高线绘制。对于记录了三角形表的 TIN，按记录的三角形顺序搜索。其基本过程如下：

① 对给定的等高线高程 z，与所有网点高程 $Z_i(i=1,2,\cdots,n)$ 进行比较。若 $Z_i=z$，则将加上（或减）一个大于零的微小正数 ε（如 $\varepsilon=10^{-4}$），以使程序设计简单而又不影响等高线的精度。

② 设立三角形标志数组，其初始值为零，每一个元素与一个三角形对应，凡处理过的三角形将标志置为 1，以后不再处理，直至等高线高程改变。

③ 按顺序判断每一个三角形的三边中的两条边是否有等高线穿过。若三角形一边的两端点为 $P_1(X_1,Y_1,Z_1)$ 和 $P_2(X_2,Y_2,Z_2)$，则

$$(Z_1-z)(Z_2-z)\begin{cases}<0,\text{该边有等高线点}\\>0,\text{该边无等高线点}\end{cases} \tag{4-20}$$

直至搜索到等高线与网边的第一个交点，称该点为搜索起点，也是当前三角形的等高线进入边，则线性内插该点的平面坐标（X，Y）为

$$\left.\begin{aligned}X&=X_1+\frac{X_2-X_1}{Z_2-Z_1}(z-Z_1)\\Y&=Y_1+\frac{Y_2-Y_1}{Z_2-Z_1}(z-Z_1)\end{aligned}\right\} \tag{4-21}$$

④ 搜索该等高线在该三角形的离去边，也是相邻三角形的进入边，并内插其平面坐标。搜索和内插方法与上面的搜索起点相同，不同的只是仅对该三角形的另外两边进行处理。

⑤ 进入相邻三角形，重复第④步，直至离去边没有相邻三角形（此时等高线为开曲线）或相邻三角形，即搜索起点所在的三角形（此时等高线为闭曲线）为止。

⑥ 对于开曲线，将已搜索到的等高线点顺序倒过来，并回到搜索起点向另一方向搜索，直至到达边界（即离去边没有相邻三角形）。

⑦ 当一条等高线全部跟踪完后，将其光滑输出，方法与前面所述矩形格网等高线的绘制相同。然后继续三角形的搜索，直至全部三角形处理完，再改变等高线高程，重复以上过程，直到完成全部等高线的绘制为止。

以上方法对部分边的判断可能会有重复，若要避免重复，可将下述基于网点邻接关系的按格网点顺序进行搜索的方法联合使用，即将其中每格网边只搜索一次的处理结合应用。

2）基于格网点搜索的等高线绘制。对于仅记录了网点邻接关系的TIN，只能按参考点的顺序，逐条格网边进行搜索。

① 由于网点邻接关系中对每条格网边描述了两次，为了避免重复搜索，建立一个与邻接关系对应的标志数组，初值为零。每当一个边被处理后，与该边对应的标志数组两个单元均置1。则以后检测两个单元中的任意一个，均知道该边已处理过而不再重复处理。设标志数组为Flag( )，当P_1P_2处理完后，令

$$\text{Flag}(1)=\text{Flag}(7)=1$$

② 按格网点的顺序进行搜索。

③ 对每一格网点，按所记录的与该点形成格网边的另一端点的顺序搜索，直至搜索到第一个有等高线穿过的边的端点Q_1，并内插该等高线点坐标。

④ 搜索以Q_1为端点的该格网边的相邻边，若有等高线通过，内插该点平面坐标。若相邻边没有等高线通过，则由该格网边另一端点的序号，从格网点表中取出其邻接关系指针，即存放其相邻网点号（在邻接关系表中）的地址；然后从邻接关系表中取出以其为一个端点的格网边的另一端点号，逐一判断，以搜索到下一个等高线点，并内插其平面坐标。

⑤ 重复第④步，直至找不出下一个点。此时，最后一个点的平面坐标若与起始点坐标相同，则为闭曲线，这条等高线搜索完毕。否则该等高线为开曲线，将已搜索到的等高线点

的顺序倒过来，从原来搜索到的第一点继续向相反的方向搜索，即从 Q_1点的另一相邻边继续③和④两步，直至终点。

⑥ 将等高线光滑输出。

⑦ 转第③步，直到该点为端点的所有格网边处理完。

⑧ 转第②步，直到 TIN 的每一点处理完。然后改变等高线的高程值，重复以上过程，将全部等高线绘出。

4.2.2 数字微分纠正概述

所谓数字微分纠正或数字纠正其实质是运用计算技术进行影像解析投影变换，即实现中心投影的航片与正射影像两个二维图像之间的几何变换。这种过程是将影像化为很多微小的区域使用数字方式逐一进行处理，在数学上属于映射的范畴。

数字纠正的过程如图 4-17 所示。所谓正射影像就是地面在地平面上的垂直投影。其制作过程是首先将地面上的 DEM 格网点投影到影像上，四个 DEM 的格网在影像上的投影将原始影像分成一个个影像块，然后将每个影像块内插到对应的 DEM 方块中，即得正射影像。

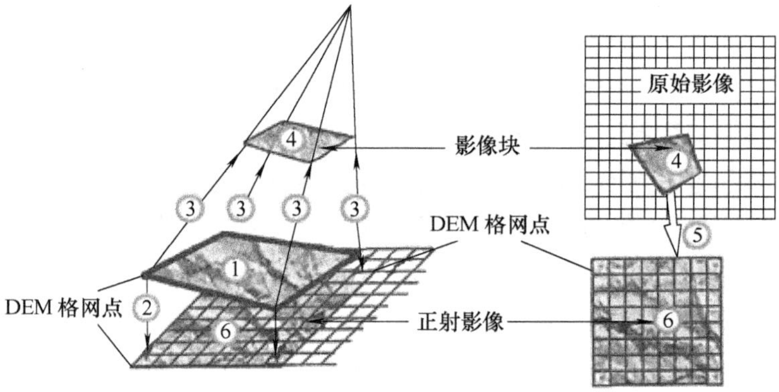

图 4-17 正射影像纠正的过程

若将等高线与正射影像叠合，就得到带等高线的正射影像图。在带等高线的正射影像图上不仅能表达地形起伏，而且能详细表达地面的地物、如建筑物（房屋）、道路等。从表面上看，正射影像图好像“照片”，但实际上，正射影像图与地图一样，是地面在地平面上的正射投影，具有量测性，而照片是地面的中心投影。

4.2.3 三维景观影像图与数码城市

人们的眼睛是中心投影，当人们不断地改变视点的位置与视线的方向就能得到不同的景观，而摄影测量就是由二维影像重建三维空间。

传统的摄影测量只能用线画地形图来表达，例如用二维的等高线图表示地形，用二维的正射影像图来表示摄影测量的成果。但是，进入数字摄影测量时代，则可以用影像表示三维模型地形。如图 4-18 所示，就是由左、右两张航空影像产生 DEM，形成正射影像图，然后由 DEM 和正射影像图合成三维地面模型。

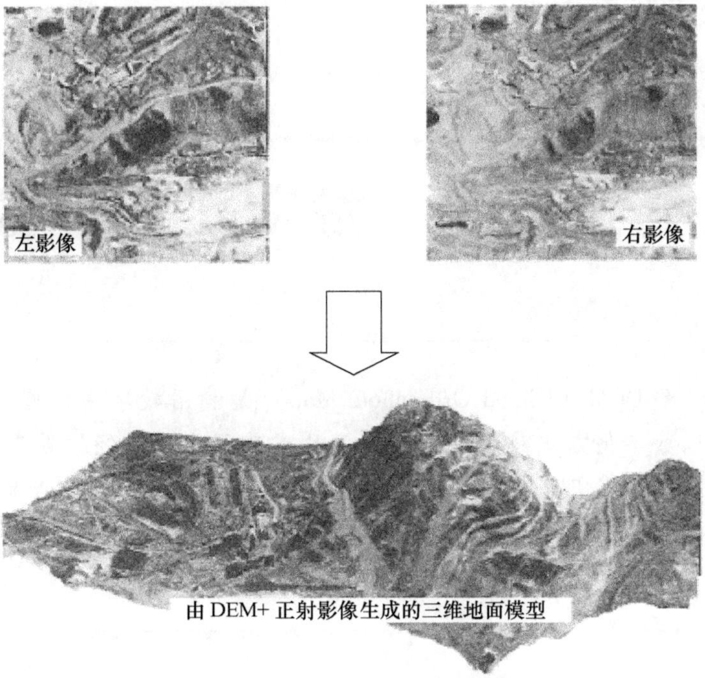

图 4-18　由航空影像重建地面模型

【单元小结】

数字高程模型是数字摄影测量 4D 产品之一。本单元将数字摄影测量方法生产 DEM 的原理、实践生产方法和应用进行了系统地介绍，单元重在实践，理论教学深度根据实际情况进行合理选择。

【复习题】

1. 什么是数字高程模型？请查询数字高程模型和数字地面模型的区别。
2. 数字高程模型的主要形式有哪些？
3. 请叙述数字摄影测量中高程模型数据采集各种方式的特点以及现在最新的采集方式。
4. 比较各种数字高程模型内插方法的优缺点。
5. 数字高程模型的数据压缩方法有哪些？并简述其原理。
6. 叙述基于规则矩形格网等高线绘制的主要过程，并绘出程序框图。
7. 利用 Virtuozo NT 制作一幅 DEM。

单元 5

数字正射影像的制作

单元概述

数字正射影像图 DOM（Digital Orthophoto Map）是利用数字高程模型 DEM 对扫描数字化的（或直接以数字化方式获取的）航空像片或航天影像，经过数字微分纠正、数字镶嵌，再根据图幅范围剪切生成的影像数据集，是我国基础信息数字产品的重要组成部分之一。本单元将介绍像片纠正的基本概念以及数字正射影像生成、拼接与质量检查等内容。

学习目标

1. 了解像片纠正的概念。
2. 掌握数字微分纠正的基本原理。
3. 掌握数字正射影像的概念和制作方法，学会使用数字摄影测量软件制作 DOM。

5.1 数字正射影像基本理论与实践

5.1.1 像片纠正

如图 5-1 所示，T 为平坦地面，S 为摄影站，P 为航摄底片，H 为航高。由于像片 P 的倾斜角 α 不等于零，地面图形 $ABCD$ 的构像 $abcd$ 就产生了因倾斜误差引起的变化，致使两者之间的图形并不相似。

如果在距离投影中心 S 为$\dfrac{H}{M}$的位置上插入了一水平面 E，得到 $abcd$ 的投影图形 $a^0b^0c^0d^0$。因为 E 面平行于 T 面，所以 $a^0b^0c^0d^0$ 是地面 $ABCD$ 按 1∶M 比例尺缩小了的相似图形。

如果用光源照明 P 片，把 E 面上的影像 $a^0b^0c^0d^0$ 晒成像片，那么这张像片的倾斜误差已被消除掉，影像图形与地面呈现相似的关系。实际上，航空摄影时，不能保持像片严格水平，而且地图也不可能是水平面，致使像片上的构像产生像点位移，图形变形以及比例尺不一致。

若对原始的航摄像片进行处理，即用某些光学投影的仪器进行投影变换，使变换后得到的影像相当于航摄仪物镜主光轴在铅垂位置摄影的水平像片，同时改化制图的比例尺，这种作业过程称为像片纠正。

利用光学方法纠正图像是摄影测量中的传统方法。例如，在模拟摄影测量中应用纠正仪将航摄像片纠正成为像片平面图，在解析摄影测量中利用正射投影仪制作正射影像地图。但这些经典的光学纠正仪器在数学关系上受到很大的限制，特别是近代遥感技术中许多新的传感器的出现，产生了不同于经典的框幅式航摄像片的影像，使得经典的光学纠正仪器难以适应这些影像的纠正任务，而且这些影像中有许多本身就是数字影像，不便使用这些光学纠正仪器。

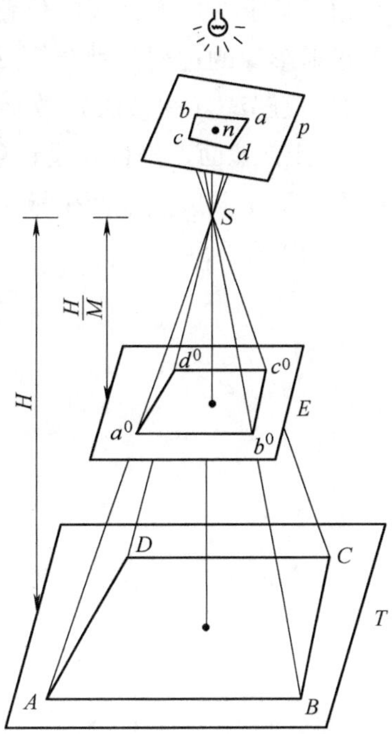

图 5-1　像片光学纠正原理

5.1.2　数字微分纠正原理

由于光学纠正技术现在已经难以适应现在的影像，因此使用数字影像处理技术，不仅便于影像增强、反差调整等，而且可以非常灵活地应用到影像的几何变换中，形成数字微分纠正技术。

根据已知影像的内定向参数和外方位元素及数字高程模型，按一定的数学模型用控制点解算，从原始非正射投影的数字影像获取正射影像，这种过程是将影像化为很多微小的区域（如一个像元大小的区域）逐一进行纠正。这种直接利用计算机对数字影像进行逐个像元的微分纠正，称为数字微分纠正。

1）数字微分纠正的基本原理。数字微分纠正与光学微分纠正一样，其基本任务是实现两个二维图像之间的几何变换。因此与光学微分纠正的基本原理一样，在数字微分纠正过程中，必须首先确定原始图像与纠正后的图像之间的几何关系。设任意像元在原始图像和纠正后图像中的坐标分别为（x，y）和（X，Y）。它们之间存在着如下映射关系

$$\left.\begin{aligned} x &= f_x(X,Y) \\ y &= f_y(X,Y) \end{aligned}\right\} \tag{5-1}$$

$$\left.\begin{aligned} X &= \phi_x(x,y) \\ Y &= \phi_y(x,y) \end{aligned}\right\} \tag{5-2}$$

式（5-1）是由纠正后的像点坐标（X，Y）出发反求其在原始图像上的像点坐标（x，y），这种方法称为反解法（或称为间接解法）。而式（5-2）则相反，它是由原始图像上像点坐标（x，y）求解纠正后图像上相应点的坐标（X，Y），这种方法称为正解法（或称直接解法）。

在数控正射投影仪中，一般是利用反解式（5-1）求解缝隙两端点（X_1，Y_1）和（X_2，Y_2）所对应的像点坐标（x_1，y_1）和（x_2，y_2），然后由计算机求解微分线元素的纠正参

数，通过控制系统驱动正射投影仪的机械、光学系统，实现线元素的纠正。在数字纠正中，则是通过解求对应像元素的位置，然后进行灰度的内插与赋值运算。下面结合将航空影像纠正为正射影像的过程分别介绍反解法与正解法的数字微分纠正。

2）反解法（间接法）数字微分纠正。

① 计算地面点坐标。设正射影像上任意一点（像素中心）P 的坐标为（X'，Y'），由正射影像左下角图廓点地面坐标（X_0，Y_0）与正射影像比例尺分母 M 计算 P 点所对应的地面坐标（X，Y）（图 5-2）。

$$\left.\begin{aligned} X &= X_0 + M \cdot X' \\ Y &= Y_0 + M \cdot Y' \end{aligned}\right\} \tag{5-3}$$

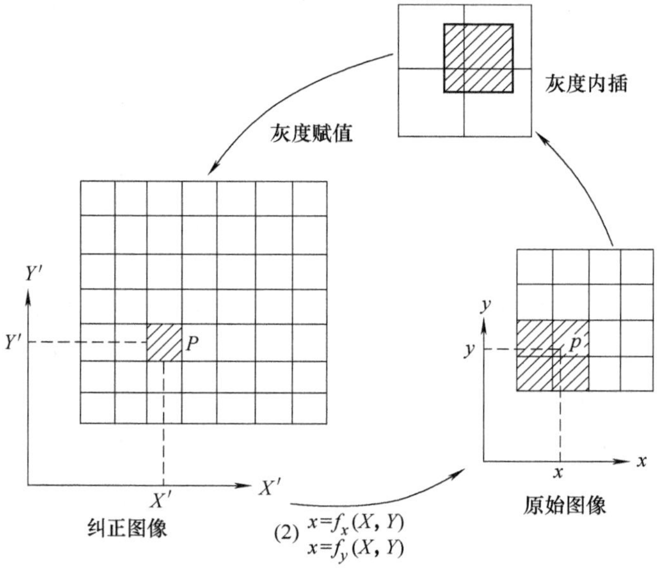

图 5-2　反解法数字纠正

② 计算像点坐标。应用反解式（5-1）计算原始图像上相应像点坐标 $p(x, y)$，在航空摄影情况下，反解公式为共线方程。

$$\left.\begin{aligned} x - x_0 &= -f\frac{a_1(X-X_s)+b_1(Y-Y_s)+c_1(Z-Z_s)}{a_3(X-X_s)+b_3(Y-Y_s)+c_3(Z-Z_s)} \\ y - y_0 &= -f\frac{a_2(X-X_s)+b_2(Y-Y_s)+c_2(Z-Z_s)}{a_3(X-X_s)+b_3(Y-Y_s)+c_3(Z-Z_s)} \end{aligned}\right\} \tag{5-4}$$

式中　Z——P 点的高程，由 DEM 内插求得。

但应注意的是，原始数字化影像是以行、列数进行计量的。为此，应利用影像坐标与扫描坐标之间的关系，求得相应的像元素坐标，但也可以由 X、Y、Z 直接求解扫描坐标行列号 I、J。由于

$$\lambda_0\begin{pmatrix} x-x_0 \\ y-y_0 \\ -f \end{pmatrix} = \begin{pmatrix} a_1 & b_1 & c_1 \\ a_2 & b_2 & c_2 \\ a_3 & b_3 & c_3 \end{pmatrix}\begin{pmatrix} X-X_S \\ Y-Y_S \\ Z-Z_S \end{pmatrix} = \lambda\begin{pmatrix} m_1 & m_2 & 0 \\ n_1 & n_2 & 0 \\ 0 & 0 & 1 \end{pmatrix}\begin{pmatrix} I-I_0 \\ J-J_0 \\ -f \end{pmatrix}$$

$$\lambda\begin{pmatrix} I-I_0 \\ J-J_0 \\ -f \end{pmatrix}=\begin{pmatrix} m_1' & m_2' & 0 \\ n_1' & n_2' & 0 \\ 0 & 0 & 1 \end{pmatrix}\begin{pmatrix} a_1 & b_1 & c_1 \\ a_2 & b_2 & c_2 \\ a_3 & b_3 & c_3 \end{pmatrix}\begin{pmatrix} X-X_S \\ Y-Y_S \\ Z-Z_S \end{pmatrix}$$

简化后即可得

$$\begin{aligned} I &= \frac{L_1X+L_2Y+L_3Z+L_4}{L_9X+L_{10}Y+L_{11}+1} \\ J &= \frac{L_5X+L_6Y+L_7Z+L_8}{L_9X+L_{10}Y+L_{11}+1} \end{aligned} \tag{5-5}$$

根据式（5-5），即可由 X、Y、Z 直接获得数字化影像的像元素坐标。

③ 灰度内插。由于所求得的像点坐标不一定正好落在像元素中心，为此必须进行灰度内插，一般可采用双线性内插方法，求得像点 p 的灰度值 $g(x, y)$。

④ 灰度赋值。最后将像点 p 的灰度值赋给纠正后的像元素 P，即

$$G(X,Y)=g(x,y) \tag{5-6}$$

依次对每个纠正像元素进行上述运算，即能获得纠正的数字图像，这就是反解算法的原理和基本步骤。因此，从原理上讲，数字纠正属于点元素纠正。

反解法的基本原理与步骤可用图 5-2 示例说明。

3）正解法（直接法）数字微分纠正。正解法数字微分纠正的原理如图 5-3 所示，它是从原始图像出发，将原始图像上逐个像元素用正解公式（5-2）求得纠正后的像点坐标。但这一方案存在着很大的缺点，即在纠正后的图像上，所得的像点是非规则排列的，有的像元素内可能出现“空白”（无像点），而有的像元素可能出现重复（多个像点），因此很难实现灰度内插并获得规则排列的数字影像。

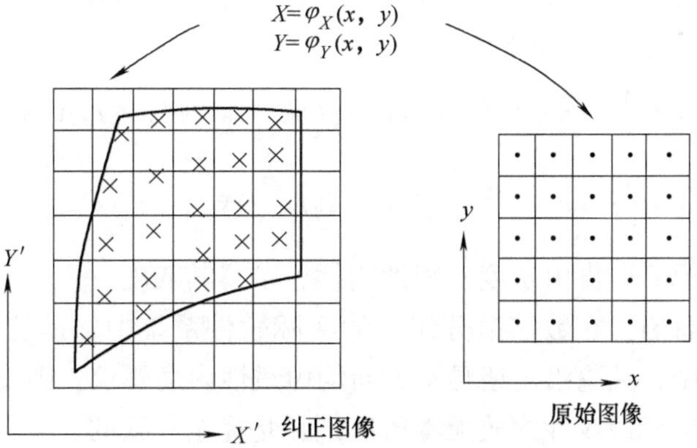

图 5-3　正解法数字纠正

另外，在航空摄影测量情况下，其正算公式为

$$\left.\begin{aligned} X &= Z\cdot\frac{a_1x+a_2y-a_3f}{c_1x+c_2y-c_3f} \\ Y &= Z\cdot\frac{b_1x+b_2y-b_3f}{c_1x+c_2y-c_3f} \end{aligned}\right\} \tag{5-7}$$

利用上述正算公式，还必须先知道 Z，但 Z 又是待定量 X、Y 的函数，为此，要由（x，y）求得（X，Y），必须先假定一近似值 Z_0，求得（X_1，Y_1）后，再由 DEM 内插得该点（X_1，Y_1）处的高程 Z_1，然后又由正算公式求得（X_2，Y_2），如此反复迭代，如图 5-4 所示。因此，由正解公式（5-7）计算（X，Y），实际是由一个二维图像（x，y）变换到三维空间（X，Y，Z）的过程，它必须是个交复迭代求解的过程。

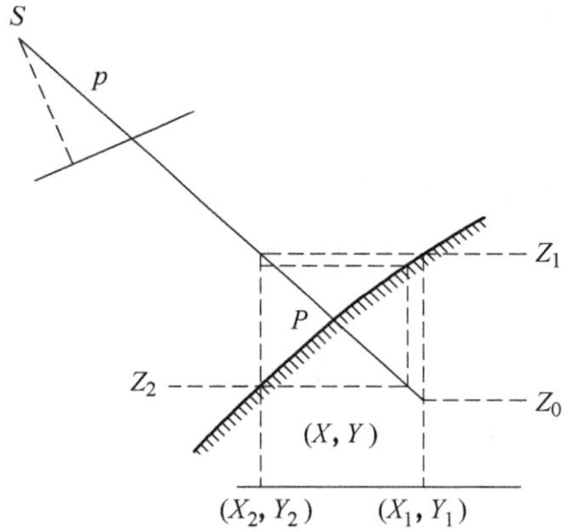

图 5-4　迭代求解

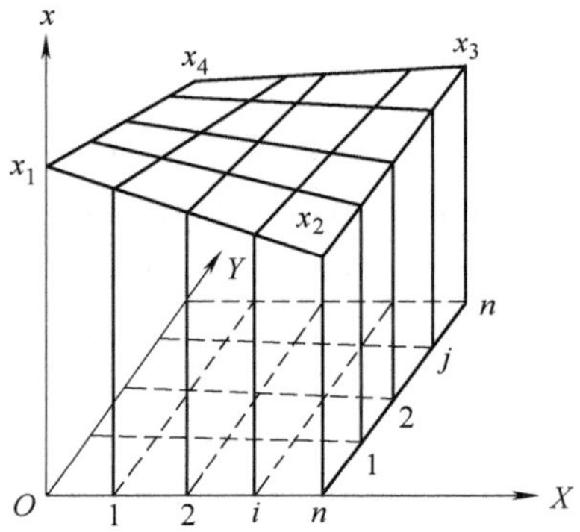

图 5-5　x 坐标的双线性内插

由于正解法的上述缺点，数字纠正一般采用反解法。

4）数字纠正实际解法及分析。从原理上讲，数字纠正是点元素纠正，但在实际的软件系统中，几乎无一是逐点采用反解公式（5-5）求解像点坐标的，而均以“面元素”作为“纠正单元”（一般以正方形作为纠正单元）。即用反算公式计算该纠正单元4 个“角点”的像点坐标（x_1，y_1）、（x_2，y_2）、（x_3，y_3）和（x_4，y_4），而纠正单元内的坐标（x_{ij}，y_{ij}）则用双线性内插求得，这时 x，y 是分别进行内插求解的，其原理如图 5-5 所示。内插后得到任意一个像元（i，j）所对应的影像坐标 x，y 为

$$\left.\begin{aligned} x(i,j) &= \frac{1}{n^2}[(n-i)(n-j)x_1 + i(n-j)x_2 + (n-i)jx_4 + ijx_3] \\ y(i,j) &= \frac{1}{n^2}[(n-i)(n-j)y_1 + i(n-j)y_2 + (n-i)jy_4 + ijy_3] \end{aligned}\right\} \tag{5-8}$$

由此求得像点坐标后，再由灰度双线性内插，求得其灰度。

由以上分析可以看出：在数字微分纠正的实际软件系统中，是按“面元素”作纠正单元的，而在纠正单元中，无论沿 x 还是 y 方向均由线性内插解求。因此，它与数控光学正射投影仪上以线元素为单元做线性缩放无本质区别，是完全一致的。

5.2　利用 VirtuoZo NT 制作数字正射影像图

5.2.1　数字正射影像的制作

1. 数字正射影像的概念

正射影像图（Digital Orthophoto Map，缩写 DOM）是利用 DEM 对经过扫描处理的数字

化航空像片或遥感影像（单色或彩色），经逐像元进行辐射改正、微分纠正和镶嵌，并按规定图幅范围裁剪生成的数据，带有公里格网、图廓（内、外）整饰和注记的平面图。

DOM 同时具有地图几何精度和影像特征，精度高、信息丰富、直观真实、制作周期短。它可作为背景控制信息，评价其他数据的精度、现实性和完整性，也可从中提取自然资源和社会经济发展信息，为防灾治害和公共设施建设规划等应用提供可靠的依据。

数字正射影像图是数字测绘产品（4D 产品）中的重要一员。它是利用数字化自动摄影测量系统生产的一种新的数字化测绘产品，在生成正射影像的同时，还可以得到数字地面高程数据和等高线图，生成该区域内三维景观图等。

数字正射影像和它的副产品数字高程模型是构建空间数据框架的重要组成部分。它最显著的优点是直观、信息量丰富，同时是实现虚拟现实的基础。随着逐级放大，越来越多的信息可以提取出来。例如 1∶1 万正射影像放大显示，细部仍然很清楚，即使是放大到 1∶2000 也有利用价值。

计算机科学技术、通信技术、信息技术、航空技术和空间定位等高新技术的快速发展使得数字摄影测量技术也得到了快速的发展，从而使生成 DOM 更容易。在数字摄影测量系统平台上用全数字化和自动化方法快速生成数字正射影像（DOM），并从正射影像上自动或人机交互式地提取各种专题信息，然后将这些结果直接送入 GIS 数据库，以实现 GIS 数据库的建立和更新，这将是未来测绘行业的发展方向。

数字正射影像地图作为一种新型的基础数字测绘产品，具有广泛的应用前景。作为地理信息系统数据库的基本数据层，数字正射影像数据可以满足各类用户的信息需求，如：空间定位及矢量数据的质量控制、专题信息提取与数据更新、绿地调查、建筑密度统计、土地管理与地籍测量、设施规划、城市规划、环境分析、土石方量计算、三维景观显示以及流域管理等。数字正射影像数据也是计算机辅助工程规划和设计的参考层，可以用 CAD 等多种应用软件直接在数字正射影像数据上进行规划或设计。在城市测绘领域，DOM 被广泛用于城市规划、交通规划设计、城市绿化覆盖率调查、城市建成区发展调查、风景名胜区规划、城市发展与生态环境调查和可持续发展研究等诸多方面，取得了显著的社会和经济效益。因此，DOM 是一种广受欢迎的地图产品形式。

2. 数字正射影像图匀色处理

数字 DOM 制作一般是基于全数字摄影测量工作站，流程是必须首先建立相应的 DEM。以数字地面模型为基础，数字正射影像有两种制作方式：

1）单模型方式。首先建立单个模型的 DEM，其次可由单影像或多影像（批处理）方式制作各个模型的正射影像，然后经过镶嵌生成多影像拼接的正射影像。

2）多模型方式。直接生成图幅（或所需）范围的全部立体模型，经过匹配处理和必要的编辑，建立相应范围内的含多个模型的 DEM（DEM 已进行了接边处理），最后生成图幅范围内的正射影像。

其中，数字微分纠正、图像匀色处理、图幅镶嵌是生产中关键与费时的环节，它们的质量的高低对最终数字正射影像更精确。数字微分纠正在本项目已经着重介绍过了。下边重点介绍一下图像匀色处理。

正射影像图影像应清晰，纹理信息丰富，片与片之间影像尽量保持色调均匀、反差适中。一般相邻正射影像图影像中，相同地物影像灰度均值与方差应一致，灰度均值之差应小于15。图面上不得有图像处理所留下的缺陷。

影像的色调调整主要是针对左、右片影像色调不一致的情况。在匹配记录左、右像片同名点坐标的同时，记录匹配该点时左、右像片匹配区域的灰度差，并把它作为该点的灰度差。若所有点的灰度差都比较大，并具有系统性，则根据系统差对某片进行全局调整，否则直接进行局部性调整。局部性调整的方法为：根据灰度差建立三次样条内插函数，按样条函数关系在局部范围内逐行进行逐渐改正，这样可有效防止相邻影像局部灰度差异大的问题，以保证相邻影像色调一致。

另外，在摄影过程中，各种因素可能会导致不同影像的灰度（亮度、对比度和色阶）分布不一致，而单幅影像也会明暗分布不均匀，软件中的“自动匀光工具”已不能满足如此之大的灰度变化，这给DOM的后期制作带来不小的麻烦，所以我们在DOM生产工艺之中利用Photoshop软件对所有影像进行整体匀色作业，以满足其成品色调均匀、反差适中的要求。匀色是DOM制作过程中的首要步骤，它影响着每幅成品影像图的视觉效果，对其质量保证起着至关重要的作用。

掌握了特征线和数字高程模型（DEM）获取的技术，把特征线和数字高程模型（DEM）处理好以后，就可以纠正出满意的像片正射影像。在实际的生产中，还要应用Photoshop进行以下几个方面的处理，以提高像片正射影像的数学精度，利于影像的拼接。

（1）把左、右像片正射影像合并为一个正射影像　一般情况下，同时制作一个模型的左、右像片正射影像。由于航片是中心投影，一个模型的同名点在左、右像片上的投影差不一样，离主点越近投影差越小，所以数字高程模型（DEM）误差造成的正射影像误差，在左、右像片正射影像上是相反的，经常出现左、右像片正射影像上的同名点的影像变形不一样，离主点越近变形越小的情况。例如在左像片正射影像上变形的某处影像，在右像片正射影像上却是很完美的，所以把左像片正射影像的左部和右像片正射影像的右部合成为一个正射影像，尽量避开变形的影像，就可以提高像片正射影像的数学精度。

由于是从左、右像片正射影像中间直线切割，拼接或接缝处能看出明显的色彩差异，在拼接线上的田块、房屋等地物也体现了不完整性，所以采用人工合并。合并工作利用Photoshop的一些常用功能，主要步骤有：

1）分层粘贴。把左、右像片正射影像分层粘贴在一起。由于左、右像片正射影像一样大，所以只需要简单的全选拷贝、粘贴即可。

2）选择删除多余影像。用折线选择左像片正射影像的右部或右像片正射影像的左部，进行删除。选择范围时，要保证房屋、田块等影像的完整性，并避开变形的影像部分。

3）颜色调整。调整色彩，直到用肉眼看不出左、右像片正射影像拼接处。

4）合并图层。合并图层就是把左、右像片正射影像合并为一个正射影像。

（2）合并大型的高架路、桥的分层正射影像　此项工作的关键点是对影像的定位，不能简单地用不变形的影像把变形的影像遮盖，还要保证影像的数学精度，利用Photoshop的主要步骤有：

1）变形影像的打开。打开一层正射影像其中有变形的地方。

2）修复影像的选择。在其他几层的正射影像上选择可以修复变形的影像，选取范围要包括一些可以定位的明显地物。

3）修复影像的定位。将选择的修复影像复制粘贴到变形的影像上，利用图层变暗、移动等功能，用明显地物进行定位，定位好的表现是反复关闭、打开图层，看不到像素上的色彩变化。

实际生产中对于黑白、彩色影像匀色处理过程如下。

黑白匀色处理过程如下：

1）色阶调整。计算机对图像样本量化为256级，即0～255。由于人眼视觉特征，在极值灰度附近的判断力较差，而量测仪显示设置的等高线测标均为灰度极值，因而发生矛盾。经过比较试验，将灰度输出定义在30～225之间，既满足作业员观测要求，又较少丢失影像信息。把经纠正镶嵌后生成的正射影像图色阶再调为0～255，提高影像清晰度，同时保证色调统一均衡。对于补飞像片或影像模糊像片也可以通过色阶调整使其影像直方图分布更合理。这样可以使正式产品视觉效果更接近原始真实影像。

2）对于单张影像调整，应用“直方图”功能，对于不同明暗区域进行量测，应用“曲线”调整方法，若局部影像输出的中间值均为130，则可使整幅影像都达到中间值130左右，调整时注意应先取大于200像素羽化值进行过渡，使明暗变化更加自然。

3）对像片之间（包括航向、旁向、测区）应相互比较，互为参照，目测法较简单，但准确度差，所以可对局部同名区进行直方图量测，对比其灰度分布形态、中间值和平均值，若差异较大，需再调整，直到满足镶嵌时灰度过渡的要求。

对于彩色影像匀色处理过程如下：彩色影像的调整很少需色阶调整，只要色彩输出量化值选定，对红、绿、蓝三色曲线进行调整，即可得到比较接近自然的影像。经过比较试验，当红、绿、蓝三色中间值为150时，影像色彩还原清晰逼真。调色时选区不宜太小，不宜选择地物过于集中处，基本上先对中心投影区较亮的部分选区，调整后，进行反选，再调整周边较暗区，对个别地区改正也遵循同样原则。相邻像片的比较同黑白影像调整类似，选同名区域观察比较。

在图幅接边处应该使用相同的像片正射影像减少接边误差和色彩差异。规定每个单幅影像要外扩一定的范围，接边时作业员先按各自作业的范围裁切接边影像，再用Photoshop把裁切好的接边影像与自己作业的影像套合，进行接边和色彩调整。

3. 影像拼接

一般情况下，一幅正射影像图由多个像对的正射影像构成，这些像对的正射影像不限于在一条航线上，这样就产生了相同航线之间、相同航线与不同航线之间正射影像的拼接问题。测量上把多个像对的正射影像拼接成整幅正射影像图的过程称为镶嵌。数字镶嵌是目前广为应用的一项技术。

在整个影像制作过程中，拼接线是一个关键环节，它对最后的成图质量起到十分重要的作用。一旦拼接线没有选择好，不仅导致后续影像修补要花费更多的时间，而且难以保证成图质量。人工选择拼接线时应遵守下列几个原则：

1）拼接线不能直接穿过大型建筑物。

2）拼接线不要太靠近影像边缘。

3）拼接线要避免直接穿过大面积水域。

4）选择拼接线时要保证拼接线附近影像的色调基本一致或相差不大。

5）拼接线应尽量沿着道路和地面实体的边缘或选择色调较暗的地方通过。

数字高程模型拼接和正射影像镶嵌满足的条件为：一般情况下，必须有多个模型及其影像；相邻模型必须有重叠；将 DEM 拼接后，才能进行正射影像、等高线影像的镶嵌。

实际作业时，与邻图等高线拼接，可采用以下两种方法。

1）与周边图幅进行等高线、高程点拼接后，按内图廓的外接矩形外扩 2cm 的范围进行裁切。对于平坦地区，外扩范围内没有等高线，则应继续外扩至含有高程点的地区。

2）为了内插数字高程模型（DEM），可将测区内任意多幅图（软硬件允许）高程信息层拼接在一起。

实践证明，DOM 的质量由镶嵌工艺、DEM 的质量、DEM 的拼接等多种因素决定。因此，在 DEM 编辑时，方法选择恰当，保证 DEM 的精度，才能保证影像镶嵌质量。而 DOM 的数字镶嵌技术是比较复杂的一项技术，比以前航测线划图的接边工作复杂得多。因为它不仅是把多个正射影像拼接起来，而且还要满足拼接线上相邻影像细节在几何上的一一对接，影像的灰度即影像的色调也要一致。否则，拼接处地物会有明显的几何变形，直接影响正射影像成品图的精度和视觉效果。镶嵌方法主要有以下两种。

1）自动镶嵌。一般应用于小比例尺高山地黑白正射影像的制作。由于此类地区地物较少、地形连续，DEM 表达所有地形的变化，影像上所有的点都经过数字微分纠正，其投影差将被消除。实践表明，设定较大镶嵌参数（200～500 像素），可以使影像拼接后，达到较好的过渡效果，并可同时对多个模型进行镶嵌，生产效率较高，其投影差也将被消除。

2）手工镶嵌。一般应用于大比例尺平原地彩色正射影像的制作。此类地形地物较多，手工镶嵌是通过在相邻（航向或旁向）两个正射影像人工选取重叠区域同名点连成拼接线，经过几何纠正镶嵌为一幅影像。影像拼接时，不能同时对多个影像进行拼接，可以将已镶嵌好的影像与其他影像连续相互拼接，再按图廓进行裁切，得到一幅正射影像图。

不论用什么设备或方法，实际作业时，一幅正射影像图往往由多张像片拼接而成。由于受在制作正射影像图过程的定向及 DEM 残差的影响，在拼接时两片之间会出现几何错开现象。影像局部几何改正是正射影像图镶嵌的关键技术之一。通常采用的技术是沿拼接影像重叠区域中间线，利用匹配方法等间距找同名点，然后根据同名点建立改正函数关系式，进行影像局部几何改正。

对黑白山区影像作业时，所采用正射影像是经过 DEM 拼接后数据生成的，从而保证了精度。航向多采用自动方法同时对多像正射影像对进行自动镶嵌，由于地物少，接边时灰度过渡效果好，而其投影差基本改正，所以能在精度要求下高效完成。而旁向拼接时，由于上下航线投影变化大，不进行人工干预，就会经常在接边处产生重影、模糊。因此，采用手工镶嵌，精度及影像效果较好。

对彩色城区影像工作时，必须全部采用手工镶嵌。由于城区地物多，且对高大建筑无DEM的改正，因此，其投影差无法消除。而自动镶嵌时，计算机的拼接线较随意，其过渡值也较大，所以拼接地区重影不能消除，且高大建筑的影像也易受损失。作业方法是：

1）选择较小的羽化值（10～30 像素）为拼接过渡。

2）拼接线取近似直线的平滑曲线效果最好，避免取小角度折线。

3）避闪高大建筑物。

4）定义作业区时应考虑拼接线的走向，加大选取范围。

5）对无法消除的拼接缺损应用单模型正射影像进行修补。

6）由于未对地物采集 DEM 数据，也就不对其影像进行纠正，所以地物影像不是正射影像。高楼投影差较大，正射影像生成采用最近顶点法，即选取靠近中心的影像，减小投影差，减少高大建筑物对其他地物的遮挡，保存更多地面信息，同时有利于人工拼接线的选取。

正射影像图接边重叠带不允许出现明显的模糊或重影。相邻图幅正射影像图应进行接边。相邻像片正射影像图接边精度应符合限差要求；相邻图幅正射影像图接边精度应符合限差要求。相邻像片、相邻图幅正射影像图应色调一致，接边处影像清晰。

对镶嵌的几何精度的控制实际作业时，除了保证每个单模型的数字高程模型（DEM）需相互拼接之后，对拼接点，即两幅影像同名点的选择是至关重要的。错误的拼接点经纠正后会使影像拉伸、变形、错位，这就要求对每个拼接点的选择不仅有一定原则，而且还要逐一检查。在选择同名点时，应考虑到其影像上平面位置的一致性。先用自动方法确定一对具有明显特征的同名点后，再放大拼接点的窗口到能分辨其像素的大小，再用微调修改，即利用人工匹配代替自动匹配，以保证拼接点的精度。同时应考虑同名点不仅高程要一致，而且需经过微分纠正。在城区的地物中，高出地面的地物都不可以选做拼接点，如房顶、高架桥、树冠等。选拼接点应注意不选会移动的物体，如人影、汽车。旁向拼接时地物的阴影也是不能选择的，最佳的选择点是地面上的固定地物，如地角、斑马线。拼接点在拼接线上也要分布均匀，如一条航线上包括五个像对时，选取 10～20 个拼接点为宜。

控制镶嵌时，在过渡区域中灰度的赋值是以拼接线两侧的影像数据为基础，按像素与拼接点的距离加权得到的。当拼接线经过建筑物时，由于存在不同的投影差，左右影像同时在过渡区表现出来，造成影像重影或模糊，无法判读，经比较实验，选取 10～30 像素的过渡值就可以基本满足拼接的要求。拼接线走向的设计应反复观察重叠区的地物特点，在农田较多的地方可沿地块边界选取拼接点，在城区应在街道上选取拼接点，避开高大建筑物，从而得到最优的拼接方案。而在密集的城区，拼接线必须穿越建筑物时，应考虑到地物的主次，尽量选择平房或低矮建筑，而在穿越楼区时应以尽量保持楼房倒向的规则性，不破坏整体视觉效果为最佳。然而所用软件对拼接线的折角是有限制的，为了更好地满足精度要求，可以多选取拼接点，加长转向的距离，使大折线尽可能地转化为圆滑的曲线。例如：拼接线经过同一类地物产生明显色差时，利用影像编辑软件中调色工具以一方为标准，调整另一方使色调达到一致，而过渡区可以用相同纹理的影像进行羽化粘贴来消除拼接痕迹。再如：拼接线穿越建筑物时，会因投影差不同，使拼接镶嵌的影像产生变形、失真或缺损等现象，此时应利用该地区的单模型的正射像，选取完整部分进行粘贴修补或编辑影像，使地物表现完整，而其精度的羽化值设为5~20像素过渡。

下面对一些具体的接边问题加以说明。

1）水域色彩接边问题。由于测区有很大面积的水域，拼接线有时无法绕过，经过调色、匀光处理后拼接影像仍会有很明显的拼接痕迹，在图幅接边时两幅图的水域还是存在很明显的色差。对于这一问题，应采用水纹理归一化的方法。首先在单正射影像图上选取一块纹理模板，然后在Photoshop下用这一模板填充先选好要覆盖水域的范围（水域中的一些其他细节，比如船只等要保留下来）。如图5-6所示，水域处理前，影像上水域的反光性质不一样，进行拼接后就会造成拼接缝，经过Photoshop处理后就没有产生拼接缝。

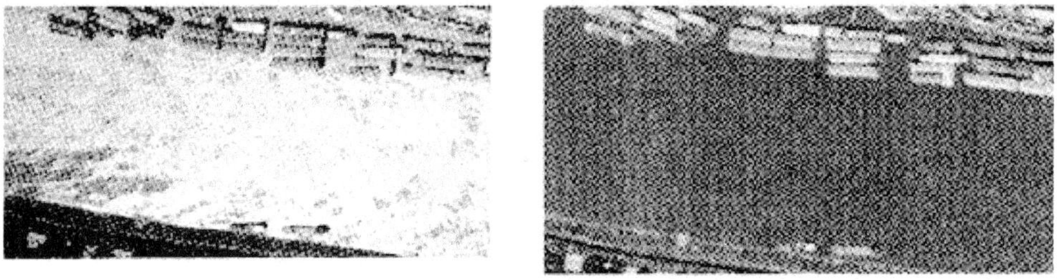

a)　　　　b)

图5-6　水域色彩接边

a）处理前　b）处理后

2）地物扭曲变形引起的接边问题。由于受多种原因的影响，将航片进行数字微分纠正后，在正射影像上有时会有一些地物发生扭曲变形，因而在进行修补时，就要将这些扭曲变形的地物再用原始影像上相应的地物进行镶补。如果扭曲变形没有涉及影像接边，在Photoshop环境下可以方便地进行影像镶补。如果在图幅接边位置有地物扭曲变形，就要分步进行处理了。一般地，先在Photoshop环境中将一幅图中扭曲变形的地物处理好，再将这些区域复制到另一幅图中（要包括一些未扭曲变形的地物以做参考），复制的影像采用高速透明度设置，并将复制过来的影像移到相应的位置，最后通过影像合成完成两幅影像的接边处理。

3）动态目标问题。由于航片的拍摄时间存在一定间隔，对于列车、货轮和车辆等动态目标来说，在不同的影像上它们所处的位置不同。在选择拼接线时可能在一张影像上没有直接穿过这些动态目标，但在另一张上去直接穿过了。对于这样的问题，应通过影像的事先预览避免拼接线穿过这些动态目标；如果无法避免，应注意在后期处理时进行必要的影像镶补。

4. 数字正射影像图的评价标准

评价DOM的指标主要有：精度、清晰度、完整性、准确性和现势性等。

在正射影像图上，精度主要反映在像对之间的镶嵌误差、图幅之间的接连差是否超过一定的限度；影像是否存在局部模糊、重影；地物是否扭曲变形（主要看大房屋的边线和直线道路）等。出现这些问题的原因是多方面的，一般外业所作控制点的精度会直接影响到绝对定向的精度，而定向精度（包括内定向、相对定向、绝对定向）达不到要求，会导致像对间和图幅间存在拼接差。另外，航片扫描分辨率低也会影响拼接精度，但是分辨率太高，不但要求较大的计算机硬盘空间，而且会影响成图的速度和效率。所以，选择扫描分辨率也显得很重要。一般地，分辨率大小与成图比例尺和航摄比例尺关系很大。对于航摄比例尺为 1∶35000，要做 1∶10000 的数字正射影像来说，扫描分辨率为 25μm 便能达到成图要求。如果 DOM 存在地物扭曲、影像局部模糊和重影，排除原始影像因素以外，多半是由于所使用的 DEM 精度不高、作业人员编辑不够仔细所致。

清晰度是人们对于正射影像的第一感觉，是评价正射影像的最关键因素。清晰度的问题主要体现在影像模糊，色调、饱和度较差，像对间镶嵌边缘反差和灰度明显不一致。产生这些问题的最主要原因是航摄质量与扫描质量。航摄是进行正射影像图生产的开端，因此，它对最后成图的影像关系最大，晒印和扫描的重要性也非同小可。无论航摄、晒印或者扫描，应尽量保证所有的航片一次性地完成，而且要保证某些参数不变，比如，一个测区内原始底片的明暗度相差无几，扫描时应该使这个测区的所有航片使用相同的透光率、反差、亮度、Gamma 值进行作业，这样可以有效地防止最终成果镶嵌边缘色调的不一致。

一旦发生数字影像色调、饱和度很差或镶嵌边缘色调不一致的情况，可以通过 Photoshop 数字图像处理软件对影像进行必要的处理。一般地，在影像镶嵌之前就应该对每个像对的影像进行处理，使它们基本上具有相同的反差和灰度，以避免在正射影像图上带来更多的边缘不一致现象。在图像处理软件中，通常所使用的调整方法有调整反差、灰度，另外，调整直方图、灰度曲线、色彩平衡也是几种行之有效的方法。如果影像颗粒过粗，还可以使用滤镜中的平滑功能提高影像的可视效果。总之，最后得到的数字正射影像图应该色调均匀，灰度和反差适中，像元细腻、不偏色，影像的直方图尽可能呈正态函数的分布。

正射影像图的完整性主要包括影像的完整性和图廓注记的完整性。当航片资料不够，大片落水或缺少控制点成果时，很可能导致影像不满幅，造成正射影像的不完整。对于因落水导致的不完整，如果水面没有纹理或用图单位对水域要求不高，为了使影像完整，可以在 Photoshop 下复制其他地方的水域并粘贴于此并进行实时复制。图廓注记通常包括图名、坐标系、图号、成图时间、制作单位、结合表等，或者由用图单位提供要求。

正射影像图的准确性是指图廓注记准确与否。在生产单位制作好的正射影像图通常经过几道验收，所以最后提供给用户的正射影像图一般注记方面出的问题比较少。现势性指影像所反映的信息与现在的实际情况的差异，应保证在生产正射影像图时，使用最新的航摄资料。

5.2.2　利用 VirtuoZo NT 制作 DOM

DOM 是基于 DEM，采用反解法进行数字微分纠正进行制作的，其过程是全自动的。

在 VirtuoZo NT 主界面中，选择设置菜单中正射影像参数，进行 DEM 格网间隔设置和正射影像分辨率设置。

（1）生成 DOM　DEM 建立后，就可以生成 DOM 了。在 VirtuoZo NT 主界面中，单击“产品”主菜单，选择“生成正射影像”，系统自动生成当前模型的正射影像，正射影像的

文件为 ***. orl（左影像的正射影像文件）和 ***. orr（右影像的正射影像文件），如图 5-7 所示。

图 5-7　正射影像

在 VirtuoZo NT 主界面中，单击“显示”主菜单，选择“正射影像”，进入显示界面，显示当前模型的 DOM。屏幕显示当前模型的正射影像。将光标移至影像中，单击鼠标右键弹出菜单，选择不同的比例，可对影像进行缩放。拖动滚动条，检查正射影像的每个部位是否有变形。

（2）设置多模型拼接区域及参数　按照相同的步骤，生成测区内其他模型的 DOM 之后，将多个单模型拼接起来，生成整个区域的 DOM。在实际工作中，要逐个建立测区的模型，然后对它们进行拼接。DEM 拼接后才能进行 DOM 的镶嵌。

在 VirtuoZo NT 主界面中，单击“镶嵌”主菜单，选择“设置”，系统弹出“多影像模型”对话框，用户在此设置选择镶嵌项目并设定镶嵌范围，如图 5-8 所示。

（3）正射影像镶嵌及检查　在 VirtuoZo NT 主界面中，单击“镶嵌”，选择“设置”，在“多影像模型”对话框中，勾选“拼接”选项中的“正射影像”，然后选择 VirtuoZo NT 主界面中的“镶嵌”下的“自动镶嵌”，系统按“多影像模型”对话框中设置的参数，自动进行正射影像镶嵌处理。

系统自动生成的结果文件有：

. dem：拼接镶嵌参数文件。

. dem：拼接 DEM 产生的结果文件。

. orm：拼接正射影像产生的结果文件。

. cnt：拼接等高线影像产生的栅格影像文件。

. cvf：拼接等高线影像产生的等高线矢量文件。

. orc：拼接等高线叠合正射影像产生的叠合影像文件。

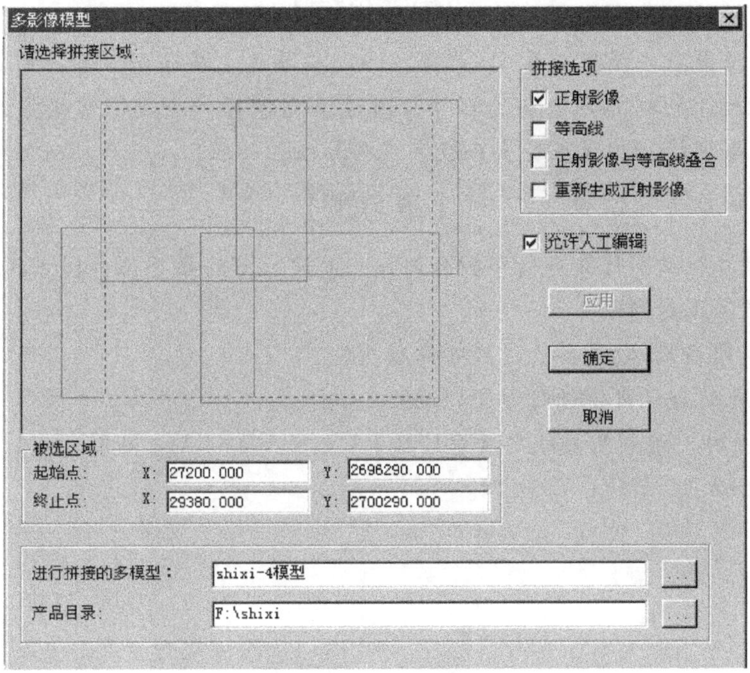

图 5-8　多影像模型

在 VirtuoZo NT 主界面中，单击显示，选择显示影像，系统弹出“DisplayImg”对话框，打开镶嵌的正射影像，在左边的全图显示窗按住鼠标左键拉动一放大窗口，在右边的放大窗口中弹出右键菜单，选择图框的放大比例，检查影像有无变形和扭曲，如图 5-9 所示。

图 5-9　正射影像显示

【单元小结】

数字正射影像是数字摄影测量4D产品之一。本单元主要介绍了像片纠正的概念和基本原理，数字正射影像的制作方法与过程等。通过单元学习，应能够掌握像片纠正的基本概念，并熟练利用数字摄影测量系统生产数字正射影像。

【复习题】

1. 什么是像片纠正？什么是数字微分纠正？简述反解法数字微分纠正的基本思想。
2. 什么是数字正射影像？
3. 为什么制作DOM时先要生成数字高程模型？
4. 制作DOM时为什么要进行匀光处理？
5. DOM拼接时，绘制拼接线要注意什么？
6. 利用Virtzuo NT制作一幅DOM。

单元 6

遥感基础

单元概述

本单元主要介绍了遥感的基础知识以及遥感图像处理的相关理论。通过本单元的学习，使学习者系统地掌握遥感的基本概念、遥感的分辨率、遥感的成像基本原理、遥感图像处理的基本过程。

学习目标

1. 掌握遥感的定义，了解遥感的分类。
2. 理解遥感的成像过程和成像方式。
3. 掌握遥感传感器的结构、遥感分辨率和遥感成像方式。
4. 理解遥感图像的处理过程。
5. 掌握遥感图像的几何校正和辐射校正的概念，理解几何、辐射校正的基本处理方法。
6. 掌握遥感图像的增强处理的概念，理解增强处理的基本处理方法。
7. 掌握遥感图像的监督分类和非监督分类处理的概念，理解图像分类的基本处理方法。

6.1 遥感基础知识

6.1.1 遥感的基本概念

1. 遥感的定义

遥感（Remote Sensing，简称 RS），顾名思义，就是遥远地感知，也就是不直接接触目标物和现象，在距离地物几公里甚至几百上千公里的飞机、卫星上，使用光学或电子传感器接收地面物体反射或发射的电磁波信号，并在胶片或磁介质上记录下来，传输给地面图像处理系统，经过信息处理、判读分析和野外实地验证，最终服务于资源勘探、动态监测和有关部门的规划决策。遥感、地理信息系统（Geographic Information System，简称 GIS）、全球定位系统（Global Positioning Systems，简称 GPS），统称为 3S 技术。

人类通过大量的实践，发现地球上每一个物体都在不停地吸收、发射和反射信息和能量，其中有一种人类已经认识到的形式——电磁波，并且发现不同物体的电磁波特性是不同的。遥感就是根据这个原理来探测地表物体对电磁波的反射和其发射的电磁波，从而提取信息识别这些物体的。

遥感是20世纪60年代蓬勃发展起来的，利用遥感器从空中来探测地面物体性质是采集地球数据及其变化信息的重要技术手段。它根据不同物体对波谱产生不同的响应原理，识别地面上的各类地物，也就是利用地面上空的飞机、飞船、卫星等飞行物上的遥感器收集地面数据资料，并从中获取信息，经记录、传送、分析和判读来识别地物。通常把这一接收、传输、处理、分析判读和应用遥感信息的全过程称为遥感技术。随着现代物理学、空间技术、电子技术、计算机技术、信息科学和环境科学的发展，遥感技术已成为一种影像遥感和数字遥感相结合，先进、实用的综合性探测手段，被广泛应用于农业、林业、地质、地理、海洋、水文、气象、环境监测、地球资源勘探及军事侦察等各个领域。

例如，大兴安岭森林火灾发生时，由于着火的树木温度比没有着火的树木温度高，它们在电磁波的热红外波段会比没有着火的树木辐射出更多的能量。这样，当消防指挥官面对熊熊烈火担心不已的时候，如果正好有一个载着热红外波段传感器的卫星经过大兴安岭上空，传感器拍摄到大兴安岭周围方圆上万平方千米的影像，着火的森林就会显示出比没有着火的森林更亮的浅色调。当影像经过处理上交后指挥官一看，图像上发亮的范围很大，而消防队员只是集中在一个很小的范围内，说明火情逼人，于是马上调遣更多的消防员，到“发亮”的地点参加灭火战斗。

2. 遥感的分类

遥感的分类方法很多，依据不同的标准有不同的分类方法，简要分为以下几种。

（1）按遥感平台的高度分类　大体上可分为航天遥感、航空遥感和地面遥感。

航天遥感又称太空遥感，泛指高度在150km以上的利用各种太空飞行器为平台的遥感技术系统，以地球人造卫星为主体，也包括载人飞船、航天飞机和太空站，有时也把各种行星探测器包括在内。

航空遥感泛指高度在12km以内的从飞机、飞艇、气球等空中平台对地观测的遥感技术系统。

地面遥感主要指以高塔、车、船为平台的遥感技术系统，高度在100m以下。地物波谱仪或传感器安装在这些地面平台上，可进行各种地物波谱测量。

（2）按所利用的电磁波的光谱段分类　可分为可见光反射红外遥感、热红外遥感和微波遥感三种类型。

可见光反射红外遥感主要指利用可见光（0.4～0.7μm）和近红外波段（0.7～2.5μm）的遥感技术的统称。前者是人眼可见的波段，后者是反射红外波段，人眼虽不能直接看见，但其信息能被特殊遥感器所接收。它们的共同特点是：其辐射源都是太阳，在这两个波段上只反映地物对太阳辐射的反射，根据地物反射率的差异，就可以获得有关目标物的信息；它们都可以用摄影方式和扫描方式成像。

热红外遥感指通过红外敏感元件，探测物体的热辐射能量，显示目标的辐射温度或热场图像的遥感技术统称，热红外遥感时利用的是波长为8～14μm的波段范围。地物在常温

（约300K）下热辐射的绝大部分能量位于此波段，在此波段地物的热辐射能量大于太阳的反射能量。热红外遥感具有昼夜工作的能力。

微波遥感指利用波长1～1000mm电磁波遥感的统称。通过接收地面物体发射的微波辐射能量，或接收遥感仪器本身发出的电磁波束的回波信号，对物体进行探测、识别和分析。微波遥感的特点是对云层、地表植被、松散沙层和干燥冰雪具有一定的穿透能力，又能夜以继日地全天候工作。

（3）按研究对象分类 可分为资源遥感与环境遥感两大类。

资源遥感以地球资源作为调查研究的对象，调查自然资源状况和监测再生资源的动态变化，是遥感技术应用的主要领域之一。利用遥感信息勘测地球资源成本低，速度快，有利于克服自然界恶劣环境的限制，减少勘测投资的盲目性。

环境遥感是指利用各种遥感技术，对自然与社会环境的动态变化进行监测或做出评价与预报。由于人口的增长与资源的开发、利用，自然与社会环境随时都在发生变化，利用遥感多时相、周期短的特点，可以迅速为环境监测、评价和预报提供可靠依据。

（4）按应用空间尺度分类 可分为全球遥感、区域遥感和城市遥感。

全球遥感全面系统地研究全球性资源与环境问题。区域遥感以区域资源开发和环境保护为目的，它通常按行政区划（国家、省区等）和自然区（如流域）或经济区进行。城市遥感以城市环境、生态作为主要调查研究对象。

（5）按遥感仪器所选用的波谱性质分类 可分为电磁波遥感技术、声呐遥感技术、物理场（如重力场和磁力场）遥感技术。电磁波遥感技术是利用各种物体反射或发射出不同特性的电磁波进行遥感的，可分为可见光、红外、微波等遥感技术。

（6）按遥感探测的工作方式分类 可分为主动式遥感和被动式遥感。

所谓主动式，即通过主动发射电磁波并接收被研究物体反射或者散射的电磁波进而推断；被动式，即直接接收被观测物体自己发射或者反射的电磁辐射，在大自然中，太阳是一个重要的辐射源。

6.1.2 遥感成像原理

1. 遥感过程

现代遥感技术组成了一个从地面到空间，从资料数据的收集处理到判读应用的体系，包括：研究地物电磁波辐射的特性及信息的传输；研究遥感信息探测手段，主要是研究传感器；研究遥感信息的处理系统；研究遥感信息的应用。

基于上述这些内容，遥感的过程实际上是非常复杂的，遥感的多学科交叉主要体现在以下几个方面。

1）能源：电磁波辐射源（紫外线、可见光、短波红外线、热红外线、微波）。

2）电磁波在大气中的传播：吸收和散射，能量衰减。

3）到达地表的能量与地表物质相互作用：地物选择性地反射、发射、散射、投射、折射等，对不同波长产生不同的波谱响应。

4）再次的大气传播：包含不同地表特征波谱响应的能量再衰减。

5）遥感数据获取的技术：图像数据产品，数据处理、分析与解译。

6）多目标用户：如资源调查、环境监测、农业估产、生态保护等。

图6-1表示了遥感数据的采集过程。图6-2表示了遥感系统的组成。

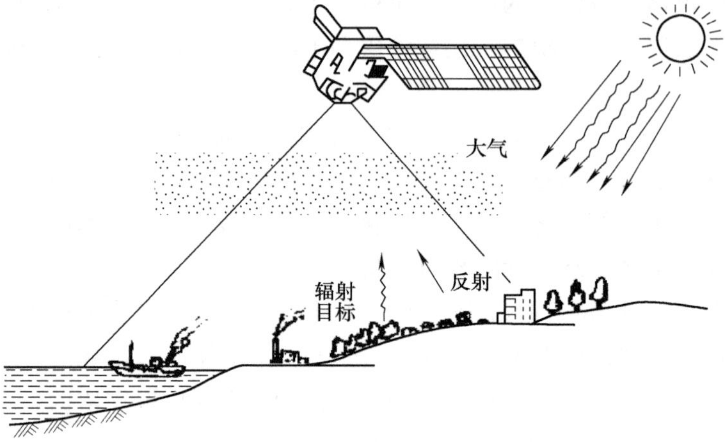

图6-1 遥感数据采集过程

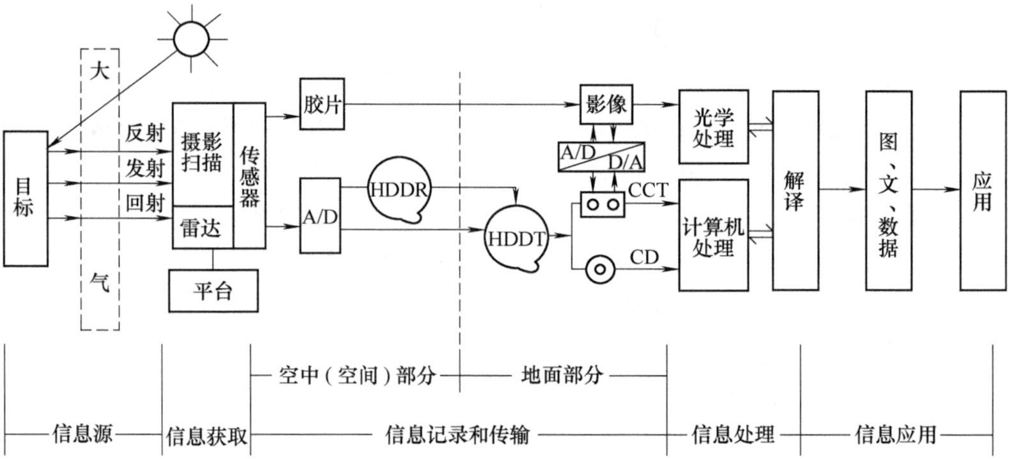

图6-2 遥感系统的组成

2. 传感器

遥感利用电磁辐射来获取信息，形式多种多样。遥感传感器是获取遥感数据的关键设备，由于设计和获取数据的特点不同，传感器的种类也比较多，遥感传感器简称为遥感器，是遥感中“感”字的体现者，是遥感技术中最核心的组成部分，直接用于测量来自地物的电磁波特性。

（1）传感器分类

1）按有无发射电磁波的能力分类。按有无发射电磁波的能力分为主动和被动，图6-3表示的是不同的遥感辐射来源。

2）按是否成像分类。按是否成像分为成像和非成像。成像：产生二维图像。非成像：

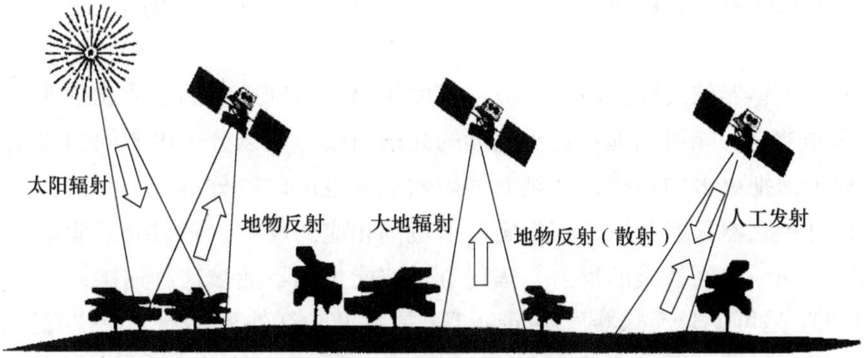

图6-3 不同遥感辐射来源

只取得飞行平台下目标物点或线的信息，一般用于进行波谱探测。

（2）遥感传感器基本组成部分 无论哪种类型遥感传感器，它们都由收集器、探测器、处理器、输出器这四个基本部分组成。

1）收集器：收集地物辐射来的能量。具体的元件如透镜组、反射镜组、天线等。

2）探测器：将收集的辐射能转变成化学能或电能。具体的元器件如感光胶片、光电管、光敏和热敏探测元件、共振腔谐振器等。

3）处理器：对收集的信号进行处理。如显影、定影、信号放大、变换、校正和编码等。具体的处理器类型有摄影处理装置和电子处理装置两种。

4）输出器：输出获取的数据。输出器的类型有扫描晒像仪、阴极射线管、电视显像管、磁带记录仪等。

3. 传感器分辨率

分辨率是遥感技术及其应用中的一个重要概念，也是衡量遥感数据质量特征的一个重要指标，可分为以下四种。

（1）空间分辨率 遥感的空间分辨率是用来表征影像分辨地面目标细节能力的指标。它是遥感图像上能够分辨地物的最小尺寸，通常用像元所代表的地面范围的大小，即扫描仪的瞬时视场来表示。

空间分辨率受传感器、扫描方式、瞬时视场滞留时间波段宽度设置等多种因素的影响。因为遥感成像是通过接收地面反射的辐射能量，辐射能以光子的形式存在，要得到好质量的图像，必须接收足够的辐射光子。空间分辨率的提高说明瞬时视场减少，也就是接收地面的辐射能减少，这时就要尽量扩宽每个波段的范围（波谱分辨率）、延长扫描时间、提高传感器探测器件的灵敏度，以达到较高的信噪比。往往高空间分辨率的遥感图像光谱分辨率不高，就是这个原因。当今实现高空间分辨率往往伴随着牺牲航带的地面覆盖宽度，即航带覆盖宽度大大减小，覆盖同样大的宽度范围所需时间增长，带来遥感器覆盖能力和效率的降低。此外，高空间分辨率并非在任何光谱段都容易实现，一般提到的高空间分辨率多在可见光近红外范围，这与器件材料性能、数据获取与存储能力、性价比等多种因素有关。

（2）波谱分辨率 波谱分辨率也叫光谱分辨率，是指传感器在接收目标辐射的波谱时能分辨的最小波长间隔，也即每个波段的探测器件所能探测到的光谱的宽度，宽度越窄，分辨率越高。

一般来说，传感器的波段数越多，波段宽度越窄，识别地物的能力就越强。成像光谱仪的光谱分辨率非常高，能得到地物近乎连续的光谱曲线，可以分辨出不同物体光谱特征的微小差异，有利于识别更多的目标，甚至有些矿物成分也可以被分辨。

遥感中各种传感器只能获取与其指定波谱范围相应的反射、辐射光谱能量，不在遥感器指定波谱范围的同一地面物质的反射、辐射电磁波能量则不能被这种遥感器所获得。常见的遥感器中，SPOT 是可见光遥感器，Landsat TM 是可见光红外遥感器，成像光谱仪是可见光红外遥感器，雷达是微波遥感器等。电磁波谱是连续的，或者说是波长的连续曲线，因此，能够获取地面目标反射、辐射电磁波连续数据的遥感器不太现实，即使有，数据量也太大。所以一般以采样的方式设计遥感器，采样的间隔就是所谓的光谱分辨率。如 MSS 把 0.5 ~ 1.1μm 采样成 0.5 ~ 0.6μm，0.6 ~ 0.7μm，0.7 ~ 0.8μm，0.8 ~ 1.1μm 这四个波段。第一个波段是 0.5 ~ 0.6μm，也就是说地面物质的反射、辐射电磁波中 100nm 范围内的变化被当做均值记录在 MSS 的数据带中。成像光谱仪的采样间隔为 5 ~ 10nm 甚至更小，但它们仍是“采样”方式。当覆盖同一波谱范围时，波段宽度越宽，需要的波段数就越少，反映地面目标的尺度越大、越粗糙；波段宽度越窄、波段数就越多，那么反映地面目标光谱特性的尺度越小、越准确（逼真），也就是地面目标的光谱反射、辐射能量在这样的遥感信息中，波谱特征损失（变形）就越小。

（3）时间分辨率　对同一目标进行重复探测时，相邻两次探测的时间间隔，称为遥感图像的时间分辨率。它能提供地物动态变化的信息，可以用来对地物的变化进行动态监测。极轨卫星的时间分辨率跟卫星的回归周期有关，一般来说，在相同的空间分辨率情况下，卫星的轨道高度越低，速度越快，时间分辨率越高，寿命也相对较短。极轨气象卫星由于空间分辨率较低，所以有较高的时间分辨率，一颗卫星每天能得到同一地区两次图像，地球同步气象卫星则更高，基本上每隔半小时就能获取同一地区的一幅影像，故可连续监测气象变化。

时间分辨率对于认识动态变化很大的自然现象过程非常重要。变化周期随不同的观测对象差别巨大。自然界的众多观测对象中，与地球系统中人类活动关系密切的众多观测对象，如大气、植被、荒漠化、土地利用、灾害、海洋等是变化很快的现象，遥感对地观测是把握这些自然现象的最有效手段。这些自然现象的变化规律多与地球绕太阳公转周期密切相关，即年周期是主要的变化周期，同时又受到地球自转周期性的影响，呈现季节周期性变化及月变化。大气则是以日变化甚至以小时为变化周期。完整地观测这些自然现象取决于观测技术的时间分辨率。

（4）辐射分辨率　辐射分辨率是指热红外传感器分辨地表热辐射（温度）最小差异的能力。它与探测器的响应率和传感器系统内的噪声有直接关系，一般为等效噪声温度的 2 ~ 6 倍。为了获得较好的辐射鉴别力，红外系统的噪声等效温度限制在 0.1 ~ 0.5K 之间，而使系统的温度分辨率达到 0.2 ~ 3.0K。目前，TM6 图像的温度分辨率可达到 0.5K。

4. 成像技术

（1）摄影成像 摄影是通过成像设备获取物体影像的技术。传统摄影依靠光学镜头及放置在焦平面的感光胶片来记录物体影像。数字摄影则通过放置在焦平面的光敏元件，经过光/电转换，以数字信号来记录物体的影像。依据探测波长的不同，可分为近紫外摄影、可见光摄影、红外摄影、多光谱摄影等。不同的应用目的可以采用不同的胶片，可以是黑白或彩色的。

摄影采用的是中心投影。摄影机按工作方式和记录方式不同，又可分为分幅式摄影机、全景摄影机、多光谱摄影机、数码摄影机等。由于这种方式成像过程简单，而且获取成本较低，应用效率高，已逐渐发展成为一门科学——摄影测量学。目前，数字摄影测量发展越来越迅速，很快会成为未来测绘最主要的手段。

（2）扫描成像 扫描成像是依靠探测元件和扫描镜对目标地物以瞬时视场为单位进行的逐点、逐行取样，以得到目标地物电磁辐射特性信息，形成一定谱段的图像。扫描成像的探测范围比摄影机宽得多，包括紫外线、可见光、红外线和微波波段。按扫描方式的不同，成像方式大致可分为以下三种：

1）光学/机械扫描成像系统。主要由光学/机械扫描系统、检测系统（进行光/电转换）、信号处理系统（电子放大和电/光转换）和信号记录系统组成。依靠机械传动装置使镜头摆动，形成对目标地物的逐点、逐行扫描，利用光学接收系统将一个场元（瞬时视场）发出来的辐射会聚在探测器的敏感面上；经过光/电转换、探测器的输出代表该场元的电学信号；通过机械运动的方法使光有顺序地接收每个场元的辐射，结果探测器便输出整个场景的时序信号。它代表了场景辐射强度分布的图像数据。这种视频的图像数据，可以像电视信号在屏幕上显示，也可以去控制发光装置按原顺序在感光胶片上逐点曝光，制成图像。图6-4表示的就是光学/机械扫描成像原理。

2）固体自扫描成像。固体自扫描成像是用固定的探测元件，通过遥感平台的运动对目标进行扫描的一种成像方式。提高扫描成像系统的性能，最现实的方法是增加探测器的个数，这样扫描机速度减慢，在每个敏感元上辐射积分时间增加，信噪比提高，因而地面分辨力也能提高。目前常用的探测元件是电荷耦合器件CCD，电荷耦合的原理可应用于制造大型面阵或线阵探测器件。图6-5表示了固体自扫描成像的原理。

3）高光谱成像光谱扫描。通常的多波段扫描仪将可见光和红外波段分割成几个或十几个波段。对遥感而言，在一定波长范围内，被分割的波段数越多，即波谱取样点越多，越接近于地物连续波谱曲线。因此，可以使得扫描仪在取得目标地物图像的同时也能获取该地物的光谱组成。这种既能成像又能获取目标光谱曲线的“谱像合一”技术，称为成像光谱技术。按该原理制成的扫描仪称为成像光谱仪。

高光谱成像光谱仪是遥感进展中的新技术，其光谱分辨率比多光谱有很大的提高，实现了遥感定量研究。高光谱成像光谱技术将成像技术与光谱技术结合在一起，对目标对象的空间特征成像的同时，对每个空间像元经过色散形成几十个乃至几百个窄波段，以进行连续光谱覆盖。

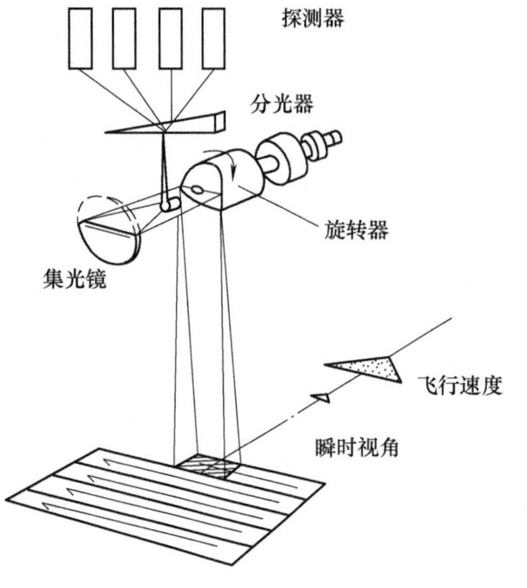

图 6-4　光学/机械扫描成像原理

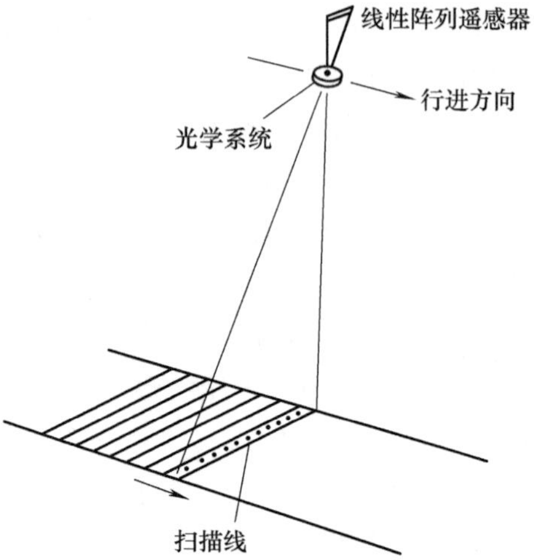

图 6-5　固体自扫描成像的原理

光谱仪成像时多采用扫描式或推帚式，可以收集 200 或 200 以上波段的数据，使得图像中的每一像元均得到连续的反射率曲线，而不像其他一般传统的成像光谱仪在波段之间存在间隔。

（3）微波遥感成像　在电磁波谱中，波长 1mm ~ 1m 的波段范围称为微波。微波遥感是指通过微波传感器获取从目标地物发射或反射的微波辐射，经过判读处理来识别地物的技术。

微波遥感主要具备以下几个特点：

1）全天候、全天时的信息获取能力。

2）对某些地物具有特殊的波谱特征。

3）对冰、雪、森林、土壤（尤其对干燥、松散物质）有一定的穿透能力。

4）适宜对海面动态情况（海面风、海浪）进行监测。

5）分辨率较低，仅特性明显。

微波遥感可分为主动微波遥感与被动微波遥感。

1）主动微波遥感是指通过向目标地物发射微波并接受其后向散射信号来实现对地观测的遥感方式。主要传感器是雷达。雷达意为无线电测距和定位，其工作波段大都为微波范围。雷达是由发射机通过天线在很短时间内，向目标地物发射一簇很窄的大功率电磁波脉冲，然后用同一天线接受目标地物反射的回波信号而进行显示的一种传感器。不同物体，回波信号的振幅、相位不同，故接收处理后，可测出目标地物的方向、距离等数据。

2）被动微波遥感是指通过传感器，接收来自目标地物发射的微波，而达到探测目的的遥感方式。

6.2　遥感图像处理

6.2.1　遥感图像处理基本理论

遥感图像数字处理就是将遥感图像的模拟或数字形式的信息输入计算机中，利用某种遥感图像处理软件，按照一定的数学模型，进行变换、加工，产生可为专业人员判读的图像或资料。它分为遥感光学图像处理和遥感数字图像处理两大类。光学图像处理是依靠光学仪器或电子光学仪器，用光学方法进行处理。数字图像处理是用计算机对图像数据进行处理和分析的技术学科，应用范围也非常广泛。与光学图像处理相比，数字图像处理具有更简捷、快速、可重复处理等优点，并且可以完成一些光学处理方法无法完成的特殊处理。

数字图像处理是用计算机对图像信息进行各种处理的一门技术和方法。20世纪20年代，图像处理首次得到应用。20世纪60年代中期，随电子计算机的发展得到普遍应用。60年代末，图像处理技术不断完善，逐渐成为一个新兴的学科。

利用数字图像处理主要是为了修改图形，改善图像质量，或是从图像中提取有效信息，或是对图像进行体积压缩，便于传输和保存。数字图像处理主要研究以下内容：傅立叶变换、小波变换等各种图像变换；对图像进行编码和压缩；采用各种方法对图像进行复原和增强；对图像进行分割、描述和识别等。

数字图像处理因易于实现非线性处理，处理程序和处理参数可变，因此是一项通用性强，精度高，处理方法灵活，信息保存和传送可靠的图像处理技术，主要用于图像变换、量测、模式识别、模拟以及图像产生，广泛应用在遥感、宇宙观测、影像医学、通信、刑侦等多种工业领域。

1. 数字图像处理的流程

遥感图像的数字处理是遥感工作中的一个重要环节，虽然由于目的不同、工作区域不同、图像种类不同以及提取的专题信息不同等方面的原因，会造成图像处理在方法的选择上存在差异，但是遥感图像的数字处理作为一个整体过程，其工作方法必然有自己的特色并遵循一定的客观规律，这里主要分析遥感图像数字处理的流程和特点。

影响遥感图像处理方法的选择与方案的因素很复杂，目前还没有一个通用的遥感图像数字处理流程可供参考，下面介绍一个遥感数字图像处理的一般流程，如图6-6所示。

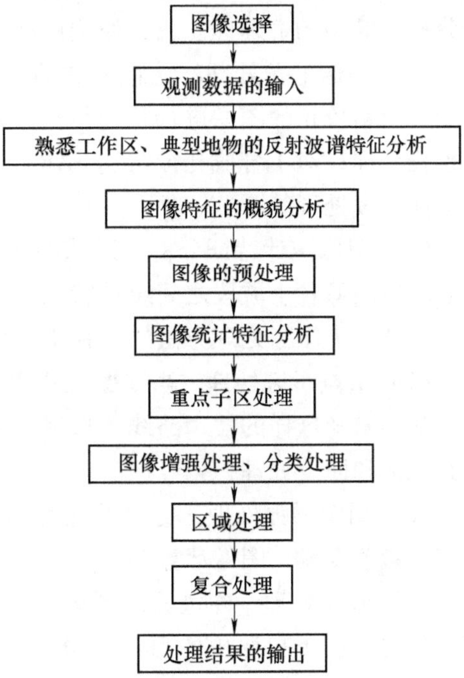

图6-6　遥感数字图像处理的流程

（1）图像选择　图像选择是根据专题的要求与特点选择适当的空间分辨率、适当的波谱分辨率和适当时相的遥感图像资料。

图像选择需要考虑的因素主要有三个，即专题目的、专题图比例尺以及专题的地域环境。根据专题目的选择图像应当遵循经济可行的原则。根据专题图比例尺选择图像就是选择与专题图比例尺相匹配的空间分辨率图像。地域环境对数字图像选择的影响主要有两个方面：一是某些地域没有所需的遥感资料而只能够用其他资料，如我国地面站接收不了新疆部分地区的 Landsat TM 图像，在这些地区只好用 Landsat MSS 图像或航空遥感图像；二是地域环境决定了某些地区接收不到质量有保证的某种遥感资料，如我国的云贵地区常年阴雨天气，很难获得质量可靠的时相适宜的 Landsat 图像资料，因此可以选择全天候的侧视雷达图像。

（2）观测数据的输入　采集的数据包括模拟数据和数字数据两种。为了把像片等模拟数据输入到处理系统中，必须用扫描仪或数字化仪进行模/数变换。对数字数据来说，因为数据大多记录在高密度磁带上，所以需要进行二次处理变换到计算机可读出的计算机兼容磁带 CCT 或光盘等载体。

（3）熟悉工作区、典型地物的反射波谱特征分析　主要是收集和测试工作区的典型地物的反射波谱资料，和标准的反射波谱曲线作比较，分析异同，为之后的图像处理提供依据。

（4）图像特征的概貌分析　分析决定图像基本亮度的地物类型是什么，也就是图像的一级波谱信息是什么以及一级波谱信息与专题信息之间的关系；分析图像中的人工活动标记，如铁路、道路等；分析图像中的噪声成分和分布特征及其对专题信息提取的影响；寻找和分析图像中的解译标志及其稳定性和可靠性。

（5）图像的预处理　遥感图像的预处理主要包括：遥感图像的辐射校正处理；对没有进行几何粗校正的图像进行几何粗校正处理；根据专题要求利用地面控制点对图像进行几何精校正处理；对于合成孔径雷达 SAR 的原始数据进行图像重建；跨两景或两景以上工作区的图像镶嵌处理等。

（6）图像统计特征分析　遥感图像统计特征分析主要是指计算多波段图像的直方图以及多波段图像各个波段之间统计特征的最大值、最小值、均值、方差、协方差、相关系数等统计参数，为图像处理方法的选择提供依据。

（7）重点子区处理　当专题工作区较大时，遥感图像数字处理总是遵循从子区到面和从已知到未知这样的技术路线。选择一个解译标志清晰、较熟悉的区域进行处理方法研究，为其他区和面上处理积累经验。

（8）图像增强处理　有目的地增强遥感图像中的有用信息，利于识别分析。例如比例拉伸、彩色变换，图像运算等。

（9）分类处理　通过提取图像特征，进行分割、分类和描述，达到对图像信息进行识别、分类、解译和评价的目的。分类处理的结果多为专题图的形式。分类处理并非是必需的。

（10）区域处理　区域处理是在重点子区处理、图像增强处理的基础上，选择一到几个本工作区有效的处理方法对整个工作区图像进行专题信息提取。

（11）复合处理 一是对各种处理结果图像的复合处理，二是与其他遥感图像的复合处理或与非遥感资料的复合分析。

（12）处理结果的输出 处理结果主要分为两种，一是作为模拟数据输出到显示屏幕上或胶片上，二是作为其他处理系统的输入数据而以数字数据输出。或者是以地图、专题图、图表、报告等形式输出。

2. 遥感图像处理的特点

遥感图像处理的目标是增强和提取所需的地学专题信息。地学专题信息的多样性和复杂性决定了遥感图像处理的特点；图像的质量（如图像的空间分辨率、图像的光谱分辨率、图像中噪声与干扰成分的水平、图像预处理程度与精度等）直接影响着图像处理方法的选择与方案的制订，同时处理方法与方案的选择还取决于增强与提取的图像目标信息的内容。

（1）地学专题直接影响图像处理方案的选择 遥感技术在地学中的应用领域非常广泛，不同的应用专题在图像处理方法与方案设计方面存在着差异。如遥感用于资源勘探的主要目的是解决构造问题，其次才是岩性识别与蚀变带的问题。因此，在资源勘探中遥感图像处理的重点内容是图像中线性构造的识别与提取。在图像数字处理方法上以卷积、定向滤波、对比度扩展、彩色合成处理为主，很少需要对图像进行分类处理。在考虑图像处理方案时，也无须考虑几个时相的问题。再如城市发展动态监测中的遥感图像处理，图像处理的目的是了解城市范围、城市的土地利用现状以及环境污染与城市热岛问题，尤其重要的是它们随时间变化而改变的情况。在图像处理方法方面，图像的计算机分类处理是必不可少的，为了提高图像的分类精度，有时还需要对遥感图像中的纹理信息进行定量统计分析。图像的卷积和定向滤波等处理算法在此研究中更重要。在设计图像处理方案时，多时相的遥感图像是必要的。

从以上分析可以看出，不同地学专题对遥感图像数字处理方法与方案选择的影响主要体现在图像处理方法的组合与方案两个方面。

（2）图像本身质量对图像处理的影响 遥感图像信息质量对于遥感图像的处理的影响至关重要，它关系着遥感图像处理方法的选择、方案的制订以及图像处理的精细程度等。一般说来，遥感地学评价有四个基本标准，即遥感图像的空间分辨率、辐射分辨率、波谱分辨率以及时间分辨率。此外，对于遥感图像的质量而言，噪声水平及预处理程度也是两个重要的因素。用于评价遥感图像空间分辨率的标准主要是像元尺寸的大小。空间分辨率大小对于遥感图像数字处理的影响主要表现在图像处理速度和处理的精细程度两个方面。

1）空间分辨率的影响。对应于地面同样一个区域，像元尺寸较大的图像数据量较少；像元尺寸较小即空间分辨率较大的图像数据量相对来说较大。当用同样的图像处理方法对它们进行处理时，显然空间分辨率较高的图像要花费更多的计算时间与人力。

空间分辨率较高、像元尺寸较小的遥感数字图像，其地物的清晰程度及图像结构的精细程度都比空间分辨率较低、像元尺寸较大的数字图像要高。对于特定的地学应用专题，空间分辨率较高、像元尺寸较小的数字图像常常不需要经过特殊的处理就可以直接进行地学解译并形成专题图；空间分辨率较低、像元尺寸较大的数字图像，由于图像中结构信息模糊不清，常常要经过一些复杂的图像处理才能进行地学解译并形成专题图。即使是相同的地学专题，由于空间分辨率的不同，遥感图像的数字处理方法与复杂程度也存在很大的差别。

通过分析可见，数字图像空间分辨率的高低对图像处理的速度与复杂程度都有影响，应该根据所处理的问题有所取舍。例如当利用遥感图像进行全球构造运动研究时，主要着眼于全球构造格架的宏观控制，此类地学应用专题无须考虑图像的精细处理就能够满足专题解译的要求，因而选择空间分辨率较低、像元较大的气象卫星图像比选择陆地卫星图像更经济有效、更节省时间与财力。而当用陆地卫星图像进行 1∶20 万地质填图时，较好的方案则是选择 3m 图像资料，而应舍弃 MSS 与高精度的航空遥感方案，因为用 MSS 图像很不经济，用分辨率达 3m 的航空遥感更是浪费且无必要。

2）波谱分辨率的影响。图像波谱分辨率是指传感器所用的波段数目、波段波长以及波段的宽度。增强与提取遥感图像中的波谱特征信息是遥感图像处理最重要的内容之一，因此有必要分析一下图像波谱分辨率对图像数字处理模式选择的影响。在波谱分辨率三要素中，对图像数字处理方法与方案选择影响最大的是波段数目与波段宽度。

一般来说，波段分辨率高、波段数目多、波段较窄的遥感图像，地学专题信息在波段图像中的定位精度也较高，且易于提取。图像数字处理的重点主要放在波段选择与波段压缩两个方面。对于成像光谱仪这样高达几百个波段的遥感图像来说，很显然图像数字处理最重要的内容之一就是如何从众多的波段中挑选出对专题研究有意义的波段，并设法降低波段的空间维数，使专题信息相对集中在少数几个分量图像上，从而减少计算机处理时间，提高遥感图像数字处理的效率。因此图像间的相关统计分析、彩色合成方案选择、主成分分析是这类遥感图像数字处理的常规内容。波段间的相关统计分析主要是解决专题信息在波段空间的大致定位，专题信息与哪些波段最相关；彩色合成则是在多维波段空间或是在由与专题信息相关波段组成的波段空间中选择最佳的专题信息彩色显示方案；主成分分析（也就是 K-L 变换）是利用线性变换方法将专题信息归并分类，以减少空间维数，使信息相对集中，提高图像的可解译性；高维彩色空间变换也能够达到压缩图像的维数并改善图像视觉效果的目的。

对于波段数目较少且波段宽度相对较大的遥感图像来说，其遥感图像数字处理主要是通过波谱变换与对比度调整等方法来增强提取图像中的专题信息，波段空间压缩与彩色方案选择相对来说并不重要。对于 MSS 这样波谱分辨率较低的遥感图像，专题信息的定位精度一般较低，专题信息的增强与提取主要依靠对比度扩展与波谱变换算法来实现。

从以上分析可以看出，波谱分辨率对遥感图像数字处理模式的影响主要表现为不同波谱分辨率的遥感图像在处理方法选择与侧重方面的差别。

3）时间分辨率的影响。时间分辨率是指同一地区遥感影像重复覆盖的频率。时间分辨率对图像处理的影响主要是与专题信息是否包含时间信息即动态信息有关。如果专题信息是动态信息，时间分辨率对图像数字处理方案的选择基本上类似于前面的波谱分辨率。如果专题信息对动态变化要求并不高时，对图像数字处理模式及方法选择产生影响的并非是时间分辨率，而是时相因素。时相有时会成为影响图像数字处理复杂程度的一个重要因素。例如冬季图像上的积雪是图像专题信息增强与提取的一个干扰因素，对于有积雪的冬季图像，除雪或抑制雪成为专题信息提取的最主要的预处理工作。

4）噪声水平及预处理程度。遥感图像中的噪声大小对于遥感图像处理程序、方法、专题信息的提取都有很大的影响。噪声大的图像应该首先进行噪声抑制与平滑处理，但高通滤波的数字处理方法可能会放大噪声。为了提高解译效果，在高通滤波处理的前后都应该进行噪声抑制处理，以突出专题信息。实际的遥感图像数字处理都是大数据量的CPU运算，运算速度是影响遥感地学评价工作成本的重要方面，噪声水平较低的图像不需要反复进行噪声抑制与平滑处理；相反有些情况下噪声严重地影响专题信息的提取，这时必须对图像进行噪声抑制处理后再进行专题信息提取。例如对有大面积雪或云覆盖的遥感图像进行地质构造信息提取时，为了充分利用有限灰度级资源，应该首先对雪与云的灰度分布特征进行统计分析，然后对其进行压缩与抑制使有用的地学信息得到增强。

遥感图像产品的预处理程度也是影响遥感图像数字处理流程的一个因素。陆地卫星CCT可以提供两种数据类型，即未进行几何校正处理的遥感数据和进行过几何校正及地图投影变换的遥感数据。在利用未进行几何校正处理的遥感数据进行专题研究时，图像数字处理的首要工作是根据卫星运行参数对图像的系统歪曲进行校正处理并进行投影变换，也就是所谓的几何粗校正处理，然后才能根据专题的要求确定是否需要进一步利用地面控制点对图像进行几何精校正处理。在利用经过几何粗校正处理和投影变换的遥感数据进行专题研究时，图像数字处理的工作是从几何精校正开始的。

（3）目标信息内容　遥感图像中包含着三大信息内容，即图像中的波谱信息、图像的空间结构信息以及图像的时间信息。图像中的波谱信息也就是图像的灰度信息及灰度变化，反映了各种地物的反射波谱特征及其变化，是地物识别的重要依据，通常也是一种很重要的专题信息。图像中的结构信息不是灰度本身而是灰度在空间变化的模式与特征，结构信息应当包含图像中的线、边缘以及纹理信息。线与边缘常常代表了地质体的边界与分界线及断裂构造，是很重要的地质信息；纹理则是岩石识别的重要辅助标志。图像中的时间信息应该理解为同一地区随时间变化而产生的图像的波谱信息及结构信息变化的总和，通常所指的时间信息仅仅是波谱信息的动态变化。

1）波谱信息的提取与增强。对图像中波谱信息进行增强与提取处理常用的算法包括：彩色变换、K-T变换、主成分分析、直方图调整处理以及波谱变换等。

图像的平滑处理能够抑制数字图像中的噪声干扰，改善图像的显示效果，在一些情况下也能够起到突出有用波谱信息的目的。波段图像之间的差值处理主要用于强调同一地物在不同波段的反射波谱特征差异。差值图像常常用于图像上灰度较接近地物的区分与识别；波段图像之间的比值处理的原理和应用与波段图像的差值处理基本相同，但波段图像的比值处理比波段图像的差值处理用得多，常常用于增强与提取图像中特定的波谱信息及其变化特征。

2）结构信息的提取与增强。图像中的线、边缘、纹理特征统称为结构信息。图像中的线与边缘特征增强与提取的常用算法包括：图像的尖锐化处理、图像二值化处理、定向滤波处理、卷积运算、线与边缘跟踪处理等。

反差增强与直方图调整等对比度扩展算法，由于扩展了图像的反差使得图像中的线与边缘特征得到增强；各种彩色处理由于人的生理视觉的影响也能够达到增强线与边缘的显示效果；主成分分析具有信息归并与去除相关的功能，因此也能够用于增强与提取图像中的结构信息；对波段图像进行差值与比值处理，由于增强了波段图像之间的差异，有时也可以达到增强图像中的某些线与边缘特征的效果。

图像中的纹理信息提取有其独特的处理算法，一些反差扩展算法除了能够增强波谱信息与图像的边缘与线特征外，对于图像中纹理细节变化的显示也大有益处。主成分分析结果中的某些分量图像（常常是第一或第二分量图像）中的纹理结构特征往往要比原始波段图像清晰，因此主成分分析有时也可以用来增强图像中的纹理特征。大量实践表明，各种彩色处理有时能够增强图像中的纹理变化特征，有时则可能弱化图像中的纹理信息。

3）图像中的时间信息提取。增强和提取同一地区不同时相遥感图像的时间信息，最直接的方法是进行两个不同时相图像的比值与差值运算。不同时相图像的彩色合成处理或它们的差值图像的彩色合成处理也是一种时间信息增强处理方法。主成分分析算法在多时相图像处理中有信息归并与去除相关的作用。

从以上分析可以看出，有些图像处理算法是最常用的。无论专题目标信息是以波谱信息为主，空间结构信息为主，还是以时间信息为主，都可以采用这些算法。这些算法主要包括多波段图像的彩色合成处理、图像的主成分分析以及图像的对比度扩展等。

6.2.2 遥感数字图像处理

1. 图像预处理

在遥感影像处理与分析中，预处理（Preprocessing）是最初的也是最基本的影像操作。图像校正是从具有畸变的图像中消除畸变的处理过程，消除几何畸变的称为几何校正（Geometric Correction），消除辐射量失真的称为辐射校正（Radiometric Correction）。

另外，为了能更好地分析和使用遥感数字图像，还需要对遥感图像进行图像增强、滤波、变换和特征提取等处理，从而更准确地获取和提取所需的信息。

（1）几何校正　当遥感图像在几何位置上发生了变化，产生诸如行列不均匀，像元大小与地面大小对应不准确，地物形状不规则变化等畸变时，即说明遥感影像发生了几何畸变。遥感影像的总体变形（相对于地面真实形态而言）是平移、缩放、旋转、偏扭、弯曲及其他变形综合作用的结果。产生畸变的图像给定量分析及位置配准造成困难，因此遥感数据接收后，首先由接收部门进行校正，这种校正往往根据遥感平台、地球、传感器的各种参数进行处理。而用户拿到这种产品后，由于使用目的不同或者投影及比例尺的不同，仍旧需要做进一步的几何校正。

1）遥感影像变形的原因。

① 遥感平台位置和运动状态变化的影响。无论是卫星还是飞机，运动过程中都会由于种种原因产生飞行姿势的变化从而引起影像变形。

② 地形起伏的影响。当地形存在起伏时，会产生局部像点的位移，使原来本应是地面点的信号被同一位置上某高点的信号代替。由于高差的原因，实际像点距像幅中心的距离相对于理想像点距像幅中心的距离移动而引起影像变形。

③ 地球表面曲率的影响。地球是球体，严格来说是椭球体，因此地球表面是曲面。这

一曲面的影响主要表现在两个方面，一是像点位置的移动，二是像元对应于地面宽度的不等。

④ 大气折射的影响。大气对辐射的传播产生折射。由于大气的密度分布从下向上越来越小，折射率不断变化，因此折射后的辐射传播不再是直线而是一条曲线，从而导致传感器接收的像点发生的位移。

⑤ 地球自转的影响。卫星前进过程中，传感器对地面扫描获得图像时，地球自转影响较大，会产生影像偏离。因为多数卫星自北向南运动，而地球自西向东自转。相对运动的结果，使卫星的星下位置逐渐产生偏离。

2）几何畸变校正。几何畸变校正有多种方法，但常用的是一种通用的精校正方法，适合于在地面平坦，不需考虑高程信息，或地面起伏较大而无高程信息，以及传感器的位置和姿态参数无法获取的情况时应用。有时根据遥感平台的各种参数已做过一次校正，但仍不能满足要求，就可以用该方法做遥感影像相对于地面坐标的配准校正，以及不同类型或不同时相的遥感影像之间的几何配准和复合分析，以得到比较精确的结果。

① 基本思路。校正前的图像看起来是由行列整齐的等间距像元点组成的，但实际上，出于某种几何畸变，图像中像元点间所对应的地面距离并不相等（图6-7a）。校正后的图像也是由等间距的网格点组成的，且以地面为标准，符合某种投影的均匀分布（图6-7b），图像中格网的交点可以看作是像元的中心。校正的最终目的是确定校正后图像的行列数值，然后找到新图像中每一像元的亮度值。

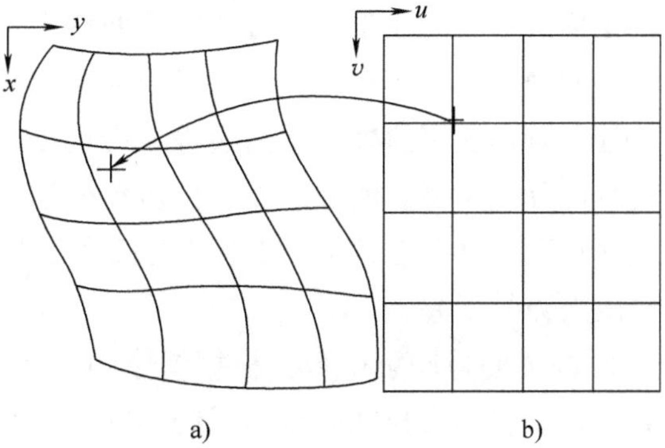

图6-7 几何校正

a）校正前 b）校正后

② 一般过程。遥感数字图像几何校正的目的就是消除原始图像中的几何变形，产生一幅符合某种地图投影或图形表达要求的新图像的过程。它包括两个方面：一是图像像元空间位置的转换，即将图像坐标转变为地图或地面坐标；二是对坐标变换后的像元亮度值进行重采样。数字图像几何校正的主要处理过程如图6-8所示。

图6-8 数字图像几何校正的一般过程

3）几何校正步骤。各类遥感图像都存在几何校正的问题。由于人们已习惯使用正射投影的地形图或已校正过的影像，因此对各类遥感影像的畸变都必须以地面测量控制点、地形图或已校正过的影像为基准进行几何校正。几何校正步骤主要包括：

① 选择控制点。在遥感图像上选择同名控制点位置，以建立图像与地面坐标系统之间

的投影关系，这些控制点应该选在能明显定位的地方，如河流交叉点等。

控制点数目的最低限是按未知系数的多少来确定的，如一次多项式。

$$\left.\begin{aligned} x &= a_{00} + a_{10}u + a_{01}v \\ y &= b_{00} + b_{10}u + b_{01}v \end{aligned}\right\} \tag{6-1}$$

式中有 6 个系数，就需要 6 个方程来求解，需 3 个控制点的 3 对坐标值，即 6 个坐标数。二次多项式有 12 个系数，需要 12 个方程（6 个控制点）。依次类推，二次多项式至少需要 10 个控制点，n 次多项式，控制点的最少数目为$(n+1)(n+2)/2$。

实际工作表明，选取控制点的最少数目来校正图像，效果往往不好。在图像边缘处，在地面特征变化大的地区，如河流拐弯处等，由于没有控制点，而靠计算推出对应点，会使图像变形。因此，在条件允许的情况下，控制点数的选取都要大于最低数很多（有时为 6 倍）。

控制点的选择要以配准对象为依据。以地面坐标为匹配标准的，叫做地面控制点。有时也用地图作地面控制点标准，或用遥感图像（如用航空像片）作为控制点标准。无论用哪一种坐标系，关键在于建立待匹配的两种坐标系的对应点关系。

一般来说，控制点应选取图像上易分辨且较精细的特征点，如道路交叉点、河流弯曲或分叉处、海岸线弯曲处、湖泊边缘、飞机场、城廓边缘等。特征变化大的地区应多选些。图像边缘部分一定要选取控制点，以避免外推。此外，尽可能满幅均匀选取，特征实在不明显的大面积区域（如沙漠），可用求延长线交点的办法来弥补。但应尽可能避免这样做，以避免造成人为的误差。

② 建立整体映射函数。根据图像的几何畸变性质及地面控制点的多少来确定校正数学模型，建立起图像与地面坐标系统之间的空间变换关系，如多项式法、共线方程法和随机场插值法等。

③ 校正模型求解。根据地面控制点和对应像点坐标进行平差计算变换参数，评定精度，并对原始影像进行几何变换计算。

④ 像元亮度值重采样。为了使校正后的输出图像像元与输入的未校正图像相对应，根据确定的校正公式，对输入图像的数据重新排列。在重采样中，由于所计算的对应位置的坐标不是整数值，必须通过对周围的像元值进行内插来求出新的像元值。

（2）辐射校正　利用传感器观测目标物辐射或反射的电磁能量时，从传感器得到的测量值与目标物的光谱反射率或光谱辐射亮度等物理量是不一致的，这是因为测量值中包含太阳位置及角度条件、薄雾等大气条件所引起的失真，这些失真影响了图像的质量和应用。为了正确评价目标物的反射特性及辐射特性，为遥感图像的识别、分类、解译等后续工作打下基础，必须消除这些失真。消除图像数据中依附在辐射亮度中的各种失真的过程称为辐射校正。辐射校正会改变图像的色调和色彩。一般购买到的遥感图像有些是已经消除辐射量失真的，但有些引起图像失真的辐射量仍会存在，在实际问题中应视具体情况加以处理。

进入传感器的辐射强度反映在图像上就是亮度值（灰度值）。辐射强度越大，亮度值（灰度值）越大。该值主要受两个物理量的影响：一是太阳辐射照射到地面的辐射强度，二是地物的光谱反射率。当太阳辐射相同时，图像上像元亮度值的差异直接反映了地物目标光谱反射率的差异。但实际测量时，辐射强度值还受到其他因素的影响而发生改变。这一改变的部分就是需要校正的部分，故称为辐射畸变。

引起辐射畸变有两个原因：一是传感器仪器本身产生的误差；二是大气对辐射的影响。仪器引起的误差是由于多个检测器之间存在差异，以及仪器系统工作产生的误差，这导致了接收的图像不均匀，产生条纹和“噪声”。一般来说，这种畸变应该在数据生产过程中，由生产单位根据传感器参数进行校正，而不需要用户自行校正。用户应该考虑的是大气影响造成的畸变。

辐射校正是消除非地物变化所造成的图像辐射值改变的有效方法，按照校正后的结果可以分为两种，绝对辐射校正方法和相对辐射校正方法。绝对辐射校正方法是将遥感图像的值转换为真实地表反射率的方法，它需要获取影像过境时的地表测量数据，并考虑地形起伏等因素来校正大气和传感器的影响，因此这类方法一般都很复杂，目前大多数遥感图像都无法满足上述条件。相对辐射校正是将一图像作为参考（或基准）图像，调整另一图像的值，使得两时相影像上同名的地物具有相同的值，这个过程也叫多时相遥感图像的光谱归一化。这样我们就可以通过分析不同时相遥感图像上的辐射值差异来实现变化监测。因此，相对辐射校正就是要使相对稳定的同名地物的辐射值在不同时相遥感图像上一致，从而完成地物动态变化的遥感动态监测。

2. 图像增强处理

当一幅图像的目视效果不太好，或者有用的信息突出不够时，就需要做图像增强处理。例如，图像对比度不够，或希望突出的某些边缘看不清，就可用计算机图像处理技术来改善图像质量。在此介绍较为简单的数字图像增强处理方法，主要有对比度调整、空间滤波、彩色变换图像运算和多光谱变换等，其共同的目的都是提高图像质量和突出所需信息，有利于分析判读或做进一步的处理。

（1）对比度调整　对比度调整是一种通过改变图像像元的亮度值来改变图像像元对比度，从而改善图像质量的图像处理方法。因为亮度值是辐射强度的反映，所以也称为辐射增强。常用的方法有对比度线性变换和非线性变换。

每一幅图像都可以求出其像元亮度值的直方图，观察直方图的形态，可以粗略地分析图像的质量。一般来说，一幅包含大量像元的图像，其像元亮度值应符合统计分布规律，即假定像元亮度随机分布时，直方图应是正态分布的。实际工作中，若图像的直方图接近正态分布，则说明图像中像元的亮度接近随机分布，是一幅适合用统计方法分析的图像。当观察直方图形态时，发现直方图的峰值偏向亮度坐标轴左侧，则说明图像偏暗；峰值偏向坐标轴右侧，则说明图像偏亮；峰值提升过陡、过窄，说明图像的高密度值过于集中。以上情况均是图像对比度较小，图像质量较差的反映。

1）线性变换。为了改善图像的对比度，必须改变图像像元的亮度值，并且这种改变需符合一定的数学规律，即在运算过程中有一个变换函数。如果变换函数是线性的或分段线性的，这种变换就是线性变换。线性交换是图像增强处理最常用的方法。

2）非线性变换。当变换函数是非线性时，即为非线性变换。非线性变换的函数很多，常用的有指数变换和对数变换。

3）直方图调整。大多数原始的遥感图像由于其灰度分布集中在较窄的范围内，使图像的细节不够清晰，对比度较低。为了使图像的灰度范围拉开或使灰度均匀分布，从而增大反差，使图像细节清晰，以达到增强的目的，通常采用直方图均衡化、直方图正态化及直方图规定化等变换对图像进行直方图调整。直方图调整（Histogram Modification）是指通过变换函数，使原图像的直方图变换为所要求的直方图，并根据新直方图变更原图像的灰度值。这种方法是以概率论为基础的，常用的方法有直方图均衡化和直方图规定化。这里主要介绍直方图均衡化。

直方图均衡化是指将如图6-9a所示的随机分布的图像直方图修改成均匀分布的直方图，又叫拉平扩展，其实质是对图像进行非线性拉伸，重新分配图像像元值，使一定灰度范围内像元的数量大致相等，如图6-9b所示。从数学的观点来看，就是把一个概率密度函数通过某种变换变成均匀分布的随机概率密度函数。由于数字图像是离散的，一般是通过累加的方式实现的。累积直方图曲线即为直方图均衡化的基本变换函数。

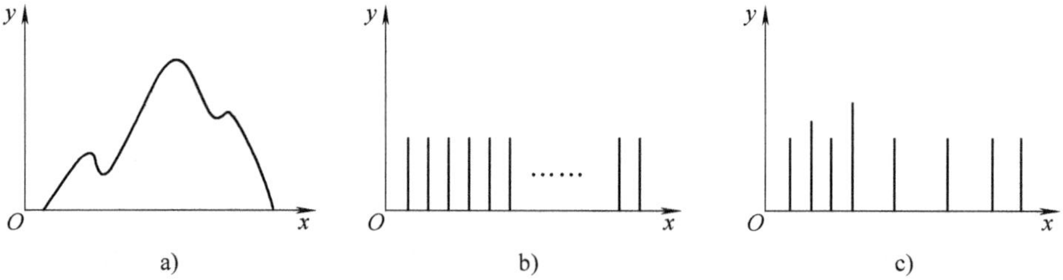

图6-9　直方图均衡化

a）原图像直方图　b）均衡化后直方图　c）实际均衡化后直方图

（2）空间滤波　对比度调整的辐射增强是通过单个像元的运算从整体上改善图像的质量。而空间滤波则是以重点突出图像上的某些特征为目的的，如突出边缘或纹理等，因此通过像元与其周围相邻像元的关系，采用空间域中的邻域处理方法，也叫做“空间滤波”。它仍属于一种几何增强处理，主要包括平滑和锐化。

1）图像卷积运算。图像卷积运算是指在空间域上对图像做局部检测的运算，以实现平滑和锐化的目的。具体做法是选定一卷积函数，又称“模板”，实际上是一个$M \times N$的图像。二维的卷积运算是在图像中使用模板来实现运算的。

运算方法如图6-10所示，从图像左上角开始开一与模板同样大小的活动窗口，图像窗口与模板像元的亮度值对应相乘再相加。假定模板大小为$M \times N$，窗口为$\phi(m, n)$，模板为$t(m, n)$，则模板运算为

$$r(i,j) = \sum_{m=1}^{M} \sum_{n=1}^{N} \phi(m,n) t(m,n) \tag{6-2}$$

将计算结果$r(i, j)$放在窗口中心的像元位置，成为新像元的灰度值。然后，活动窗口向右移动一个像元，再按式（6-2）与模板做同样的运算，仍旧把计算结果放在移动后的窗口中心位置上，依次进行，逐行扫描，直到全幅图像扫描一遍结束，则新图像生成。

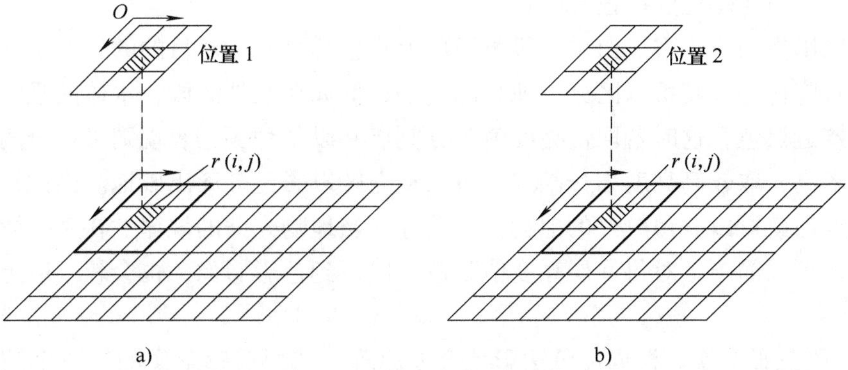

图 6-10　模板移动

a）移动前　b）移动后

2）平滑。图像中出现某些亮度变化过大的区域，或出现不该有的亮点（“噪声”）时，采用平滑的方法可以减小变化，使亮度平缓或去掉不必要的“噪声”点。具体方法有：

① 均值平滑。均值平滑是将每个像元在以其为中心的区域内取平均值来代替该像元值，以达到去掉尖锐“噪声”和平滑图像目的的。区域范围取 $M \times N$ 时，求均值公式为

$$r(i,j) = \frac{1}{MN}\sum_{m=1}^{M}\sum_{n=1}^{N}\phi(m,n) \tag{6-3}$$

② 中值滤波。中值滤波是将每个像元在以其为中心的邻域内取中间亮度值来代替该像元值，以达到去尖锐“噪声”和平滑图像的目的。具体计算方法与模板卷积方法类似，仍采用活动窗口的扫描方法。取值时，将窗口内所有像元按亮度值的大小排列，取中间值作为中间像元的值，所以 $M \times N$ 取奇数为好。

一般来说，图像亮度为阶梯状变化时，取均值平滑比取中值滤波要明显得多，而对于突出亮点的“噪声”干扰，从去“噪声”后对原图的保留程度看取中值要优于取均值。

3）锐化。为了突出图像的边缘、线状目标或某些亮度变化率大的部分，可采用锐化方法。有时可通过锐化，直接提取出需要的信息。锐化后的图像已不再具有原遥感图像的特征而成为边缘图像。锐化的方法很多，常用的有罗伯特梯度、索伯尔梯度、拉普拉斯算法、定向检测。

（3）彩色变换　亮度值的变化可以改善图像的质量，但就人眼对图像的观察能力而言，一般正常人眼只能分辨20级左右的亮度级，而对彩色的分辨能力则可达100多种，远远大于对黑白亮度值的分辨能力。不同的彩色变换可大大增强图像的可读性，在此介绍常用的三种彩色变换力法。

1）单波段彩色变换。单波段黑白遥感图像可按亮度分层，对每层赋予不同的色彩，使之成为一幅彩色图像。这种方法又叫密度分割，即按图像的密度进行分层，每一层所包含的亮度值范围可以不同。例如，亮度值 0～10 为第一层，赋给值 1；亮度值 11～15 为第二层，赋给值 2；亮度值 6～30 为第三层，赋给值 3 等。再给 1、2、3 分别赋不同的颜色，于是生成一幅彩色图像。目前计算机显示彩色的能力很强，理论上完全可以将 256 层的黑白亮度赋

予256种彩色，因此彩色变换很有前景。

对于遥感影像而言，将黑白单波段影像赋上彩色总是有一定目的的，如果分层方案与地物光谱差异对应得好，则可以区分出地物的类别，例如在红外波段，水体的吸收很强，在图像上表现为接近黑色，这时若取低亮度值为分割点并以某种颜色表现则可以分离出水体；同理砂地反射率高，取较高亮度为分割点，可以从亮区以彩色分离出砂地。因此，只要掌握地物光谱的特点，就可以获得较好的地物类别图像。当地物光谱的规律性在某一影像上表现不太明显时，也可以简单地对每一层亮度值赋色，以得到色彩影像，也会较一般黑白影像的目视效果好。

2）多波段色彩变换。根据加色法彩色合成原理，选择遥感影像的某三个波段，分别赋予红、绿、蓝三种原色，就可以合成彩色影像。由于原色的选择与原来遥感波段所代表的真实颜色不同，所以生成的合成色不是地物真实的颜色，所以这种合成叫做假彩色合成。多波段影像合成时，方案的选择十分重要，它决定了彩色影像能否显示较丰富的地物信息或突出某一方向的信息。

实际应用时，应根据不同的应用目的经实验、分析，寻找最佳合成方案，以达到最好的目视效果。通常，以合成后的信息量最大和波段之间的信息相关最小作为选取合成的最佳目标。

3）HLS变换。HLS代表色调、明度和饱和度的色彩模式。这种模式可以用近似的颜色立体来定量化。如图6-11所示，颜色立体曲线锥形改成上下两个六面金字塔状。环绕垂直轴的圆周代表色调（H），以红色为0°，逆时针旋转，每隔60°改变一种颜色并且数值增加1，一周360°刚好六种颜色，顺序为红、黄、绿、青、蓝、品红。垂直轴代表明度（L），取黑色为0，白色为1，中间为0.5。从垂直轴向外沿水平面的发散半径代表饱和度（S），与垂直轴相交处为0，最大饱和度为1。根据这一定义，对于黑白色或灰色，即色调H无定义，饱和度$S=0$，当色调处于最大饱和度时$S=1$，这时$L=0.5$。

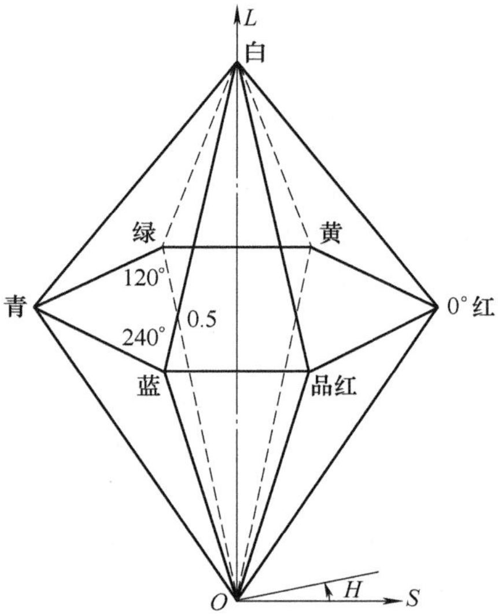

图6-11　HLS彩色模式

当色彩的表达定量化时，图像可从常用的红绿蓝（RGB）表达方式转换到HLS表达方式，RGB与HLS两种色光表示方法的参数可以通过特定模型相互转换。

（4）图像运算　两幅或多幅单波段影像，完成空间配准后，通过一系列运算，可以实现图像增强，达到提取某些信息或去掉某些不必要信息的目的。

1）差值运算。两幅同样行、列数的图像，对应像元的亮度值相减就是差值运算。差值运算应用于两个波段时，相减后的值反映了同一地物光谱反射率之间的差。由于不同地物反射率差值不同，两波段亮度值相减后，差值大的被突出出来。例如，当用红外波段减红波段时，植被的反射率差异很大，相减后的差值就大，而土壤和水在这两个波段反射率差值就很小，因此相减后的图像可以把植被信息突出出来。如果不相减，在红外波段上植被和土壤，在红色波段上植被和水体均难区分。因此图像的差值运算有利于目标与背景反差较小的信息提取，如冰雪覆盖区、黄土高原区的界线特征；海岸带的潮汐线等。

差值运算还常用于研究同一地区不同时相的动态变化。如监测森林火灾发生前后的变化和计算过火面积；监测水灾发生前后的水域变化和计算受灾面积及损失；监测城市在不同年份的扩展情况及计算侵占农田的比例等。有时为了突出边缘，也用差值法将两幅图像的行、列分别移一位，再与原图像相减，也可起到几何增强的作用。

2）比值运算。两幅同样行、列数的图像，对应像元的亮度值相除（除数不为0）就是比值运算。比值运算可以检测波段的斜率信息并加以扩展，以突出不同波段间地物光谱的差异，提高对比度。该运算常用于突出遥感影像中的植被特征、提取植被类别或估算植被生物量，这种算法的结果称为植被指数。

比值运算对于去除地形影响也非常有效。由于地形起伏及太阳倾斜照射，使得山坡的向阳处与阴影处在遥感影像上的亮度有很大区别，同一地物向阳面和背阴面亮度不同，给判读解译造成困难，特别是在计算机分类时不能识别。由于阴影的形成主要是地形因子的影响，比值运算可以去掉这一因子影响，使向阳与背阴处都毫无例外地只与地物反射率的比值有关。

比值处理还有其他多方面的应用，例如对研究浅海区的水下地形有效，对土壤富水性差异、微地貌变化、地球化学反应引起的微小光谱变化以及对与隐伏构造信息有关的线性特征等都能有不同程度的增强效果。

（5）多光谱变换　遥感多光谱影像，特别是陆地卫星的TM等传感器，波段多，信息量大，对图像解译很有价值，但数据量太大，在图像处理计算时，也常常耗费大量的机时和占据大量的磁盘空间。实际上，一些波段的遥感数据之间都有不同程度的相关性，存在着数据冗余。多光谱变换方法可通过函数交换，达到保留主要信息，降低数据量，增强或提取有用信息的目的。其变换的本质是对遥感图像实行线性变换，使多光谱空间的坐标系按一定规律进行旋转。

3. 图像解译处理

（1）人工目视解译　目视解译，也有人说成是对图像的“判译”“解译”或“判读”等，这是一种人工提取信息的方法，使用眼睛目视观察，借助一些光学仪器或在计算机显示屏幕上，凭借丰富的判读经验、扎实的专业知识和相关资料，通过人脑的分析、推理和判断，提取有用的作息。目视解译的相关内容可参见“单元3之像片调绘”。

（2）计算机自动识别　遥感图像的自动识别是利用电子计算机，依据影像信息待征，对图像的内容进行分析和判别，弄清图像中的线条、轮廓、色调、图案、纹理等内容对应于地面景物的属性及这些景物所处的状态。图像识别的本质是分类，分类问题解决了，结合对照地面类型便可对图像进行识别。当前多数计算机图像处理系统，均是利用遥感图像的光谱信息特征进行统计识别分类，色调信息是其依据。目前，用于图像解译处理的计算机自动识别方法都是基于高等数学的，由于其复杂性，在此不再进行介绍。

【单元小结】

本单元就遥感的基本概念和遥感图像处理的方法进行了介绍。遥感图像处理是一种经验性非常强的技术，由于本书篇幅有限，对遥感处理的操作没有展开讲述。在授课过程中，可根据课时进行适当拓展。

【复习题】

1. 遥感分辨率分为哪几种？
2. 遥感传感器由哪几部分组成？各有什么功能？
3. 遥感图像有哪几种成像方式？
4. 地物的光谱特性是遥感图像的重要判读依据，下列说法正确的是（　　）
   A. 不同地物对同一波段的电磁波反射率相同
   B. 相同的地物在不同的波段的反射率相同
   C. 作物生长的不同阶段，电磁波反射光谱不同
   D. 相同类型土壤即使含水量不同，电磁波反射光谱也相同
5. 简述遥感图像处理的过程。
6. 何谓几何校正？为什么遥感图像要进行几何校正？
7. 何谓辐射校正？遥感图像的辐射误差主要由哪些因素引起？
8. 图像增强的目的是什么？
9. 监督分类与非监督分类有何区别和联系？
10. 简述遥感图像分类的过程。
11. 名词解释。

① 遥感、遥感平台、空间分辨率、辐射分辨率、时间分辨率。

② 几何畸变、对比度调整、图像锐化、图像平滑、彩色变换。

参 考 文 献

[1] 邹晓军. 摄影测量基础 [M]. 郑州：黄河水利出版社，2008.

[2] 王佩军，徐亚明. 摄影测量学 [M]. 武汉：武汉大学出版社，2005.

[3] 张祖勋，张剑清. 数字摄影测量学 [M]. 武汉：武汉大学出版社，2002.

[4] 刘广社. 摄影测量学 [M]. 郑州：黄河水利出版社，2006.

[5] 李德仁，王树根，周月琴. 摄影测量与遥感概论 [M]. 北京：测绘出版社，2001.

[6] 张剑清，潘励，王树根. 摄影测量学 [M]. 武汉：武汉大学出版社，2003.

[7] 崔炳光，孙护，朱肇光. 摄影测量学 [M]. 北京：测绘出版社，1995.

[8] 金为铣，杨先宏，邵鸿潮，等. 摄影测量学 [M]. 武汉：武汉大学出版社，1996.

[9] 袁金国. 遥感图像数字处理 [M]. 北京：中国环境科学出版社，2006.

[10] 韦玉春，汤国安，杨昕，等. 遥感数字图像处理教程 [M]. 北京：科学出版社，2007.

[11] 党安荣，等. ERDAS IMAGINE 遥感图像处理方法 [M]. 北京：清华大学出版社，2003.

[12] 戴昌达，姜小光，唐伶俐. 遥感图像应用处理与分析 [M]. 北京：清华大学出版社，2004.

[13] 尹占娥. 现代遥感导论 [M]. 北京：科学出版社，2008.

[14] 常庆瑞，蒋平安，周勇，等. 遥感技术导论 [M]. 北京：科学出版社，2004.

[15] 钱乐祥，等. 遥感数字影像处理与地理特征提取 [M]. 北京：科学出版社，2004.

[16] 倪金生，李琦，曹学军. 遥感与地理信息系统基本理论和实践 [M]. 北京：电子工业出版社，2004.